JN228875

15 Stepで踏破

自然言語処理アプリケーション開発入門

PythonとKerasで基礎から一巡

土屋祐一郎 著

リックテレコム

注　意

1. 本書は、著者が独自に調査した結果を出版したものです。
2. 本書は万全を期して作成しましたが、万一ご不審な点や誤り、記載漏れ等お気づきの点がありましたら、出版元まで書面にてご連絡ください。
3. 本書の記載内容を運用した結果およびその影響については、上記にかかわらず本書の著者、発行人、発行所、その他関係者のいずれも一切の責任を負いませんので、あらかじめご了承ください。
4. 本書の記載内容は、執筆時点である2019年7月現在において知りうる範囲の情報です。本書に記載されたURLやソフトウェアの内容、インターネットサイトの画面表示内容などは、将来予告なしに変更される場合があります。
5. 本書に掲載されているサンプルプログラムや画面イメージ等は、特定の環境と環境設定において再現される一例です。
6. 本書に掲載されているプログラムコード、図画、写真画像等は著作物であり、これらの作品のうち著作者が明記されているものの著作権は、各々の著作者に帰属します。

商標の扱い等について

1. 本書に記載されている商品名、サービス名、会社名、団体名、およびそれらのロゴマークは、一般に各社または各団体の商標または登録商標である場合があります。
2. 本書では原則として、本文中においては ™ マーク、® マーク等の表示を省略させていただきました。
3. 本書の本文中では日本法人の会社名を表記する際に、一部の例外を除き、原則として「株式会社」等を省略した略称を記載しています。また、海外法人の会社名を表記する際には、原則として「Inc.」「Co., Ltd.」等を省略した略称を記載しています。

はじめに

本書は、自然言語、特に日本語を扱うサービスやアプリケーションを実際に開発できる知識とスキルを、読者の皆様に獲得していただくことを目指しています。自然言語(日本語)ドメインの問題に対して、プログラミングを用いて実用的な問題解決を図れるようになる、と言い換えてもよいでしょう。

●あくまで、アプリケーション開発に役立つように

そのための欠かせない道具である機械学習(近年は特に深層学習が注目されています)に関しても、十分な量の紙面を割いています。

近頃は機械学習や自然言語処理に関するニュースや解説記事が毎日のようにシェアされ、それらの技術を利用したサービスやアプリケーションが実用段階・普及段階に入ってきました。その一方で、機械学習に対する過度な期待を諌め、現実的な問題解決に向けてどうアプローチすべきかが議論されるほどに、業界が成熟してきた感があります。多くのソフトウェアエンジニアがこの領域に興味を持つのは当然と言えるでしょう。

機械学習やその周辺領域の解説書も巷に溢れています。それらは機械学習の理論的背景から丁寧に解説する教科書であったり、はたまた簡単なツールやプログラミングを通して機械学習に触れてみる入門書であったりします。しかし、「実際に動く、実用的な価値のあるサービスやアプリケーションを作りたい。そのために、機械学習や自然言語処理について勉強したい」、そうしたソフトウェアエンジニアのニーズにマッチした書籍は、実はそれほど多くないのではと思っています。

●思い切って省略したところ、妥協せず語り尽くすところ

本書は、実際に動くアプリケーションを作りたいと思っているソフトウェア開発者や学生さんに向けた本です。理論的な側面からはあえてフォーカスを外し、実際のアプリケーション構築に役立つ知識をお伝えすることに集中しています。新しく登場する概念には(ところどころ必要最小限の数式も用いつつ)、サンプルコードを重視した解説を付しています。読み進めながらノートに数式を写すよりも、コンピュータに向かってコードを書いている時間の方が長くなる本にしています。

ただし、解説にあたっては、ふわっとした比喩などでお茶を濁すことはしません。その手法を利用するための正しい理解が得られるよう、必要にして十分な、わかりやすい解説に努めました。例えば、実装にライブラリを利用するにしても、自然言語処理や機械学習の知識がないと、適切な道具を選ぶことも、道具を使いこなすこと(パラメータの適切な設定など)もできません。そのために必要な知識の解説には、妥協していません。

一方で、アプリケーション開発の道具として、とりあえずブラックボックスとして扱ってよいと判断した事項については、その旨を明記した上で解説を割愛しました。理論的に重要で、従来の教科書が必ず取り上げていたトピックでさえも、思い切ってブラックボックスのまま扱っている箇所があります。アカデミックな正統派教育を受けた方からはお叱りを受けそうですが、より手を動かすのが好きなエンジニアの立場に寄った本となることを意識しています。

また、本書ではPythonを使って解説を進めますが、何らかの言語でプログラミングをした経験のある方であれば、無理なく読めると思います。他言語のプログラマ向けには、Pythonの勘所をかいつまんで解説してあります。

●15段階のステップを踏んで、確実に力を身に着ける

本書は4章構成となっています。

第1章は環境構築、プログラミング言語とライブラリに関する必要な知識の導入です。

第2章では、日本語自然言語処理の基礎と機械学習の基礎を、実際のプログラムを例にして、1ステップずつ学習していきます。本書の核となる章です。

第3章では、深層学習(Deep Learning)の基礎と、その自然言語処理への適用についての解説です。最初は理解が難しいニューラルネットワークの構造を、わかりやすく説明します。

第4章では、第2章と第3章で扱いきれなかったものの、機械学習や自然言語処理を実アプリケーションとして実装する際に必要な知識を解説します。

本書は、最後まで全部読み通さないと漏れが生じたり、不完全な知識になってしまったりする類の構成を排しています。読者が自分のペースで1ステップずつ学習を進め、学んだところまでの知識を確実に身に付け、独学で技術力を高めることができるように、考え抜かれた編成でリードしていきます。理論体系どおりのトレースはしませんし、開発リファレンスや逆引き、クックブック(開発レシピ)とも違います。プロのエンジニアとしての実力を高めるための著者オリジナルの15ステップに、どうか士気高く踏み出してください。

2019年8月 著者

ご案内

●ダウンロードのご案内

本書をお買い上げの方は、本書に掲載されたものと同等のプログラムやデータのサンプルのいくつかを、下記のサイトよりダウンロードして利用することができます。

http://www.ric.co.jp/book/index.html

リックテレコムの上記Webサイトの左欄「総合案内」から「データダウンロード」ページへ進み、本書の書名を探してください。そこから該当するファイルの入手へと進むことができます。その際には、以下の書籍IDとパスワード、お客様のお名前等を入力していただく必要がありますので予めご了承ください。

書籍ID：ric11321　パスワード：prg11321

●開発環境と動作検証

本書記載のプログラムコードは、主に以下の環境で開発と動作確認を行いました。

・開発環境：1章「2 本書の執筆・開発環境」記載の構成

・動作確認環境：Debian GNU/Linux 8.11 jessie（amd64）＋Python 3.6.5

●本書刊行後の補足情報

本書の刊行後、記載内容の補足や更新が必要となった場合、下記に読者フォローアップ資料を掲示する場合があります。必要に応じて参照してください。

http://www.ric.co.jp/book/contents/pdfs/11321_support.pdf

Contents 目次

Step 10　ニューラルネットワークの詳細と改善　229

Step 11　Word Embeddings　243

Step 12　Convolutional Neural Networks　256

Step 13　Recurrent Neural Networks　285

4章　2ステップの実践知識　299

Step 14　ハイパーパラメータ探索　301

1章

演習に入るまえの予備知識

第1章では本書の学習環境を構築し、プログラミング言語とライブラリについて、第2章以降の演習の前提となる知識を押さえておきます。

1 序論・自然言語処理と機械学習
2 本書の執筆・開発環境
3 機械学習のためのPythonの基礎
4 数値計算ライブラリNumPy

1 序論・自然言語処理と機械学習

コンピュータとの対話を求める研究が機械学習によって大きく進展しつつある

1.1 自然言語処理とは?

自然言語(natural language)とは、英語や日本語など、普段私たちが使うような、人間社会において自然に発生、発達してきた言語のことです。これに対して、プログラミング言語のように人工的に作られた言語は、「人工言語」と呼ばれます。

例えばプログラミング言語は、その成り立ちと目的からして当然のことながら、コンピュータがその意味を容易に解釈できます。人がプログラミング言語を用いて書いた文章、すなわちプログラムは、コンパイラやインタプリタを通してコンピュータが実行可能な形式に変換され、それを読み込んだコンピュータは、そのプログラムを書いたプログラマの意図するとおりに動作します。プログラマは、プログラミング言語を駆使してコンピュータに意図を伝えていますが、プログラミング言語はその目的のために、コンピュータが簡単に解釈、実行できるようにデザインされています。

これに対して自然言語、例えば英語や日本語でコンピュータに指示を出すことは、通常行われません。コンピュータが自然言語を解釈するのは容易ではないからです。自然言語は、機械的な処理によって扱うのが難しい様々な性質を持っています。

例えば、自然言語では、ある単語や文が複数の意味に解釈可能な曖昧性を持つことがあります。このようなとき、その意味を特定するためには、前後の文脈を考慮したり、はたまた、この世界に関する様々な事前知識を動員する必要があったりします。

また、文法だけを見てみても、人工言語のそれとは比較にならないほど複雑です。言語にもよりますが、様々な活用語尾や不規則な変化、単語の省略などが、機械的な解析を困難にします。さらに日本語や中国語などの言語では、文中の単語が区切られないため、より解析が難しくなります。

挙げればきりがありませんが、以上のように、自然言語をコンピュータに解釈させるにあたっては、様々な困難があります。この問題に立ち向かい、コンピュータに自然言語を扱わせる試み一般を指して、**自然言語処理**(natural language processing)といいます。この分野の発展には、様々な応用が見込めるでしょう。人間にとってより自然な言葉で、コンピュータとコミュニケーションできるようになるわけです。また、人工知能は、この目標の先にある究極形の1つであるといえます。

「人が話した言葉をコンピュータに理解させたい」「紙に書かれた文章をコンピュータに理解させたい」といった目的まで連想されてしまうかもしれません。しかし、そのためにはまず、音声や画像といった形式で表現されたデータから文字列（乱暴にいってしまえば、string型のデータ）を取り出す音声認識（speech recognition）やOCR（optical character recognition）といった技術が必要となります。画像としての文字や、音声は、言語を表現するためのメディアであって、言語そのものではなく、本書で扱う自然言語処理の対象ではありません。

1.2　自然言語処理の分野

一言に自然言語処理といっても、幅広い技術や研究領域を含んでいます。ここではその一部を概観し、本書で扱う領域と、扱わない領域を明らかにしておきます。

以下に挙げたのは、いわば要素技術といえるような、自然言語処理の基盤となる技術領域です。

- 形態素解析
  ある文を入力とし、その文を構成する各要素（形態素）に関する情報、例えば品詞や活用を特定する処理です。日本語のように、単語の間に区切りのない言語を扱う場合、まずは文を形態素に区切る必要があり、難易度が増します。本書ではStep 03で扱いますが、理論的な詳細には踏み込まず、既存の形態素解析ツールの応用について解説します。
- 構文解析
  文を構成する要素同士の関係性を特定する処理です。ある単語が主語で、別の単語がそれを修飾し、それらが文節を成して……といったように、文構造を解析します。本書では扱いません。

また、これらよりも複合的、応用的な技術領域として、以下のようなタスクがあります。

- テキスト分類（text classification）
  自然言語で書かれた文が、あらかじめ定義された複数のクラスのうち、どれに分類されるのかを予測するというタスクです。本書で扱う主要な例題となります。
- 検索
  大量の文章集合の中から、検索クエリと関連度の高い文章を発見してくるタスクです。
- トピック予測
  入力した文章に含まれる意味、すなわちトピックを識別するタスクです。本書では深く扱いませんが、Step 05の05.2で関連のある題材に触れます。
- 文章要約
  入力した文章を要約するタスクです。

● 機械翻訳
　ある言語Aで書かれた文章を、別の言語Bに翻訳するタスクです。
● 文章生成
　何らかの目的にかなう文章を機械的に生成するタスクです。小説の生成などが例として挙げられます。また、近年のニューラルネットワークベースの機械翻訳は、文章生成タスクの一種ともいえます。

1.3 機械学習の適用

上記のような問題を解くにあたって、最もシンプルな解決策は、人手でルールやプログラムを作り込むことでしょう。しかし、現実に生じ得る文章のバリエーションを網羅するのに十分な量のルールを作り切ることは非現実的であり、それでは性能も頭打ちになってしまいます。

そこで、まず大量のデータを用意し、そこから統計的処理によってデータの背後にあるルール、性質、関係性を自動的に抽出して問題を解くアプローチをとることになります。これを**機械学習**（machine learning）といいます。

ある機械学習アルゴリズムに大量のデータを入力して学習させると、それらのデータの背後にある性質を反映したパラメータを内部に獲得します。すると、未知の新たなデータの入力に対して機械が予測や識別を行うなど、種々の知的な出力を行えるようになります。実際、機械学習的なアプローチの導入により、近年の自然言語処理の研究は大きな進展を見せています。

機械学習も、それ自体で非常に幅広い技術と研究領域をカバーする分野です。本書ではそのうち、分類・予測のための「教師あり学習」を主に扱います。機械学習の中でも基本的な部分になりますが、この内容は2章で、自然言語とりわけ日本語を扱うための各種テクニックと織り交ぜながら解説していきます。

また、昨今世間を騒がせている**深層学習**（deep learning、ディープラーニング）も、機械学習の一種です。機械学習の一手法であるニューラルネットワークが近年盛んに研究され、大きく発展して、深層学習と呼ばれる研究領域に成長しました。この分野については、本書の3章で、入門となる解説と2章までの内容に関する応用例を記します。

2 本書の執筆・開発環境

Linux環境でPython 3、Keras、scikit-learn、MeCab等を使用する

本書の執筆は以下の環境で行いました。

- Linux（Debian jessie）
- Python 3.6.5

主要なライブラリのバージョンは以下のとおりです。

```
numpy==1.15.0
scipy==1.1.0
pandas==0.23.3
scikit-learn==0.19.2
mecab-python3==0.996.2
neologdn==0.3.2
Keras==2.1.6
gensim==3.5.0
```

こちらは`requirements.txt`として配布しています。配布資料等の詳細については、本書巻頭「目次」の前にある「ご案内」ページを参照してください。

ただし、読者の皆さんが本書の内容を再現するにあたっては、OSやバージョンを忠実に合わせる必要はなく、Python 3.x、pipの動作するLinux環境（またはmacOS環境）であればおおむね問題ないでしょう。Python 2.xとPython 3.xの違いを認識し、適宜書き換えられる方は、もちろんPython 2でも大丈夫です。

また、Dockerで執筆環境を再現するための`Dockerfile`を配布しています。

3 機械学習のためのPythonの基礎

本書を読むうえで知っておくべき、Pythonのコマンド、文法知識や留意事項

本節では、Pythonの基本的な知識を、本書の内容に関連のあるものに絞って解説します。ある程度プログラミングの経験がある方向けに、他言語と比較してPythonに独特な部分を特に取り上げています。

一般的なPython入門とは扱う範囲が違いますし、本節の内容のみで充実したPythonアプリケーションが書けるようになるわけでもありません。Pythonという言語そのものに習熟するためには、本書以外の資料も参照することをおすすめします。公式チュートリアル〈1〉をなぞるのもよいでしょう。

3.1 Pythonインタプリタの実行

シェルからpythonコマンドでPythonインタプリタを実行できます。開発時に利用するのは、主に以下の使い方になるでしょう。

- スクリプトファイルを実行する
  pythonコマンドにPythonスクリプトを書いたファイルを指定することで、そのコードを実行します。

```
$ python foo.py
```

- 対話環境を立ち上げる
  -iオプションつきでpythonコマンドを実行すると、対話環境が立ち上がります。

```
$ python -i
```

本書で行頭に>>>のついたコード例は、対話環境での実行例を示しています。

〈1〉 https://docs.python.org/ja/3/tutorial/index.html

対話環境での実行例

```
>>> print('Hello, world!')
Hello, world!
```

オプションなしでpythonコマンドを実行しても、対話環境を立ち上げることができます。この場合、-iが暗黙的に指定されるからです〈2〉。

```
$ python
```

● スクリプトファイルを実行後、対話環境を立ち上げる

-iオプションとファイルの指定を組み合わせると、ファイルの内容を実行後、その環境を保持したまま対話環境を立ち上げます。

```
$ python -i foo.py
```

3.2 リスト（list）

Pythonにおける、他言語で配列やarrayと呼ばれるものと同等のデータ構造は、**リスト**（**list**）です。

```
some_list = [1, 2, 3, 4, 5]
```

任意のオブジェクトをリストの要素にできます。

```
some_list = ['foo', 'bar']  # 文字列
some_list = [1, 'a', 2, 'b']  # 数値と文字列の混合
```

〈2〉 https://docs.python.jp/3/using/cmdline.html

Pythonには**組み込み関数**(built-in function)がいくつか用意されています〈3〉。listもその1つで、リストを生成するための組み込み関数です。

リスト1 組み込み関数listの使用例

```
some_list = list((1, 2, 3, 4, 5))
```

Pythonの初心者にありがちなミスの1つが、「組み込み関数と同名の変数を定義する」ことです。listのように一般的な英単語が組み込み関数名として使われていることも多く、命名に気を配らないと同じ名前を使ってしまいやすいです。

リスト2 組み込み関数listを上書きしてしまう例

```
list = [1, 2, 3, 4, 5]
```

これは組み込み関数を上書きしてしまう操作なので、避けるべきです。プログラムの他の場所で、組み込み関数listの動作を期待してリスト1のようなコードを書いても、listが上書きされてしまっていると期待したとおりに動作しません。

Pythonでは言語レベルでこのような操作を禁止しておらず、警告も出しませんが、バグのもととなるので気をつけてください。

リストのインデックスとスライス

リストの要素にはインデックスでアクセスできます。

```
>>> some_list = [1, 2, 3, 4, 5]
>>> some_list[0]
1
```

範囲を指定して複数の要素にまとめてアクセスできます。これを**スライス**(slice)といいます。

```
>>> some_list = [1, 2, 3, 4, 5]
>>> some_list[1:3]
[2, 3]
>>> some_list[:3]
[1, 2, 3]
>>> some_list[3:]
[4, 5]
```

〈3〉 組み込み関数の一覧はリファレンス(https://docs.python.org/3/library/functions.html)を参照してください。また、dir(__builtins__)を実行しても得ることができます。

スライスで再代入も可能です。

```
>>> some_list = [1, 2, 3, 4, 5]
>>> some_list[0] = 99999
>>> some_list
[99999, 2, 3, 4, 5]
>>> some_list[1:3] = [100, 101]
>>> some_list
[99999, 100, 101, 4, 5]
```

要素の追加

リストオブジェクトのappendメソッドで値を追加できます。

```
>>> some_list = [1, 2, 3]
>>> some_list.append(100)
>>> some_list
[1, 2, 3, 100]
```

リストの長さ

組み込み関数lenでリストの長さ(要素数)を得られます。

```
>>> some_list = [1, 2, 3]
>>> len(some_list)
3
```

リスト内包表記

Pythonのlistに関するユニークな機能の1つが、**リスト内包表記**(**list comprehension**)です。

あるリストに何らかの操作を加えて別のリストを作るとき、最も愚直な方法はループを使うことですが、リスト内包表記を使うと、より洗練された記法で書くことができます。

例えば数値を要素とするsome_listがあり、その各要素を2倍した新しいリストを得たい場合、以下のように書きます。

```
>>> some_list = [1, 2, 3, 4, 5]
>>> new_list = [i * 2 for i in some_list]
>>> new_list
[2, 4, 6, 8, 10]
```

また、ifを使って要素を間引くこともできます。例えば上記のsome_listから2で割った余りが0のもの（偶数）だけを抜き出したい場合、以下のようにします。

```
>>> some_list = [1, 2, 3, 4, 5]
>>> new_list = [i for i in some_list if i % 2 == 0]
>>> new_list
[2, 4]
```

Pythonを使い始めたばかりの頃はリスト内包表記には慣れないかもしれませんが、使いこなすとlistに対する操作を簡潔に、また実行効率よく書くことができ重宝します。

3.3　タプル（tuple）

タプル（tuple）はリストと似たデータ構造ですが、要素の変更ができません（イミュータブル、immutable）。

```
>>> some_tuple = (1, 2, 3, 4, 5)
>>> some_tuple[0]
1
>>> some_tuple[0] = 100
Traceback (most recent call last):
  File "<stdin>", line 1, in <module>
TypeError: 'tuple' object does not support item assignment
```

また、組み込み関数tupleを使った生成も可能です。

```
>>> tuple([1, 2, 3, 4, 5])
(1, 2, 3, 4, 5)
```

list同様、tupleも変数として上書きするミスをしやすい名前ですので、注意してください。

3.4　辞書型（dictionary）

Pythonにおける、他言語で連想配列やマッピング型と呼ばれるのと同様のデータ構造は、**辞書型**（**dictionary**）です。Keyとvalueのペアによる値の保持を提供します。

```
>>> some_dict = {}
>>> some_dict
{}
>>> some_dict['foo'] = 'bar'
>>> some_dict
{'foo': 'bar'}
```

また、組み込み関数dictを使った生成も可能です。

```
>>> some_dict = dict([('foo', 'bar'), ('yo', 'ho')])
>>> some_dict
{'foo': 'bar', 'yo': 'ho'}
```

list、tuple同様、dictも変数として上書きするミスをしやすい名前ですので、注意してください。

3.5　基本的な組み込み定数・組み込み型

Pythonでは真理値を表す定数はTrue、Falseです。
値が存在しないことを表す定数はNoneです。
どちらも1文字目は大文字なので注意です。

3.6　真理値演算、比較演算

Pythonの真理値演算は以下のようになります。

- 否定：not x
- AND：x and y
- OR：x or y

!、&&、||といった記号を使うC言語スタイルに馴染みのある方は戸惑うかもしれません。

比較演算はx == y、x >= yなど、他言語でも馴染みのある形です。これに加え特徴的なのがis、is notです。これらは同一のオブジェクトであるか（同一のオブジェクトでないか）をチェックする演算です。Noneとの比較で頻出します。

```
if x is None:
    ...
```

3.7　三項演算子

Pythonの三項演算子〈4〉は独特な書き方をします。

```
>>> age = 20
>>> price = 1000 if age >= 20 else 800
>>> price
1000
```

このように、

```
<条件式がTrueのときに評価される式> if <条件式> else <条件式がFalseのときに評価される式>
```

という構造です。

`price = age >= 20 ? 1000 : 800`のようなC言語スタイルに馴染みのある方は戸惑うかもしれません。Pythonはより英文的な書き方になっています。

3.8　forループ

Pythonのforループは、CやJavaScriptにおけるforループのような、カウンタ変数を用意するものとは違い、与えられたリストやタプルの要素を走査する形でループを実行します。一部の言語ではforeachやeachといったキーワードで提供されている制御構造に似ています。

```
some_list = ['foo', 'bar', 'baz']
for val in some_list:
    print(val)
```

〈4〉 Pythonでは「条件式（conditional expression）」と呼ばれます。

実行結果

```
foo
bar
baz
```

カウンタ変数がほしい場合、組み込み関数enumerateが便利です。

```
some_list = ['foo', 'bar', 'baz']
for i, val in enumerate(some_list):
    print(i, val)
```

実行結果

```
0 foo
1 bar
2 baz
```

また、CやJavaScriptのforループのような、カウンタ変数のみを得るループがほしい場合、rangeオブジェクトを利用するのが便利です。

```
for i in range(5):
    print(i)
```

実行結果

```
0
1
2
3
4
```

3.9 関数

Pythonにおける関数は、defキーワードを使って以下のように定義できます。

```
def hello_world(first_name, last_name):
    print('Hello, ' + first_name + ' ' + last_name)
```

呼び出しは以下のようにします。

```
hello_world('John', 'Doe')
```

キーワード引数を使えるのがPythonにおける関数呼び出しの特徴です。

```
hello_world(last_name='田中', first_name='太郎')
```

キーワード引数を使うと、引数を定義したとおりの順番で渡す必要がなくなります。また、関数呼び出しの際に引数名を書くので、どの引数に値が渡されているかわかりやすくなるメリットがあります。引数が複数ある場合に使うと有効でしょう。

3.10 クラス

Pythonにおけるクラスは、classキーワードを使って以下のように定義できます。

```
class Foo:
    def say_hello(self, name):
        print('Hello, {}'.format(name))
```

上記で定義したクラスのインスタンス化とインスタンスメソッドの実行は以下のようになります。

```
foo = Foo()
foo.say_hello('John Doe')
```

Pythonのクラスは、それ自体がオブジェクトで、かつ関数として呼び出せます。Javaのようにnewキーワードでインスタンス化するのではなく、クラスオブジェクトを「呼び出して」インスタンスを作ります。

また、メソッド定義の第1引数がselfとなる点も特徴的です(厳密にはself以外の名前でもよいのですが、selfとするのが慣習です)。インスタンスメソッド内では、selfでインスタンス自身を参照できます。

他言語でコンストラクタと呼ばれるような初期化処理は、__init__メソッドに定義できます。例えばインスタンス変数の初期化はここで行うのがよいでしょう。上記のselfの使い方と併せて、以下に例を示します。

```
class Foo:
    def __init__(self, value):
        self.value = value

    def set_value(self, value):
        self.value = value

    def get_value(self):
        return self.value
```

```
foo = Foo(100)
print(foo.get_value())  # 100
foo.set_value(42)
print(foo.get_value())  # 42
```

Pythonのクラスは特徴的ですが、簡単に使う上ではこの程度の理解で大丈夫でしょう。公式ドキュメント〈5〉にはより正確な説明が載っているので、気になる方は読んでみてください。

3.11 ファイル入出力

組み込み関数openでファイルをオープンできます。openはファイルオブジェクトを返し、それに対し読み込みなどの操作を行います。

```
f = open('some.txt')
text = f.read()
f.close()
```

上記のコードはwith文を使って以下のように書き直せます。

```
with open('some.txt') as f:
    text = f.read()
```

with文を使うと、f.close()を明示的に呼び出す必要がなくなります。ファイルのオープンに失敗した場合などの例外処理にも対応しているので、なるべくwithを使って書くようにするとよいでしょう。

〈5〉 https://docs.python.jp/3/tutorial/classes.html

3.12 モジュール

モジュールの基礎

Pythonスクリプトファイル(*.pyファイル)は、**モジュール**(module)という単位になります。あるファイルに定義された関数、変数、クラスなどは、そのモジュールに属する要素として参照できます。

例えば、以下の内容のfoo.pyがあるとします。

リスト3 foo.py

```
def hello_world():
    print('Hello, world!')
```

すると、foo.pyは、別のPythonスクリプトからfooという名前のモジュールとして参照できます。foo.pyの中に定義された関数hello_worldは、fooモジュールの要素としてfoo.hello_worldで参照できます。

外部モジュールはimport文によって読み込み、利用することができます。

```
>>> import foo
>>> foo.hello_world()
Hello, world!
```

このとき、Pythonインタプリタを実行するディレクトリとfoo.pyのあるディレクトリは一致する必要があります。Pythonインタプリタは、実行時ディレクトリからパス解決を行うからです。

fromキーワード

importは、fromとともに使うことができます。

```
>>> from foo import hello_world
>>> hello_world()
Hello, world!
```

この変型importにより、その後のコードでhello_worldを直接(foo.hello_worldのようにモジュール名を付することなく)参照できるようになります。

fromを使ったimportは、その後のコードが簡潔になる反面、モジュール名がコード上に現れなくなり意味がわかりにくくなる場合があります。適宜使い分けましょう。

パッケージ

複数のモジュール（つまり、*.pyファイル）をディレクトリ内にまとめて**パッケージ**（**package**）にすることができます。関連する機能を持ったモジュールが増えてくると、それらを1つのパッケージにまとめて整理したくなるでしょう。

パッケージは、ディレクトリに__init__.pyを入れたものが最小構成です。ディレクトリ名がパッケージの名前になります。ここでは、最も簡単なケースとして、__init__.pyの中身は空としておきます。

例えば、以下のような構成にすると、some_packageという名前のパッケージになります。

some_packageの構造

```
.
└── some_package
    └── __init__.py
```

リスト4 some_package/__init__.py

```

```

このディレクトリにモジュールを格納していくことができます。例えばfoo.pyを足して以下のような構成にしてみます。

foo.pyを足したsome_packageの構造

```
.
└── some_package
    ├── __init__.py
    └── foo.py
```

リスト5 some_package/foo.py

```
def yo():
    print('Yo!')
```

すると、some_package.fooという名前で、このモジュールを参照できます。

```
>>> import some_package.foo
```

```
>>> some_package.foo.yo()
Yo!
```

fromも使うことができます。

```
>>> from some_package import foo
>>> foo.yo()
Yo!
```

間違えやすいですが、以下のようにsome_package.foo.yoは参照できません。some_package.fooという名前のモジュールは存在しますが、some_packageモジュールの要素としてfooは存在しないからです。

```
>>> import some_package
>>> some_package.foo.yo()
Traceback (most recent call last):
  File "<stdin>", line 1, in <module>
AttributeError: module 'some_package' has no attribute 'foo'
```

3.13 標準ライブラリ

Pythonのライブラリは、モジュールまたはパッケージの形で提供されます。

また、Pythonには、Python本体とともに配布される「標準ライブラリ」が付属しています。例えばmathモジュールは数学関連の各種メソッドを提供します。

```
>>> import math
>>> math.exp(2)
7.38905609893065
```

文字列操作や正規表現、各種データ構造など、一般的な処理のほとんどが標準ライブラリとして用意されています。何らかの操作を行いたい場合、まずはそれが標準ライブラリから提供されていないかチェックするようにしましょう〈6〉。

〈6〉 Python標準ライブラリ:https://docs.python.jp/3/library/

3.14 スクリプトを再利用するためのイディオム

Pythonスクリプトにはif __name__ == '__main__':というif文が頻出します。

例えば以下のようなfoo.pyがあるとします。

リスト6 foo.py

```
def hello_world():
    print('Hello, world!')


if __name__ == '__main__':
    hello_world()
```

シェルからpython foo.pyでこのファイルを実行した場合、変数__name__の値が'__main__'となり、hello_world()が実行されます。

```
$ python foo.py
Hello, world!
```

一方、fooモジュールをimportして利用する、以下のようなbar.pyがあった場合、

```
import foo


def another_function():
    print('Calling foo.hello_world()')
    foo.hello_world()
```

シェルからpython bar.pyを実行しても何も表示されません。fooモジュールのimportによってfoo.pyも評価されますが、この場合は__name__が'foo'(モジュール自身の名前)となって、if節が実行されないのです。

```
$ python bar.py
```

このように、__name__の値は、それを参照しているモジュールの名前になり、またそのファイルを直接実行している場合は__main__となります。この文字列を参照してifで分岐することで、スクリ

プトファイルとして直接実行される場合と、モジュールとしてimportされる場合とで、Pythonスクリプトの挙動を変えることができます。

実用上のテクニックとして、関数や定数などの各種定義はファイルの冒頭に書き、シェルから実行した場合の処理をif __name__ == '__main__':以下にのみ書くようにする、というのはよく意識されます。

スクリプトを書き始めた頃はシェルから直接実行される単体のファイルだったのが、プロジェクトの成長に伴い別のファイルからimportされて関数や定数を再利用されるモジュールとして使われるようになるからです。そのようなモジュールとして利用される際には、シェルから実行していた頃のスクリプトファイルとしての処理は不要で、定義された関数や定数をimportして使いたいので、if __name__ == '__main__':を使って分けておくのです。

3.15 正規表現

正規表現は標準ライブラリのreモジュールで扱います。

```
import re

pattern = r'\d+'

if re.search(pattern, 'りんごは100円です'):  # マッチする
    print('matched by re.search')
if re.match(pattern, 'りんごは100円です'):  # マッチしない
    print('matched by re.match')
```

re.searchは文字列中からマッチするパターンを表すオブジェクト（マッチオブジェクト）を返します（マッチしなければNoneが返ります）。また、re.matchは文字列の先頭でのみマッチします。re.searchとre.matchの使い分けには気をつけてください。

ここで、正規表現パターンを書くときに、文字列リテラルの先頭にrをつけているのが気になったかと思います。Pythonではこれを**raw文字列**（raw string）といい、バックスラッシュ（\）を特別扱いしない、つまり\nなどをエスケープシーケンスとして解釈しない文字列となります。正規表現パターンはバックスラッシュを多用するため、raw文字列の利用が強く推奨されています〈7〉。

また、正規表現パターンはあらかじめコンパイルしておくことで、実行を高速化できます。繰り返し利用する正規表現パターンはコンパイル済みのオブジェクトを保持して使い回すのがよいでしょう。

〈7〉 https://docs.python.org/3/library/re.html#index-8

```
import re

pattern = r'\d+'
rx = re.compile(pattern)  # (1)

if rx.search('りんごは100円です'):  # (2)
    print('matched by rx.search')
```

1. re.compileで正規表現パターンをコンパイルする。
2. コンパイル済み正規表現オブジェクトは、reモジュールと同様のメソッドを備える。ここではre.search(pattern, string)に対応してrx.search(string)を利用している。

3.16 パッケージマネージャ「pip」

Pythonの標準パッケージマネージャは、pip〈8〉です。

pip install <package-name>で、目的のライブラリをインストールすることができます。

例えば以下のコマンドでscikit-learnというライブラリがインストールされます。

```
$ pip install scikit-learn
```

scikit-learnは、sklearnという名前のモジュールになっています。したがって、scikit-learnを使うには、sklearnモジュールをimportすることになります。

```
>>> import sklearn
```

このとき、1.3.12で解説したような自作モジュールとは違い、sklearnモジュールは専用のしかるべきパスに配置されてパス解決されるので、importすることができます。

また、依存関係をファイルにまとめておくと、pip installでまとめてインストールできます。requirements.txtというファイル名が慣習的に使われます。

以下のようにrequirements.txtにパッケージ名とバージョンを書いておき、pip installの際に-rオプションで指定します。

〈8〉 https://pip.pypa.io/

リスト7 requirements.txtの例

```
numpy==1.15.0
scipy==1.1.0
scikit-learn==0.19.2
```

```
$ pip install -r requirements.txt
```

4 数値計算ライブラリNumPy

Pythonによる機械学習プログラミングに不可欠なAPIと、線形代数の一部おさらい

Pythonによる機械学習のプログラミングでは、NumPy〈1〉というライブラリが必須です。NumPyは一般に数値計算ライブラリと称され、数値の配列を対象として様々な演算・手続きを高速に実行するAPIを提供します。

(本書ではあまり深入りしませんが)機械学習を支える基盤の1つが、線形代数という数学の分野です。NumPyの数値計算サポートは線形代数の演算を広く含んでおり、機械学習プログラミングに不可欠なものとなっているのです。

NumPyはPython機械学習プログラミングのエコシステムの中心にあり、Pythonで利用できる機械学習ライブラリの多くが、NumPyが提供する、数値の配列を表現するデータ構造(後述するnumpy配列)をサポートし、データ操作の中心に据えています。

本書でもNumPyはいたるところで登場します。本節では、NumPyの簡単な紹介と導入を行います。

4.1 NumPyの基礎

NumPyのインポート

NumPyのモジュール名はnumpyです。numpyはnpという名前でimportするのが慣習になっています。本書でも今後これに従います。

```
import numpy as np
```

(import 文とともにasキーワードを使うことで、importしたモジュールに別名をつけることができます。)

〈1〉 http://www.numpy.org/

numpy配列

線形代数の厳密な議論は置いておいて、ここでは数値の1次元配列を**ベクトル**(vector)、2次元配列を**行列**(matrix)と呼ぶことにします。

`numpy.array()`にlistで表現された配列を渡すと、対応したnumpy配列(`numpy.ndarray`クラスのインスタンス)が得られます。

```
vector = np.array([0, 1, 2])

matrix = np.array([
    [0, 1, 2],
    [3, 4, 5],
    [6, 7, 8],
])
```

```
>>> vector
array([0, 1, 2])
>>> matrix
array([[0, 1, 2],
       [3, 4, 5],
       [6, 7, 8]])
```

このnumpy配列が、NumPyで行う演算の対象となるデータ構造であり、ひいてはPythonによる機械学習プログラミングでとりわけ多く登場する演算対象となります。

行列を扱うことに特化した`numpy.matrix()`もありますが、ここでは扱いません。行列に特有の演算を大量に行うなど、必要になったら試してみてください。

shape

numpy配列のインスタンスは `.shape` 要素から、その形(次元ごとの要素数)を得ることができます。上の例における`vector`、`matrix`はそれぞれ、3要素の1次元配列と3×3の2次元配列です。

```
>>> vector.shape
(3,)
>>> matrix.shape
(3, 3)
```

スライス

Pythonに組み込みのlistと同様、スライスを使って要素にアクセスできます。多次元配列の場合では、同時に複数の次元をスライスできます。

```
>>> vector = np.array([1, 2, 3, 4, 5])
>>> vector[:3]
array([1, 2, 3])
>>> matrix = np.array([
...     [1, 2, 3],
...     [4, 5, 6],
...     [7, 8, 9],
... ])
>>> matrix[:2, 1:]
array([[2, 3],
       [5, 6]])
```

numpy配列同士の演算

2つの、shapeの等しいnumpy配列の間で、各種の算術演算を実行できます。このとき、対応する要素ごとに演算が行われます。

```
>>> a = np.array([
...     [1, 2],
...     [3, 4],
... ])
>>> b = np.array([
...     [5, 6],
...     [7, 8],
... ])
>>> a + b
array([[ 6,  8],
       [10, 12]])
>>> a * b
array([[ 5, 12],
       [21, 32]])
```

数学で線形代数をかじったことのある方は、ベクトルの内積(後述)をプログラムで表現するとき、数式の書き方をそのままプログラムに落とし込んで「a * b」と書いてしまいがちです。しかし上で述べたとおり、numpy配列の演算においてa * bはあくまでも要素ごとの乗算です。内積を求めるためには、後述するように、別の書き方をします。

ブロードキャスティング

Shapeの異なるnumpy配列同士でも、算術演算を実行できます。これは、小さいshapeのほうを大きいshapeのほうに合わせ、「拡大」して演算を行うからです。これを**ブロードキャスティング**(**broadcasting**)といいます。

一番よく使う例は、numpy配列とスカラー値の演算でしょう(スカラー値はshape=()のnumpy配列とみなされます)。以下のようにnumpy配列オブジェクトとスカラー値の四則演算を行うと、numpy配列の各要素とスカラー値の間で演算が実行された結果が得られます。

```
>>> a = np.array([
...     [1, 2],
...     [3, 4],
... ])
>>> a + 10
array([[11, 12],
       [13, 14]])
>>> a * 2
array([[2, 4],
       [6, 8]])
```

これは、スカラー値が、演算の相手となるnumpy配列と同じ大きさにブロードキャストされ、要素同士の演算に持ち込まれたからです。例えば上記のa + 10では、10が2×2のnumpy配列np.array([[10, 10], [10, 10]])にブロードキャストされ、a + np.array([[10, 10], [10, 10]])の演算が行われた、と考えます。

ただし、実際の処理として2×2のnumpy配列が作成されることはありません。メモリの無駄だからです。あくまで論理の上でブロードキャスティングというものを考え、実際の処理は最適化されています。ブロードキャスティングをうまく使えば、メモリを節約しながら複数の演算を定義できるということです。

4.2 NumPyと線形代数

ベクトルの加減算

2つの要素数の同じベクトルについて、対応する要素同士を加算・減算することが、ベクトルの加算・減算となります。

前述のとおりnumpy配列同士の算術演算は対応する要素ごとの演算になるので、ベクトルを表すnumpy配列同士で加減算すれば、それはそのままベクトルの加減算を表します。

```
>>> a = np.array([1, 2, 3])
>>> b = np.array([4, 5, 6])
>>> a + b
array([5, 7, 9])
>>> a - b
array([-3, -3, -3])
```

ベクトルの内積

2つの要素数の同じベクトルについて、対応する要素をそれぞれ掛け、それらの和をとったものを、**内積**(dot product)といいます。

2つのベクトル$\mathbf{a}=\begin{pmatrix} a_1 \\ a_2 \\ \vdots \\ a_N \end{pmatrix}$と$\mathbf{b}=\begin{pmatrix} b_1 \\ b_2 \\ \vdots \\ b_N \end{pmatrix}$があるとき〈2〉、$\mathbf{a}$と$\mathbf{b}$の内積$\mathbf{a}\cdot\mathbf{b}$は、

$\mathbf{a}\cdot\mathbf{b}=a_1\cdot b_1+a_2\cdot b_2+\ldots+a_N\cdot b_N=\sum_{n=1}^{N}a_n\cdot b_n$です。

例えば$\mathbf{a}=\begin{pmatrix} 1 \\ 2 \\ 3 \end{pmatrix}$、$\mathbf{b}=\begin{pmatrix} 4 \\ 5 \\ 6 \end{pmatrix}$のとき、$\mathbf{a}\cdot\mathbf{b}=1\cdot 4+2\cdot 5+3\cdot 6=32$です。

これはnumpyを使って、以下のように書けます。

```
>>> a = np.array([1, 2, 3])
>>> b = np.array([4, 5, 6])
>>> np.dot(a, b)
```

〈2〉 高校数学ではベクトルを$\vec{a}$、$\vec{b}$のように矢印で表したかもしれませんが、本書では太字で$\mathbf{a}$、$\mathbf{b}$のように表します。論文などでもこちらの表記が主流です。

```
32
```

もしこれをPythonで愚直に実装しようとすると、ループで実装することになるでしょう。

```
>>> a = [1, 2, 3]
>>> b = [4, 5, 6]
>>> dot_product = 0
>>> for a_i, b_i in zip(a, b):
...     dot_product += a_i * b_i
...
>>> dot_product
32
```

これと比べてわかるとおり、NumPyで書くと単純に記述量を減らせる上、NumPyはCで実装されているため、より高速に動作します。

行列の積とベクトルの内積

(当時の学習指導要領によりますが)行列の積の計算を、高校の数学で習った方もいるかもしれません。

例えば、2つの3×3行列 $\mathbf{A} = \begin{pmatrix} a_{11} & a_{12} & a_{13} \\ a_{21} & a_{22} & a_{23} \\ a_{31} & a_{32} & a_{33} \end{pmatrix}$ と $\mathbf{B} = \begin{pmatrix} b_{11} & b_{12} & b_{13} \\ b_{21} & b_{22} & b_{23} \\ b_{31} & b_{32} & b_{33} \end{pmatrix}$ の積は、3×3行列 $\mathbf{AB} = \begin{pmatrix} a_{11}b_{11} + a_{12}b_{21} + a_{13}b_{31} & a_{11}b_{12} + a_{12}b_{22} + a_{13}b_{32} & a_{11}b_{13} + a_{12}b_{23} + a_{13}b_{33} \\ a_{21}b_{11} + a_{22}b_{21} + a_{23}b_{31} & a_{21}b_{12} + a_{22}b_{22} + a_{23}b_{32} & a_{21}b_{13} + a_{22}b_{23} + a_{23}b_{33} \\ a_{31}b_{11} + a_{32}b_{21} + a_{33}b_{31} & a_{31}b_{12} + a_{32}b_{22} + a_{33}b_{32} & a_{31}b_{13} + a_{32}b_{23} + a_{33}b_{33} \end{pmatrix}$ となります。

……と、数式だけ書いてもわかりづらいと思います。

積$\mathbf{AB}$のi行目かつj列目の要素は、$\mathbf{A}$のi行目と、$\mathbf{B}$のj列目を抜き出し、それをベクトルと見立てて、内積を計算したものとなります。

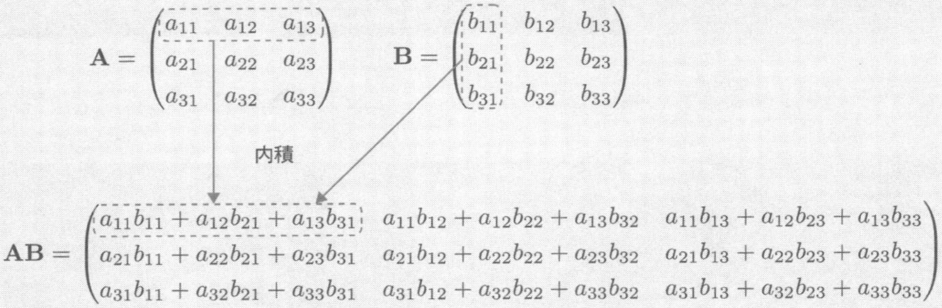

$$\mathbf{A} = \begin{pmatrix} a_{11} & a_{12} & a_{13} \\ a_{21} & a_{22} & a_{23} \\ a_{31} & a_{32} & a_{33} \end{pmatrix} \qquad \mathbf{B} = \begin{pmatrix} b_{11} & b_{12} & b_{13} \\ b_{21} & b_{22} & b_{23} \\ b_{31} & b_{32} & b_{33} \end{pmatrix}$$

内積

$$\mathbf{AB} = \begin{pmatrix} a_{11}b_{11} + a_{12}b_{21} + a_{13}b_{31} & a_{11}b_{12} + a_{12}b_{22} + a_{13}b_{32} & a_{11}b_{13} + a_{12}b_{23} + a_{13}b_{33} \\ a_{21}b_{11} + a_{22}b_{21} + a_{23}b_{31} & a_{21}b_{12} + a_{22}b_{22} + a_{23}b_{32} & a_{21}b_{13} + a_{22}b_{23} + a_{23}b_{33} \\ a_{31}b_{11} + a_{32}b_{21} + a_{33}b_{31} & a_{31}b_{12} + a_{32}b_{22} + a_{33}b_{32} & a_{31}b_{13} + a_{32}b_{23} + a_{33}b_{33} \end{pmatrix}$$

図1 (例)1行目かつ1列目の要素の計算

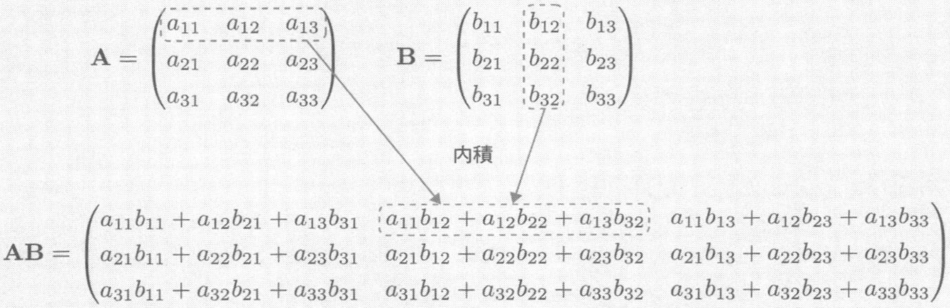

$$\mathbf{A} = \begin{pmatrix} a_{11} & a_{12} & a_{13} \\ a_{21} & a_{22} & a_{23} \\ a_{31} & a_{32} & a_{33} \end{pmatrix} \qquad \mathbf{B} = \begin{pmatrix} b_{11} & b_{12} & b_{13} \\ b_{21} & b_{22} & b_{23} \\ b_{31} & b_{32} & b_{33} \end{pmatrix}$$

内積

$$\mathbf{AB} = \begin{pmatrix} a_{11}b_{11} + a_{12}b_{21} + a_{13}b_{31} & a_{11}b_{12} + a_{12}b_{22} + a_{13}b_{32} & a_{11}b_{13} + a_{12}b_{23} + a_{13}b_{33} \\ a_{21}b_{11} + a_{22}b_{21} + a_{23}b_{31} & a_{21}b_{12} + a_{22}b_{22} + a_{23}b_{32} & a_{21}b_{13} + a_{22}b_{23} + a_{23}b_{33} \\ a_{31}b_{11} + a_{32}b_{21} + a_{33}b_{31} & a_{31}b_{12} + a_{32}b_{22} + a_{33}b_{32} & a_{31}b_{13} + a_{32}b_{23} + a_{33}b_{33} \end{pmatrix}$$

図2 (例)1行目かつ2列目の要素の計算

$$\mathbf{A} = \begin{pmatrix} a_{11} & a_{12} & a_{13} \\ a_{21} & a_{22} & a_{23} \\ a_{31} & a_{32} & a_{33} \end{pmatrix} \qquad \mathbf{B} = \begin{pmatrix} b_{11} & b_{12} & b_{13} \\ b_{21} & b_{22} & b_{23} \\ b_{31} & b_{32} & b_{33} \end{pmatrix}$$

内積

$$\mathbf{AB} = \begin{pmatrix} a_{11}b_{11} + a_{12}b_{21} + a_{13}b_{31} & a_{11}b_{12} + a_{12}b_{22} + a_{13}b_{32} & a_{11}b_{13} + a_{12}b_{23} + a_{13}b_{33} \\ a_{21}b_{11} + a_{22}b_{21} + a_{23}b_{31} & a_{21}b_{12} + a_{22}b_{22} + a_{23}b_{32} & a_{21}b_{13} + a_{22}b_{23} + a_{23}b_{33} \\ a_{31}b_{11} + a_{32}b_{21} + a_{33}b_{31} & a_{31}b_{12} + a_{32}b_{22} + a_{33}b_{32} & a_{31}b_{13} + a_{32}b_{23} + a_{33}b_{33} \end{pmatrix}$$

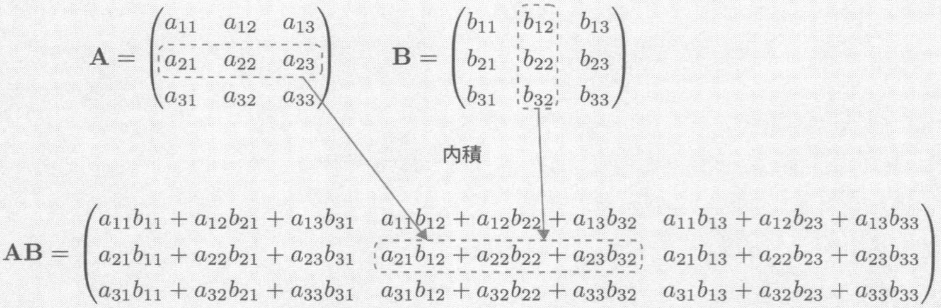

図3 (例)2行目かつ2列目の要素の計算

これをNumPyで書くと、以下のようになります。具体的な数値を入れて$\mathbf{A} = \begin{pmatrix} 1 & 2 & 3 \\ 4 & 5 & 6 \\ 7 & 8 & 9 \end{pmatrix}$と

$\mathbf{A} = \begin{pmatrix} 9 & 8 & 7 \\ 6 & 5 & 4 \\ 3 & 2 & 1 \end{pmatrix}$の積を計算する例です。

```
>>> A = np.array([
...     [1, 2, 3],
...     [4, 5, 6],
...     [7, 8, 9],
... ])
>>> B = np.array([
...     [9, 8, 7],
...     [6, 5, 4],
...     [3, 2, 1],
... ])
>>> np.dot(A, B)
array([[ 30,  24,  18],
       [ 84,  69,  54],
       [138, 114,  90]])
```

ベクトルの内積や行列の積に馴染みのない方は、一度自分の手で計算してみることをおすすめします。

さて、行列同士の積は行列となり、その各要素は、2つの行列からそれぞれ行と列を抜き出して内積をとったものだと述べました。これにより、複数のベクトル同士の内積を計算したい場合、まずはそれらを並べて行列にまとめ、np.dot()で積を計算すれば一度で計算できることがわかります。

また、上の例は3×3行列同士の積でしたが、一方の行と一方の列の内積を計算できればよい、すなわち一方の行の長さと一方の列の長さが等しければ、行列の積は定義できます。

よく登場するのは、m行n列の行列と、n行1列の行列の積の計算です。n行1列の行列とはすなわち、要素数nのベクトルです。

例えば2行3列行列$\mathbf{W} = \begin{pmatrix} 1 & 2 & 3 \\ 4 & 5 & 6 \end{pmatrix}$と、要素数3のベクトル$\mathbf{x} = \begin{pmatrix} 9 \\ 8 \\ 7 \end{pmatrix}$の積は、$\mathbf{Wx} = \begin{pmatrix} 46 \\ 118 \end{pmatrix}$となります。

ぜひ自分で計算してみましょう。

NumPyでは以下のように書けます。

```
>>> W = np.array([
...     [1, 2, 3],
...     [4, 5, 6],
... ])
>>> x = np.array([9, 8, 7])
>>> np.dot(W, x)
array([ 46, 118])
```

ベクトル$(1, 2, 3)$と$(9, 8, 7)$の内積、ベクトル$(4, 5, 6)$と$(9, 8, 7)$の内積の2つを別々に計算することなく、行列とベクトルの積としてまとめて計算することができました。

Python 3.5以降、numpy 1.10.0以降なら、@演算子を用いて以下のようにも書けます。

```
>>> W = np.array([
...     [1, 2, 3],
...     [4, 5, 6],
... ])
>>> x = np.array([9, 8, 7])
>>> W @ x
array([ 46, 118])
```

@とnp.dotは違う演算ですが、2次元以下の配列なら同じ結果が得られます。

4.3　NumPyのAPI

ここまでで紹介した、numpy配列(np.ndarrayクラスのインスタンス)自体の機能以外にも、numpyモジュールは様々な便利なAPIを提供しています。ここではそのほんの一部を紹介します。

本項の目的は、決してNumPyのマニュアルとなることではありません。NumPyが提供する諸機能のうち、本書の内容に関わりのある一部を紹介し、NumPyが提供する機能の幅広さと便利さについて(なんとなくでよいので)知っていただくとともに、読者諸氏の記憶のインデックスとなって、なにか問題を解くときに「お、ここにはNumPyが使えそうだな」と思い出してもらうことが目的です。ですので、本項の個々の内容をすべて吸収する必要はありません。

またもちろん、各APIの詳細を知るためには、NumPyのAPIリファレンスを参照してください。

maxとargmax

np.max()はnumpy配列中の最大値を返し、np.argmax()は最大値が存在するインデックスを返します。

最大値を得るnp.maxと、最大値のインデックスを得るnp.argmax

```
>>> arr = np.array([100, 10, 1000])
>>> np.max(arr)
1000
>>> np.argmax(arr)
2
```

2次元配列にも利用できます。axis引数で、最大値を探す際にどの方向(横か縦か)に走査するかを指定できます。

```
>>> arr = np.array([
...     [0.1, 0.4, 0.3],
...     [0.9, 0.1, 0.5],
...     [0.3, 0.6, 0.1],
... ])
>>> np.argmax(arr, axis=0)
array([1, 2, 1])
>>> np.argmax(arr, axis=1)
array([1, 0, 1])
```

また同様にnp.min、np.argminもあります。

統計関数

numpy配列の要素の統計値を出すメソッドが提供されています。
例えばnp.sumはnumpy配列の要素の合計値を返します。
また、np.meanはnumpy配列の要素の平均値を返します。

```
>>> arr = np.array([
...     [0.1, 0.4, 0.3],
...     [0.9, 0.1, 0.5],
...     [0.3, 0.6, 0.1],
... ])
>>> np.sum(arr)
```

```
3.3000000000000003
>>> np.mean(arr)
0.3666666666666667
```

$0.1+0.4+0.3+0.9+0.1+0.5+0.3+0.6+0.1=3.3$ ですが、上記の例では3.3000000000000003という結果が得られてしまいました。これは浮動小数点数の計算誤差によるものです。

各種数学関数

numpy配列を引数にとり、その各要素に作用する数学関数が提供されています。

例えばnp.expは指数関数です。

```
>>> arr = np.array([
...     [0.1, 0.4, 0.3],
...     [0.9, 0.1, 0.5],
...     [0.3, 0.6, 0.1],
... ])
>>> np.exp(arr)
array([[1.10517092, 1.4918247 , 1.34985881],
       [2.45960311, 1.10517092, 1.64872127],
       [1.34985881, 1.8221188 , 1.10517092]])
```

乱数

numpy.randomモジュールは、乱数に関するメソッドを提供します。

例えばnumpy.random.randは0.0～1.0の範囲で乱数を生成します。引数を指定すると、指定したshapeのnumpy配列を生成できます。

```
>>> np.random.rand()
0.8478917389013036
>>> np.random.rand(3, 3)
array([[0.54040902, 0.64313803, 0.38926746],
       [0.58451086, 0.9435197 , 0.53795842],
       [0.93657301, 0.99385564, 0.60754229]])
```

乱数のシードはnumpy.random.seedで指定します。機械学習のプログラムで乱数はよく登場しますが、実験としての再現性を担保するため、乱数のシードを固定することはよくあります。

シードを固定すれば毎回同じ乱数が得られる

```
>>> np.random.seed(42)
>>> np.random.rand()
0.3745401188473625
>>> np.random.seed(42)
>>> np.random.rand()
0.3745401188473625
```

numpy配列の初期化

listをnp.array()に渡す方法以外にも、numpy配列を初期化する手段が提供されています。

値を0か1で初期化する場合、np.zeros()、np.ones()を使います。引数には生成するnumpy配列のshapeを表すタプルを渡します。

```
>>> np.zeros((3, 2))
array([[0., 0.],
       [0., 0.],
       [0., 0.]])
>>> np.ones((3, 2))
array([[1., 1.],
       [1., 1.],
       [1., 1.]])
```

何らかの値で初期化する必要がない場合、np.empty()を使います。要素値の初期化処理がないので、他のnumpy配列の生成方法に比べて高速です。numpy配列生成後、要素の値を別の場所で改めてセットする場合、np.zeros()やnp.ones()を使うのは無駄なので、np.empty()を使うとよいでしょう。

```
>>> np.empty((3, 2))
array([[6.91629999e-310, 2.06813034e-316],
       [6.91630076e-310, 6.91629013e-310],
       [6.91629925e-310, 6.91629979e-310]])
```

numpy配列の結合

np.hstack、np.vstackで、複数のnumpy配列を並べて結合することができます。np.hstackは水平に(horizontally)並べ、np.vstackは垂直に(vertically)並べて結合します。

```
>>> a = np.array([1, 2, 3])
>>> b = np.array([4, 5, 6])
>>> np.hstack((a, b))
array([1, 2, 3, 4, 5, 6])
>>> np.vstack((a, b))
array([[1, 2, 3],
       [4, 5, 6]])
```

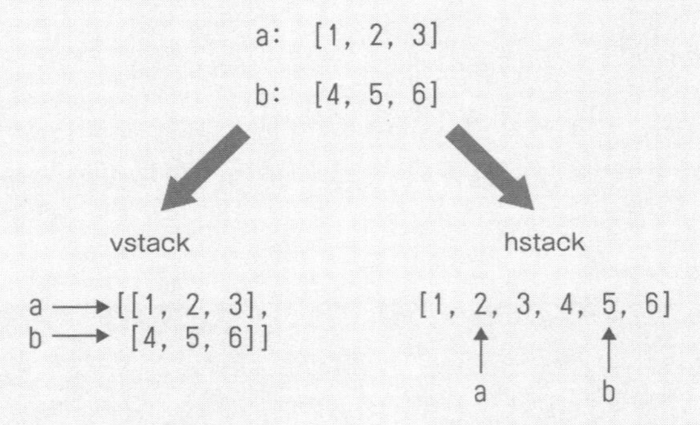

図4 np.hstackとnp.vstack

また、複数のnumpy配列を結合するためのより一般的なメソッドとして`np.concatenate`があります（実は`np.hstack`、`np.vstack`は`np.concatenate`のラッパーです）。

4.4 NumPyを使う理由

NumPyは数値計算のためのライブラリとして設計、実装されており、例えば上で紹介したようなベクトル・行列の演算に強みを発揮します。すでに述べたとおり、そのコアの部分はC言語で実装されており、高速に動作します。

ベクトル・行列演算が必要になったとき、Pythonでループを駆使して実装するより（例：1.4.2の「ベクトルの内積」の愚直な実装）、NumPyのAPIを駆使して実装したほうが、圧倒的に高速に動作します（例：1.4.2の「ベクトルの内積」のNumPyの実装）。

より一般的なケースで、大量のデータに単一の手続きを実行する場合、NumPyによる数値計算に落とし込めると、Pythonのレイヤーでコードを書く場合と比べて大きく高速化できます。

5 本書で利用するその他の主要ライブラリ

覚えておきたい4つのPythonライブラリ——scikit-learn、SciPy、Pandas、Kerasについて

● scikit-learn

様々なアルゴリズムを実装した機械学習ライブラリです。本書で扱うような自然言語処理に限らず、様々な分野・用途に広く用いられる、人気のあるライブラリです。

● SciPy

高度な科学技術計算のためのライブラリです。NumPyが提供するnumpy配列をベースにして各種の処理が実装されています。本書の範囲では疎行列（Step 01の01.3の「scikit-learnによるBoWの計算」のコラム「疎行列とSciPy」を参照）を扱うために利用する程度ですが、このライブラリもPythonにおける機械学習や科学技術計算を支える重要なライブラリです。

● Pandas

データ解析を支援するライブラリです。表形式データなどの取り扱いを便利にするデータ構造・各種メソッドが提供されます。本書ではCSVデータの取り扱いに利用する程度ですが、データ解析を便利にする様々なツールの詰まった充実したライブラリです。

● Keras

深層学習（Deep Learning）のためのライブラリです。3章で詳しく扱います。

2章

基礎を押さえる7ステップ

第2章では、日本語自然言語処理の基礎と機械学習の基礎を、実際のプログラムを例にして、1ステップずつ進めていきます。本書の核となる章です。

Step 01　対話エージェントを作ってみる
Step 02　前処理
Step 03　形態素解析とわかち書き
Step 04　特徴抽出
Step 05　特徴量変換
Step 06　識別器
Step 07　評価

Step 01 対話エージェントを作ってみる

本格的に自然言語処理を学ぶ前に、まずは簡単なアプリケーション開発でイメージを掴もう

01.1 対話エージェントシステム

本Stepでは、簡単な対話エージェントを題材にして、自然言語処理プログラミングの要素の一部を体験していきます。

対話エージェントのイメージ

まず、これから本Stepで作成する対話エージェントプログラムの概要を紹介します。このプログラムは、以下のように動作します。

リスト1 talk_with_dialogue_agent.py（イメージ）

```
training_data = [
    (
        [
            '自然言語処理をしたいんだけど、どうすればいい?',
            '日本語の自然言語処理について知りたい',
            ...,
        ],
        'この本を読んでね!',
    ),
    (
        [
            '好きなプログラミング言語は?',
            'どの言語使うのがいいかな',
            ...,
        ],
```

```
        'Pythonがおすすめです',
    ),
    (
        [
            '良いコードが書けたよ',
            '凄いのが出来た',
            ...,
        ],
        'それはよかったですね!',
    ),
    ...,
]

dialogue_agent = DialogueAgent()
dialogue_agent.train(training_data)
print(dialogue_agent.reply('どのプログラミング言語がいいかな'))  # 'Pythonがおすすめです'
```

(あくまでイメージですよ!)

このように、最終的にDialogueAgentが、ユーザーの入力(この例では「どのプログラミング言語がいいかな」)に対して、適切な応答(この例では「Pythonがおすすめです」)を返せるようになることが目標です。

まず、ユーザーからの入力文として想定される文をある程度の数用意し、同じような意味・文意・話題の文をまとめておきます。例えば、「自然言語処理をしたいんだけど、どうすればいい?」や「日本語の自然言語処理について知りたい」といった入力文は"自然言語処理の学習について聞く質問"としてまとめ、「好きなプログラミング言語は?」や「どの言語使うのがいいかな」といった入力文は"おすすめのプログラミング言語を聞く質問"としてまとめることができます。これらのまとまり(ここでは文の分類)を**クラス**(class)と呼びます。プログラミング言語のクラスとは違うものなので、混同しないように気をつけてください。

また、入力文の各クラスについて、この対話エージェントの応答文をあらかじめ決めておきます。「自然言語処理をしたいんだけど、どうすればいい?」や「日本語の自然言語処理について知りたい」などの"自然言語処理の学習について聞く質問"クラスに対しては「この本を読んでね!」と応答し、「好きなプログラミング言語は?」や「どの言語使うのがいいかな」などの"おすすめのプログラミング言語を聞く質問"クラスに対しては「Pythonがおすすめです」と応答する、といった具合です。

次に、このクラス分けされた複数のユーザー入力文例と、各クラスに対する応答の組を対話エージェントに**学習**させます(training)。「学習」が具体的にどのようなプログラムで表現される、どのような処理なのかはこの後しっかり解説していきますが、学習によって対話エージェントは「どのような質問文がきたらどの回答文を返せばよいか」のパターンを習得します。

その後ユーザーが文を入力すると、対話エージェントはその文がどのクラスに該当するかを**予測**(predict)し、対応する応答文を返します。これによって、(一問一答の)会話を実現できます。

これは、1章の1.1.2で紹介したテキスト分類という問題設定だと考えられます。

ここで大事なのは、ユーザーからの入力文が、学習のときに与えた文例と完全に一致していなくても、対話エージェントが動作することです。上の例で言うと、ユーザーが「どのプログラミング言語がいいかな」という文章を対話エージェントに入力していますが、たとえあらかじめ用意し学習に用いた文章例群training_dataに「どのプログラミング言語がいいかな」という文章が含まれていなかったとしても、対話エージェントは「Pythonがおすすめです」という応答を返せるようになります。つまり、この対話エージェントは、training_dataに含まれた文とユーザー入力とを単純に照合して応答するわけではないのです。そのような「ある入力Xに対しては応答Yを返す」という単純なルールを用意するだけのやり方では、用意すべきルールが膨大な数になってしまい、すぐに破綻してしまいます。

この対話エージェントはそうではなく、あらかじめ与えられたいくつかのクラスとそれぞれに属する文の例をもとに、それぞれのクラスに分類されうる文の傾向のようなものを自動で獲得します。その結果、あらかじめ与えられた文とはある程度異なる新たな文が入力されても、その傾向に当てはめて推論し、適した応答を選べるようになります。このような、学習に使わなかったデータについても正しく予測を行えることを**汎化**（generalization）といいます。汎化は機械学習の重要な性質の1つです。

以上が本書で例として扱う、機械学習を用いた対話システムのざっくりした概要でした。機械学習システムをプログラムとして組み上げるために、もう少し具体化してみましょう。

より具体的なイメージ

リスト2 talk_with_dialogue_agent.py（より具体的なイメージ）

```
training_data = [
    (0, '自然言語処理をしたいんだけど、どうすればいい?'),
    (0, '日本語の自然言語処理について知りたい'),
    ...,
    (1, '好きなプログラミング言語は?'),
    (1, 'どの言語使うのがいいかな'),
    ...,
    (2, '良いコードが書けたよ'),
    (2, '凄いのが出来た'),
    ...,
]

dialogue_agent = DialogueAgent()
dialogue_agent.train(training_data)
predicted_class = dialogue_agent.predict('どのプログラミング言語がいいかな')

replies = [
    'この本を読んでね!'
    'Pythonがおすすめです',
    'それはよかったですね!',
]
print(replies[predicted_class])  # 'Pythonがおすすめです'
```

各クラスにはIDをつけて管理することにします。

“自然言語処理の学習について聞く質問”クラスは0、“おすすめのプログラミング言語を聞く質問”クラスは1、……というように、連続した自然数をクラスIDとして振っていきます(プログラミングではよく見ますね)。すると、この対話エージェントは「自然文を入力し、その文が属すると予測されるクラスのクラスIDを出力する」システムとして設計されることになります。それと対応して、学習のための入力データすなわち**学習データ**(**training data**)は、入力文例とクラスIDの組のリストになります(リスト2のtraining_data変数。文とクラスIDのtupleのlist)。

学習後、ユーザーが文を入力すると、対話エージェントはその文が属するクラスのIDを予測し、そのクラスIDに対応する応答文を返します。応答文は単純にlistとして用意しておけば、クラスIDをインデックスにしてアクセスできます(replies変数)。

以上で作るべきシステムがはっきりしましたね。「対話エージェント」という目標をもう少しブレイクダウンして、「文を入力すると、その文が属するクラスを予測し、クラスIDを出力するシステム」を作っていくという目標が定まりました。前述のとおり、これはテキスト分類という問題設定です。

それでは、このシステムがどのような処理で構成されるのか(DialogueAgentクラスを具体的にどう実装すればよいのか)、詳しく見ていきましょう。

01.2 わかち書き

対話エージェントに与えられるデータは、学習データ中の入力文例も実際のユーザーの入力文も、ただの日本語の文章であり、プログラム的に見ればただのバイト列です。このデータをどのようにプログラムで扱えばいいのでしょう?

最初のステップは、文を単語に分解することです。文を単語に分解できれば、各単語に番号を割り当てることができ、文を数値の配列として扱えるようになります。例えば、次の図のようにです。

私は私のことが好きなあなたが好きです

私 / は / 私 / の / こと / が / 好き / な / あなた / が / 好き / です

[0, 5, 0, 6, 3, 4, 2, 7, 1, 4, 2, 8]

単語	番号
私	0
あなた	1
好き	2
こと	3
が	4
は	5
の	6
な	7
です	8

数値の配列にすることで、かなりプログラムで扱いやすくなりますね（文を数値の配列に変換した後の具体的な処理は次節以降で解説します）。

英語のように単語の間にスペースのある言語であれば、文を単語に区切る処理はほとんどの場合不要なのですが、日本語のように単語の間にスペースがない言語は、単語の境界を判定する処理を行って、文を分解する必要があります。

文を単語に分解することを**わかち書き**といいます〈1〉。日本語におけるわかち書きを行うためのソフトウェアとして広く利用されているのがMeCab（めかぶ）〈2〉です。

MeCabは文を単語に分解するだけではなく、各単語の品詞や読みなどの情報を付与してくれます。このような品詞情報の付与まで含んだわかち書きを**形態素解析**と呼びます。

> 実はこの説明は正確ではありません。
> まず、形態素とは文を構成する「意味を持つ最小の単位」のことで、「単語」とは若干意味が異なります。例えば、「自然言語処理」は1つの単語ですが、これはさらに「自然」「言語」「処理」という形態素に分解できます（これをもって、「自然言語処理」という単語は複合語と呼ばれます）。またほかの例として、丁寧語「お花」は形態素「お」「花」に分解できます。
> そして、文を形態素のレベルにまで分解し、それぞれの品詞などを判定することを「形態素解析」と呼びます。
> ではMeCabはいったい何を行っているのでしょう。MeCabが文を分割するとき、どの単位に区切るかは後述する「辞書」に依存します。これによって、本当の意味での形態素解析ができたり、複合語を1つのまとまりとして扱いつつ文を分解できたりします。
> この解説ではいったん、「単語」や「形態素」といった用語をあまり厳密に区別せずに使います。

MeCabのインストール

以下の手順で適宜インストールしてください。

● Debian系Linux（Debian、Ubuntuなど）の場合

APTでインストールできます。

```
$ sudo apt install mecab libmecab-dev mecab-ipadic
```

〈1〉 『広辞苑』（第七版、p.3157）によれば、「わかち書き」の元来の意味は“文を書く時、語と語の間に空白を置くこと。また、その書き方。”となっています。これに対し、自然言語処理の文脈では、空白で区切られていない文を区切る処理を指して「わかち書き」という用語を使っています。本書における「わかち書き」は後者の意味です。

〈2〉 http://taku910.github.io/mecab/

● macOSの場合

homebrewでインストールできます。

```
$ brew install mecab mecab-ipadic
```

mecabに加えてmecab-ipadicというパッケージをインストールしていますが、これはMeCabが使う「辞書」というファイルです。Step 03の03.1の「辞書」で詳しく説明します。

コマンドラインから試してみる

シェルでmecabコマンドを実行すると、入力受付状態になります。

シェルでMeCabを実行

```
$ mecab
```

この状態で、日本語文を入力し、Enterを押すと、形態素解析の結果が表示されます。

MeCab実行結果例

```
$ mecab
私は私のことが好きなあなたが好きです
私	名詞,代名詞,一般,*,*,*,私,ワタシ,ワタシ
は	助詞,係助詞,*,*,*,*,は,ハ,ワ
私	名詞,代名詞,一般,*,*,*,私,ワタシ,ワタシ
の	助詞,連体化,*,*,*,*,の,ノ,ノ
こと	名詞,非自立,一般,*,*,*,こと,コト,コト
が	助詞,格助詞,一般,*,*,*,が,ガ,ガ
好き	名詞,形容動詞語幹,*,*,*,*,好き,スキ,スキ
な	助動詞,*,*,*,特殊・ダ,体言接続,だ,ナ,ナ
あなた	名詞,代名詞,一般,*,*,*,あなた,アナタ,アナタ
が	助詞,格助詞,一般,*,*,*,が,ガ,ガ
好き	名詞,形容動詞語幹,*,*,*,*,好き,スキ,スキ
です	助動詞,*,*,*,特殊・デス,基本形,です,デス,デス
EOS
```

正しく単語ごとに分割され、品詞などの情報も付与されていますね。

各行のフォーマットは、以下のようになっています〈3〉。

〈3〉 http://taku910.github.io/mecab/#parse

リスト3 MeCabの出力フォーマット

```
表層形\t品詞,品詞細分類1,品詞細分類2,品詞細分類3,活用型,活用形,原形,読み,発音
```

このフォーマットは後述する**辞書**に依存しており、どの辞書を使うかによって変わります。

Pythonから呼び出す

MeCabには、Pythonから呼び出すためのライブラリが用意されています。PythonからMeCabを使ってみましょう。

pipでインストールできます。

```
$ pip install mecab-python3
```

インストールできたら、実際にPythonからMeCabを使うコードを動かしてみましょう。以下が簡単なサンプルコードです。

リスト4 mecab-parse.py

```python
import MeCab

tagger = MeCab.Tagger()
print(tagger.parse('私は私のことが好きなあなたが好きです'))
```

実行結果

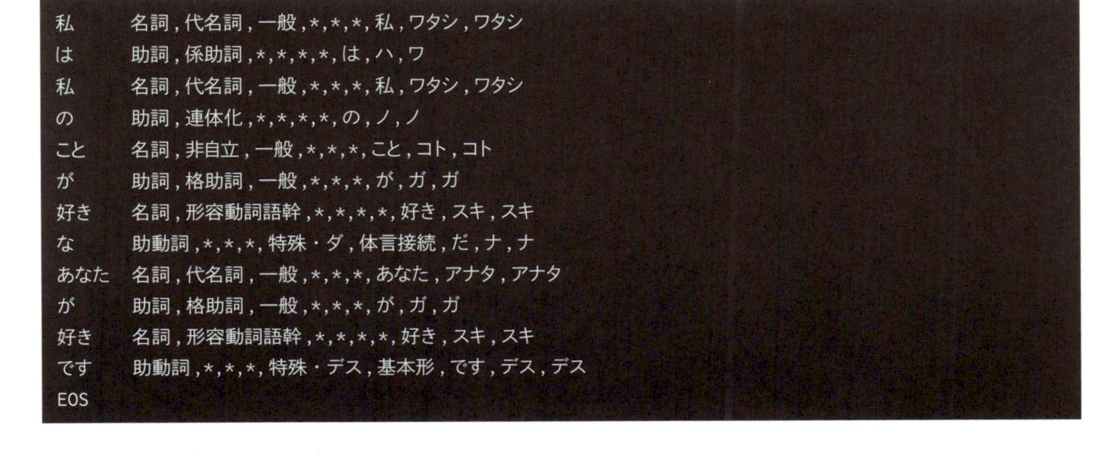

```
私	名詞,代名詞,一般,*,*,*,私,ワタシ,ワタシ
は	助詞,係助詞,*,*,*,*,は,ハ,ワ
私	名詞,代名詞,一般,*,*,*,私,ワタシ,ワタシ
の	助詞,連体化,*,*,*,*,の,ノ,ノ
こと	名詞,非自立,一般,*,*,*,こと,コト,コト
が	助詞,格助詞,一般,*,*,*,が,ガ,ガ
好き	名詞,形容動詞語幹,*,*,*,*,好き,スキ,スキ
な	助動詞,*,*,*,特殊・ダ,体言接続,だ,ナ,ナ
あなた	名詞,代名詞,一般,*,*,*,あなた,アナタ,アナタ
が	助詞,格助詞,一般,*,*,*,が,ガ,ガ
好き	名詞,形容動詞語幹,*,*,*,*,好き,スキ,スキ
です	助動詞,*,*,*,特殊・デス,基本形,です,デス,デス
EOS
```

parse()で、shellからMeCabを実行したときの結果をそのまま得ることができました。しかし、この形式の文字列が得られても、改行で区切ったり\tや,で区切ったりしてパースする必要があり、不便です。

よりプログラムで扱いやすい形式の返り値が得られるメソッドも用意されています。

リスト5 mecab-parse-to-node-simple.py

```
import MeCab

tagger = MeCab.Tagger()

node = tagger.parseToNode('私は私のことが好きなあなたが好きです')

print(node.surface)
print(node.next.surface)
print(node.next.next.surface)
print(node.next.next.next.surface)
print(node.next.next.next.next.surface)
print(node.next.next.next.next.next.surface)
```

実行結果

```

私
は
私
の
こと
```

このように、parseToNodeで得られるnodeオブジェクトは、わかち書き結果の一番最初の単語を表しています。そして、次の単語を表すnodeオブジェクトへの参照nextを次々に辿っていくことで、わかち書き結果の各単語を表すnodeオブジェクトに順々にアクセスすることができます。そして、各nodeオブジェクトのsurfaceプロパティから、対応する単語の表層形〈4〉を得ることができます。

また、node.featureには品詞などの情報が格納されています。

```
>>> node.next.surface
'私'
>>> node.next.feature
'名詞,代名詞,一般,*,*,*,私,ワタシ,ワタシ'
```

〈4〉 その単語・形態素の文中での形。例えば、"僕 / は / 泣か / ない"の中の「泣か」は、原型は「泣く」ですが、文中では活用されて「泣か」になっています。この場合、「泣か」が表層形になります。

(mecab-python3は、0.996.2より古いバージョンにはparseToNodeが正しく動作しないバグがあります。気をつけてください。)

以下のように、node.next.next...を最後まで辿るループを回せば、すべての単語の情報を得ることができます。

リスト6 mecab-parse-to-node-loop.py

```
import MeCab

tagger = MeCab.Tagger()

node = tagger.parseToNode('私は私のことが好きなあなたが好きです')

while node:
    print(node.surface)
    node = node.next
```

実行結果

最初と最後のnode.surfaceは空文字列となります。

わかち書き関数の実装

これを使って、簡単な関数を作ってみましょう。それは、与えられた文字列をわかち書きして、結果を単語のlistとして返すという関数です。

リスト7 tokenizer.py

```
import MeCab

tagger = MeCab.Tagger()


def tokenize(text):
    node = tagger.parseToNode(text)

    tokens = []
    while node:
        if node.surface != '':
            tokens.append(node.surface)

        node = node.next

    return tokens
```

このtokenize関数を実行してみると、このようになります。

```
>>> tokenize('私は私のことが好きなあなたが好きです')
['私', 'は', '私', 'の', 'こと', 'が', '好き', 'な', 'あなた', 'が', '好き', 'です']
```

MeCabを使うことで、わかち書きを行う関数を簡単に実装することができました。

このtokenize()は、今後も頻繁に登場します。この後のサンプルコードでtokenize()を利用するときは、tokenizer.pyを同じ階層に配置する想定で、以下のようにインポートすることにします。読者の皆さんは適宜自分の環境やディレクトリ構造に合わせて読み替えてください。

```
from tokenizer import tokenize
```

MeCab.Tagger()には、shellからmecabコマンドを実行するときに指定するオプションと同じオプションを渡すことができます。-Owakatiオプションを指定すると、各単語の詳細な情報は出力せず、スペース(' ')で分割したわかち書きの結果のみを出力するようにできます。

リスト8 mecab_wakati.py

```
import MeCab

tagger = MeCab.Tagger('-Owakati')

print(tagger.parse('私は私のことが好きなあなたが好きです'))
```

実行結果

```
私 は 私 の こと が 好き な あなた が 好き です
```

これを使って、以下のようなわかち書き関数の実装も考えられます。

リスト9 tokenizer_buggy.py

```
import MeCab

tagger = MeCab.Tagger('-Owakati')


def tokenize(text):
    return tagger.parse(text).strip().split(' ')
```

しかし、実はこの実装には問題があります。半角スペースを区切り文字にしているので、半角スペースを含む単語が登場したときに、区切り文字としての半角スペースと単語の一部としての半角スペースが混ざってしまい、正しくわかち書きできません。

後述する辞書によっては、半角スペースを含んだ単語を扱うことになります。この実装は避けたほうがよいでしょう。

01.3 特徴ベクトル化

前項までで、日本語の文をわかち書きできるようになりました。プログラムで扱うために、このわかち書きされた文章（文字列）をさらに変換し、コンピュータで計算可能な形式にする必要があります。より具体的にいうと、1つの文章を1つの**ベクトル**で表すのです。

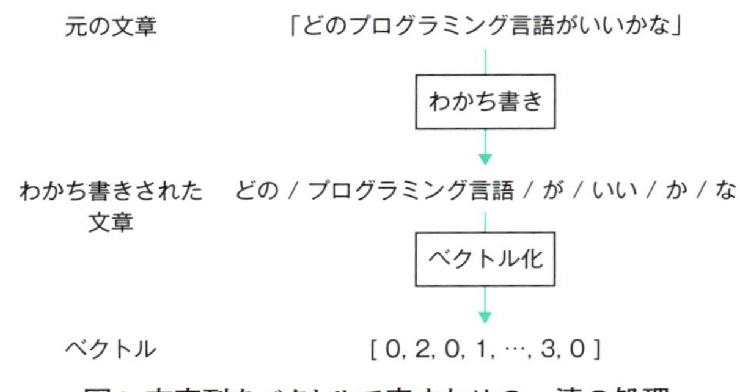

図1 文字列をベクトルで表すための一連の処理

この「ベクトル」、高校や大学の数学で扱う「ベクトル」そのものではあるのですが、ここではまだベクトルの演算だとか線形代数といった話は出てきません。この段階では、「ある決まった個数の数値のまとまり」という程度の理解で差し支えありません。Python的にいえば、数値（intやfloat）を要素とする、ある決まった長さのlistやtupleもしくはnumpy配列です（機械学習のプログラミングではnumpy配列を使うことがほとんどです）。この「ある決まった長さ」は10とか1000とか100000とか、34029とか981921とか、システムや手法によって変わります。

また、この「ある決まった長さ」をベクトルの**次元数**といいます。以下のような何らかのベクトルvecがあったとすると、この次元数は5となります（`len(vec) == 5`）。「次元数5のベクトル」「5次元のベクトル」といったりします。

```
vec = [0.1, 0.2, 0.3, 0.4, 0.5]
```

文をベクトルに変換するプログラムは、大枠として以下のようになります。文をわかち書きによって単語ごとに分解して「単語のlist」として表現した後、その単語のlistをもとに何らかの手法でベクトルを得ます。

リスト10 vectorize.py（イメージ）

```
tokens = tokenize('私は私のことが好きなあなたが好きです')
# tokens == ['私', 'は', '私', 'の', 'こと', 'が', '好き', 'な', 'あなた', 'が', '好き
', 'です']
vector = vectorize(tokens)  # 単語のlistからベクトルを得る手法。これから解説。
# vector == [0, 0.35, 1.23, 0, 0, ..., 2.43]
```

機械学習の分野では、このベクトルのことを**特徴量**（feature）や**特徴ベクトル**（feature vector）といい、特徴ベクトルを計算することを**特徴抽出**（feature extraction）といいます。また、文字列から特徴抽出する操作を指して「文字列を特徴ベクトル化する」と言ったりもします。特徴抽出を行う手法を**特徴抽出器**（feature extractor）と呼びます。プログラミングの文脈では、特徴抽出の手法を実装した関数やオブジェクト（上の例ではvectorize）を指して特徴抽出器と呼んでもよいでしょう。

「特徴ベクトル」という用語には、「元となった文章が持っていた特徴が反映されたベクトル」という意味が込められています。逆にいえば、元となった文字列の情報をうまく反映したベクトルを出力できるよう、vectorize()を適切に設計します。

Bag of Words

特徴抽出の手法の1つで、とても基本的で広く使われているのが**Bag of Words**です。省略してBoWと表記することもあります。

処理の内容を見ていきましょう。以下の例では、「私は私のことが好きなあなたが好きです」と「私はラーメンが好きです」の2つの文（文字列）から特徴抽出を行うことを考えます。

(1) 単語にインデックスを割り当てる

文字列はわかち書きによって単語に分解されています。各単語にユニークな番号=インデックスを割り当てます。このインデックスは、入力されたすべての文（ここでは2文）を通してユニークな値です。

私は私のことが好きなあなたが好きです

私 / は / 私 / の / こと / が / 好き / な / あなた / が / 好き / です

私はラーメンが好きです

私 / は / ラーメン / が / 好き / です

単語	番号
私	0
あなた	1
ラーメン	2
好き	3
こと	4
が	5
は	6
の	7
な	8
です	9

また、この単語→番号の対応表を**語彙**(vocabulary)や**辞書**(dictionary)と呼びます。

(2) 文ごとに単語の登場回数を数える

「私 / は / 私 / の / こと / が / 好き / な / あなた / が / 好き / です」

単語	番号	登場回数
私	0	2
あなた	1	1
ラーメン	2	0
好き	3	2
こと	4	1
が	5	2
は	6	1
の	7	1
な	8	1
です	9	1

「私 / は / ラーメン / が / 好き / です」

単語	番号	登場回数
私	0	1
あなた	1	0
ラーメン	2	1
好き	3	1
こと	4	0
が	5	1
は	6	1
の	7	0
な	8	0
です	9	1

(3) 文ごとに各単語の登場回数を並べる

それぞれの文(文字列)について、各単語の登場回数を並べてlistにします。各単語に割り当てた番号(インデックス)がそのままlistのインデックスとなり、対応する位置に単語の出現回数をセットします。

リスト11 Bag of Wordsの例

```
# 私 / は / 私 / の / こと / が / 好き / な / あなた / が / 好き / です
bow0 = [2, 1, 0, 2, 1, 2, 1, 1, 1, 1]

# 私 / は / ラーメン / が / 好き / です
bow1 = [1, 0, 1, 1, 0, 1, 1, 0, 0, 1]
```

このようにして得られたベクトル(リスト11におけるbow0やbow1)が、特徴ベクトルとなります。この変換手法のことをBag of Wordsと呼んだり、得られるベクトルのことをBag of Wordsと呼んだりします(「文をBag of Wordsで特徴ベクトル化する」と言ったりも、「文をBag of Words化する」と言ったりもします)。

この手法によって得られるベクトルの次元数は、語彙の数になります。上の例では語彙の数、すなわち単語の種類数が10なので、特徴ベクトルbow0, bow1の次元数も10になります(`len(bow0) == 10`)。つまり、語彙を固定しておけば、入力される文字列の長さがどうであれ、常に一定のサイズのベクトルが得られることになります。

以上のような処理によって、1つの文章を1つのベクトル(list)に変換することができました。日本語で書かれた元々の文は、長さの一定しない、コンピュータにとっては大した意味のないバイト列でした。しかし、Bag of Words化することで、ある決まった長さで、コンピュータにとって扱いやすい数値の配列に変換することができます。

Bag of Wordsの実装

それでは実際に、PythonでBoWのアルゴリズムを実装してみましょう。

リスト12 bag_of_words.py

```
from tokenizer import tokenize  # (1)


def calc_bow(tokenized_texts):  # (2)
    # Build vocabulary (3)
    vocabulary = {}
    for tokenized_text in tokenized_texts:
        for token in tokenized_text:
            if token not in vocabulary:
                vocabulary[token] = len(vocabulary)
```

```
    n_vocab = len(vocabulary)

    # Build BoW Feature Vector (4)
    bow = [[0] * n_vocab for i in range(len(tokenized_texts))]
    for i, tokenized_text in enumerate(tokenized_texts):
        for token in tokenized_text:
            index = vocabulary[token]
            bow[i][index] += 1

    return vocabulary, bow


# 入力文のlist
texts = [
    '私は私のことが好きなあなたが好きです',
    '私はラーメンが好きです',
    '富士山は日本一高い山です',
]

tokenized_texts = [tokenize(text) for text in texts]
vocabulary, bow = calc_bow(tokenized_texts)
```

1. リスト7で作成したわかち書き関数をインポートします。
2. Bag of Words計算関数です。
3. 辞書生成のループです。
4. 単語出現回数をカウントするためのループです。

得られる変数の値（見やすいように一部整形）

```
>>> vocabulary
{'私': 0, 'は': 1, 'の': 2, 'こと': 3, 'が': 4, '好き': 5, 'な': 6, 'あなた': 7, 'です': 8, 'ラー
メン': 9, '富士山': 10, '日本一': 11, '高い': 12, '山': 13}
>>> bow
[
    [2, 1, 1, 1, 2, 2, 1, 1, 1, 0, 0, 0, 0, 0],
    [1, 1, 0, 0, 1, 1, 0, 0, 1, 1, 0, 0, 0, 0],
    [0, 1, 0, 0, 0, 0, 0, 0, 1, 0, 1, 1, 1, 1]
]
```

このプログラムは先ほどの「Bag of Words」の説明に即した形で、1番目のforループで辞書の生成を行い、2番目のforループで各単語の出現回数のカウントを行っています。

この例では文を3つ入力していて、それぞれからBoWが得られるので、bowは2次元配列で1次元目の長さは入力した文の数である3になります（`len(bow) == 3`）。また、語彙`vocabulary`は13単語得られまし

た。したがって、それぞれのBoWのサイズ=特徴ベクトルの次元数は13になります(len(bow[0]) == 13)。

Column

collections.Counterの利用

Pythonの標準ライブラリにcollectionsというモジュールがあり、このモジュールのCounterクラスを使うと、よりシンプルにBag of Wordsを実装することができます。

リスト13 bag_of_words_counter_ver.py

```
from collections import Counter

from tokenizer import tokenize


def calc_bow(tokenized_texts):
    counts = [Counter(tokenized_text)
              for tokenized_text in tokenized_texts]  # (1)
    sum_counts = sum(counts, Counter())  # (2)
    vocabulary = sum_counts.keys()

    bow = [[count[word] for word in vocabulary]
           for count in counts]  # (3)

    return bow
```

1. collections.Counterは以下のように、与えられたlistの要素をカウントできる。これを使って、tokenized_textsの各要素(わかち書きされた単語のlist)に含まれる各単語の数を数える。

   collections.Counterの例

   ```
   >>> Counter(['A', 'A', 'A', 'B', 'B', 'C'])
   Counter({'A': 3, 'B': 2, 'C': 1})
   ```

2. 上で作ったCounterインスタンスをすべて足し合わせ、tokenized_texts全体の語彙を得る。sumは各要素を加算していく組み込み関数だが、第2引数で最初の加算に使う値startを指定できる。startはデフォルトで0だが、Counterインスタンス同士の加算を行いたいので、ここではCounter()(すべての要素のカウンタが0のCounter)を指定する。
3. countsとvocabularyを組み合わせて、最終的なBag of Wordsを得る。ここでは2重のリスト内包表記を使っている。

1章の1.3.13の「標準ライブラリ」でも触れましたが、Pythonには充実した標準ライブラリが整備されています。標準ライブラリには、今回利用したcollections.Counterのように、ある程度抽象度が高く汎用的な機能が揃っているので、どんな機能があるか知っておくと便利です。

scikit-learnによるBoWの計算

以上のように、BoWは非常に単純なアルゴリズムなので、一度は自分で実装してみることをおすすめします。具体的に何が行われているのか、よく理解できます。

ただ、ここからはscikit-learnに用意されているBoW計算用クラスを利用することにします〈5〉。scikit-learnにはBoWを含む様々な特徴抽出アルゴリズムが用意されており、よく整理され統一されたAPIが提供されています。このライブラリを利用してプログラムを書いておくことで、後に様々なアルゴリズムを容易に試せるようになります。

scikit-learnではBoWを計算する機能を持ったクラスとしてsklearn.feature_extraction.text.CountVectorizerが提供されているので、これを使ってBoWを計算するコードを書いてみましょう。

リスト14 sklearn_example.py

```
from sklearn.feature_extraction.text import CountVectorizer

from tokenizer import tokenize  # (1)

texts = [
    '私は私のことが好きなあなたが好きです',
    '私はラーメンが好きです。',
    '富士山は日本一高い山です',
]

# Bag of Words計算
vectorizer = CountVectorizer(tokenizer=tokenize)  # (2)
vectorizer.fit(texts)  # (3)
bow = vectorizer.transform(texts)  # (4)
```

1. **リスト7で作成したわかち書き関数をインポートします。**
2. **CountVectorizerのコンストラクタにはtokenizer引数でわかち書き関数を渡します。tokenizerを指定しない場合のデフォルト設定ではスペースで文を単語に区切る処理が行われますが、これは英語のような単語をスペースで区切る言語を想定した動作です。tokenizerに**

〈5〉 scikit-learnについては1章の5節「本書で利用するその他の主要ライブラリ」でも紹介しました。インストール方法は1章3.16節「パッケージマネージャ『pip』」をご覧ください。

callable(関数、メソッドなど)を指定するとそれが文の分割に使われるので、日本語を対象にする場合は、自前で実装したわかち書き関数を指定するようにします。

3. 辞書を生成します。
4. BoWを計算します。

リスト12では辞書の生成と単語の出現回数のカウントが2つのループに分かれていましたが、sklearn.feature_extraction.text.CountVectorizerではこの2つに対応してCountVectorizer.fit(), CountVectorizer.transform()というメソッドがあります。

CountVectorizer.fit()で辞書が作成され、一度辞書の作成を行ったインスタンスでは、transform()を呼ぶことで、その辞書に基づいたBag of Wordsが生成されます。

Column

疎行列とSciPy

CountVectorizer.transformの返り値(上記サンプルコードのbow変数)をよく見てみると、listでもnumpy配列(numpy.ndarray)でもありません。

```
>>> bow
<3x15 sparse matrix of type '<class 'numpy.int64'>'
        with 22 stored elements in Compressed Sparse Row format>
```

BoWはほとんどの要素がゼロのベクトルになります。ある文をBoWに変換するとき、その文中に登場しない単語に対応する要素はゼロになりますが、一般的にそのようなゼロ要素のほうが非ゼロ要素より多くなるからです。語彙が増えれば増えるほど、ゼロ要素が多くなる確率は上がります。

このような、ほとんどの要素の値がゼロで、一部の要素だけが非ゼロの値を持つようなベクトル・行列を**疎ベクトル**(sparse vector)、**疎行列**(sparse matrix)といいます。

疎ベクトル・疎行列を表す際には、通常の多次元配列のように値をすべてメモリに記録するのではなく、非ゼロ要素のインデックスと値のみを記録するようにしたほうがメモリ効率が良くなります。

このような疎行列の実装がscipy.sparseパッケージで提供されており、上記のbow変数はscipy.sparse.csr.csr_matrixクラスのインスタンスだったのです。

```
>>> bow.__class__
<class 'scipy.sparse.csr.csr_matrix'>
```

print(bow)してみると、非ゼロ要素のインデックスと値が記録されているのがわかります。

```
>>> print(bow)
  (0, 1)	1
  (0, 2)	2
  (0, 3)	1
  (0, 4)	1
  (0, 5)	1
  (0, 6)	1
  (0, 7)	1
  (0, 9)	2
  (0, 13)	2
  (1, 0)	1
  (1, 2)	1
  (1, 4)	1
  (1, 7)	1
  (1, 8)	1
  (1, 9)	1
  (1, 13)	1
  (2, 4)	1
  (2, 7)	1
  (2, 10)	1
  (2, 11)	1
  (2, 12)	1
  (2, 14)	1
```

本Stepで扱うプログラムではbowをscipy.sparse.csr.csr_matrixのまま扱うので、特に意識しなくて大丈夫ですが、今後自分でプログラムを書くときには、利用するライブラリによってはscipy.sparseの疎行列インスタンスに対応していない場合があります。そのようなときは、.toarray()でnumpy配列に変換することができます。

```
>>> bow.toarray()
array([[0, 1, 2, 1, 1, 1, 1, 1, 0, 2, 0, 0, 0, 2, 0],
       [1, 0, 1, 0, 1, 0, 0, 1, 1, 1, 0, 0, 0, 1, 0],
       [0, 0, 0, 0, 1, 0, 0, 1, 0, 0, 1, 1, 1, 0, 1]])
```

（疎行列はscipy.sparseの疎行列インスタンスとして表現したほうがメモリ効率が良いので、scipy.sparseが使える場合はなるべくそのまま使うことをおすすめします。）

学習データのBoW化

対話エージェントの学習に使う学習データtraining_data.csvを用意しました〈6〉。

リスト15 training_data.csv（一部抜粋）

```
label,text
48,昨日作ったお菓子の写真だよ
48,手作りクッキー作ったんだよ
48,ケーキ美味しそうでしょ。
 …
25,口が渇く
25,のどがカラカラです
25,やっと部活が終わった
 …
21,聞いてる?
21,興味無いみたいですね?
21,さっきから話し聞いてるの?
 …
```

前項のsklearn.feature_extraction.text.CountVectorizerによる実装を使って、この学習データをBoW化してみましょう。

リスト16 extract_bow_from_training_data.py

```
from os.path import dirname, join, normpath

import pandas as pd
from sklearn.feature_extraction.text import CountVectorizer

from tokenizer import tokenize  # (1)

# データ読み込み
BASE_DIR = normpath(dirname(__file__))
csv_path = join(BASE_DIR, './training_data.csv')  # (2)
training_data = pd.read_csv(csv_path)  # (3)
training_texts = training_data['text']

# Bag of Words計算  (4)
vectorizer = CountVectorizer(tokenizer=tokenize)
vectorizer.fit(training_texts)
bow = vectorizer.transform(training_texts)
```

〈6〉 巻頭の案内に従ってダウンロードしてください。

1. **リスト7で作成したわかち書き関数をインポートします。**
2. **実行時は**`training_data.csv`**がこのスクリプトと同じディレクトリにあるものとします。**
3. **ここではCSVファイルの読み込みに**`pandas`**を使っています。Pythonの**`csv`**モジュールなど、ほかの方法でも構いません。pandasはpipでインストールできます。**
4. **リスト14と同様、**`sklearn.feature_extraction.text.CountVectorizer`**を使ったBoW計算です。**

データのロード以外はリスト14と同じです。

このサンプルコードで、`training_data.csv`に含まれる学習データから抽出したBoWが変数bowに得られます。

まとめ

この項では、日本語(自然言語)の文章を特徴ベクトル化する手法について解説しました。日本語の文字列は、コンピュータにとっては意味を解析しづらいバイト列で、かつ長さがバラバラなので、そのままではプログラムで扱いづらいです。そこで特徴ベクトルに変換することで、「実数値を要素に持つ、固定長の配列」として表現できるようになります。

01.4 識別器

対話エージェントに応答を実現させる際には、01.1で見たように、入力文例とクラスIDの組のリストという学習データを使って入力文とクラスIDの対応を**学習**させ、その後ユーザー入力文に対するクラスIDを**予測**させるのでした。この項では、いよいよ学習と予測を行う部分を作っていきます。

機械学習の文脈で、特徴ベクトルを入力し、そのクラスIDを出力することを**識別**(**classification**)と呼び、それを行うオブジェクトや手法を**識別器**(**classifier**)と呼びます。識別器はまず、ある程度の数の特徴ベクトルとクラスIDの組のリストを学習データとして読み込み、特徴ベクトルとクラスIDの関係を学習します。学習の済んだ識別器に特徴ベクトルを入力すると、その特徴ベクトルに対応するクラスIDが予測されます。

前項までの「わかち書き→Bag of Words化」という処理によって、入力文例やユーザーの入力文は特徴ベクトル(Bag of Words)に変換されます。入力文例の特徴ベクトルと対応するクラスIDの組のリストで識別器を学習することで、ユーザー入力の特徴ベクトルを入力するとそのクラスIDを出力する識別器が出来上がります。

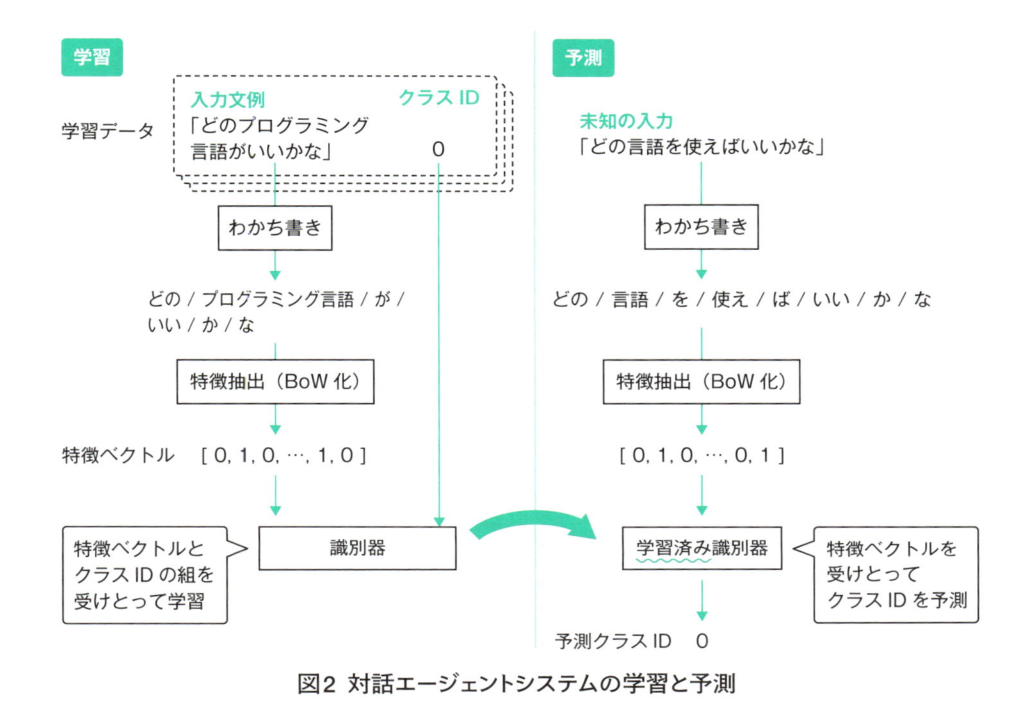

図2 対話エージェントシステムの学習と予測

Scikit-learnから使う

識別器には様々な手法があります。アタックする問題の性質によって適するものを選ぶ、もしくは適するものを見つけるために試行錯誤する必要があるのですが、ここではとりあえず**SVM**（**support vector machine**、**サポートベクターマシン**）を使います（他の識別器の紹介や詳しい解説はStep 06で後述）。識別器としては簡単に比較的高い性能が出せるため、広く選ばれる手法です。仰々しい名前でびっくりしてしまいますが、理論の詳細をいったんスキップしてとりあえずプログラムで利用するだけなら、scikit-learnで実装が提供されているため、すぐに使うことができます。

```
from sklearn.svm import SVC  # (1)


training_data = [
    [ ... ],
    [ ... ],
    ...
]  # 学習データの特徴ベクトル (2)
training_labels = [0, 1, ...]  # 学習データのクラスID (3)
```

```
classifier = SVC()  # (4)
classifier.fit(training_data, training_labels)  # (5)

test_data = [
    [ ... ],
    [ ... ],
    ...
]  # ユーザー入力の特徴ベクトル
predictions = classifier.predict(test_data)  # (6)
```

1. Scikit-learnで提供されている、SVMによる識別器の実装`sklearn.svm.SVC`をインポートします。
2. 学習データの特徴ベクトルです。学習データ1つの特徴ベクトルは1次元配列で、それが複数あるので、2次元配列になります。
3. 学習データのクラスIDです。学習データ1つのクラスIDはint型で、それが複数あるので、1次元配列になります。
4. `sklearn.svm.SVC`をインスタンス化します。
5. `fit()`メソッドを呼ぶことで、学習が行われます。引数は学習データです。
6. 5.で学習された識別器インスタンス`classifier`の`predict()`メソッドを呼ぶことで、予測を行えます。入力する`test_data`は`training_data`と同様2次元配列で、返り値`predictions`は`training_labels`と同様1次元配列です。

対話エージェントシステムを作る

以上で、機械学習を利用した対話システムを作るために必要な最低限の道具が揃いました。では、ここまでで紹介した「わかち書き→Bag of Words化→識別器による学習&予測」という一連の処理を使い、対話エージェントを実現するコードを書いてみましょう。

リスト17 dialogue_agent.py

```
from os.path import dirname, join, normpath

import MeCab
import pandas as pd
from sklearn.feature_extraction.text import CountVectorizer
from sklearn.svm import SVC


class DialogueAgent:
    def __init__(self):
```

```
        self.tagger = MeCab.Tagger()

    def _tokenize(self, text):
        node = self.tagger.parseToNode(text)

        tokens = []
        while node:
            if node.surface != '':
                tokens.append(node.surface)

            node = node.next

        return tokens

    def train(self, texts, labels):
        vectorizer = CountVectorizer(tokenizer=self._tokenize)
        bow = vectorizer.fit_transform(texts)  # (1)

        classifier = SVC()
        classifier.fit(bow, labels)

        # (2)
        self.vectorizer = vectorizer
        self.classifier = classifier

    def predict(self, texts):
        bow = self.vectorizer.transform(texts)
        return self.classifier.predict(bow)


if __name__ == '__main__':
    BASE_DIR = normpath(dirname(__file__))

    training_data = pd.read_csv(join(BASE_DIR, './training_data.csv'))  # (3)

    dialogue_agent = DialogueAgent()
    dialogue_agent.train(training_data['text'], training_data['label'])

    with open(join(BASE_DIR, './replies.csv')) as f:  # (4)
        replies = f.read().split('\n')

    input_text = '名前を教えてよ'
    predictions = dialogue_agent.predict([input_text])  # (5)
    predicted_class_id = predictions[0]  # (6)

    print(replies[predicted_class_id])
```

1. CountVectorizer.fit_transform()は、.fit()による語彙の獲得と、.transform()による特徴ベクトル化を一度に行うメソッドです。
2. 辞書を生成済みのvectorizer、学習済みのclassifierは予測のときに使うので、インスタンス変数として保持しておきます。
3. 実行時には、このスクリプトと同じディレクトリに、学習データtraining_data.csvを入れてください。
4. 実行時には、このスクリプトと同じディレクトリに、返答文リストreplies.csvを入れてください。
5. .predict()は文字列のリストを受け取るので、[input_text](input_textを要素とする、要素数1のlist)を引数にしています。
6. .predict()はクラスIDの配列を返すので、その0番目を取り出します。

学習データtraining_data.csvは先ほどの「学習データのBoW化」のものと同じです。

応答文データreplies.csvは以下のとおり、各クラスIDに対応する応答文が1行ごとに書いてあります。

リスト18 replies.csv(一部抜粋)

```
私は○○といいます
ラーメンとか好きですよ
うーん、特に無いです
良かったですね!
それは辛いですね
 …
```

このコードを実行すると、以下のようになります。

```
$ python dialogue_agent.py
私は○○といいます
```

入力文として指定した'名前を教えてよ'に対して、「私は○○といいます」と応答を返してくれます(「○○」の部分は自分で名前をつけてみてください)。入力文input_textの内容を変えて、いろいろ試してみましょう。

Column

応用課題

1. input関数を使ってユーザー入力をインタラクティブに受け取り、応答するようにしてみましょう。また、ループでずっと会話を続けられるようにしてみましょう。
2. training_data.csvとreplies.csvにデータを追加し、会話のパターンを増やしてみましょう。また、「さようなら」などの例文で別れの挨拶クラスを作り、ユーザーが別れの挨拶をしたらループを抜けて会話を終了するようにしてみましょう。

実際に試してみるとわかりますが、実はこの実装はまだあまり性能がよくありません。トンチンカンな返答を返すことがよくあります。

「疲れたよー」に対して「こんにちは」と返してしまう

```
疲れたよー
こんにちは
```

これからのStepで、対話エージェントの性能を上げる(識別性能を上げる)ための様々な手法を紹介していきます。

Scikit-learnの要素をpipelineで束ねる

scikit-learnが提供する各コンポーネントは、fit(), predict(), transform()などの統一されたAPIを持つよう設計されています。これらはsklearn.pipeline.Pipelineでまとめることができます。

Pipelineを使うようにリスト17を書き換えてみると、以下のようになります。

リスト19 dialogue_agent_sklearn_pipeline.py

```
from os.path import dirname, join, normpath

import MeCab
import pandas as pd
from sklearn.feature_extraction.text import CountVectorizer
from sklearn.pipeline import Pipeline
from sklearn.svm import SVC


class DialogueAgent:
    def __init__(self):
        self.tagger = MeCab.Tagger()
```

```
    def _tokenize(self, text):
        node = self.tagger.parseToNode(text)

        tokens = []
        while node:
            if node.surface != '':
                tokens.append(node.surface)

            node = node.next

        return tokens

    def train(self, texts, labels):
        pipeline = Pipeline([  # (1)
            ('vectorizer', CountVectorizer(tokenizer=self._tokenize)),
            ('classifier', SVC()),
        ])

        pipeline.fit(texts, labels)  # (2)

        self.pipeline = pipeline

    def predict(self, texts):
        return self.pipeline.predict(texts)  # (3)


if __name__ == '__main__':
    BASE_DIR = normpath(dirname(__file__))

    training_data = pd.read_csv(join(BASE_DIR, './training_data.csv'))

    dialogue_agent = DialogueAgent()
    dialogue_agent.train(training_data['text'], training_data['label'])

    with open(join(BASE_DIR, './replies.csv')) as f:
        replies = f.read().split('\n')

    input_text = '名前を教えてよ'
    predictions = dialogue_agent.predict([input_text])
    predicted_class_id = predictions[0]

    print(replies[predicted_class_id])
```

1. vectorizer, classifierがpipelineにまとめられます。

2. pipeline.fit()の内部で、vectorizer.fit(), vectorizer.transform()とclassifier.fit()が呼ばれます。
3. pipeline.predict()の内部で、vectorizer.transform()とclassifier.predict()が呼ばれます。

リスト17から変わったのは、DialogueAgent.train()とDialogueAgent.predict()の部分です。CountVectorizerでBoWを計算→SVCにBoWを入力して学習、という流れが、pipelineで表現されています。このように、Pipelineはfit()やpredict()を最初の段から次々に実行し、それぞれの段の出力を次の段に伝えていくようにできています。

Pipelineを使うことでbow変数はコード上に登場しなくなり、またvectorizerやclassifierといった変数がpipeline 1つにまとめられ、スッキリしました。処理に必要なすべてのパーツがpipelineにまとまっているので、DialogueAgent.train()で学習した後にDialogueAgent.predict()でも参照しなければならない変数がこの1つになり、取り回しが楽になっています。

まとめ

この項では、識別器の一例としてSVMを取り上げました。理論の詳細はいったん省きつつ、scikit-learnライブラリを利用することで、実際にプログラム中で動かしました。特徴ベクトルと対応するクラスIDを識別器に入力して学習し、学習の済んだ識別器に特徴ベクトルを入力しクラスIDを予測させました。

また、ここまで学んだことを組み合わせ、対話エージェントシステムを作成しました。

01.5 評価

機械学習を使ったシステムを作成したら、その性能を評価する必要があります。定量的な指標で機械学習システムの性能を評価することで、あるシステムXと別のシステムYのどちらが優れているかを客観的に示せるようになります。また、客観的な指標があることで、システムを改善したときに本当に効果があったのか、むしろ悪化していないかをチェックすることができます。

テストデータを用意する

前項では学習データtraining_data.csvを使って対話エージェントを学習させました。

このシステムを評価するために、「学習データとは別の」入力文例とクラスIDの組のリストを用意します。これを**テストデータ**と呼びます。例えば以下のtest_data.csvのようなデータです。これらのクラスIDが、各入力文に対する「正解」のクラスIDということになります。

リスト20 test_data.csv（一部抜粋）

```
label,text
48,ほら、ケーキを買ってきたんだ
48,クッキー焼いてみたんだけど
25,喉がヒリヒリする
25,暑くて喉がカラカラだよ。
 …
```

テストデータの入力文例をシステムに入力してクラスIDを予測させ、それをテストデータに定義された正解のクラスIDと比較することで、システムを評価します。

例えば、ここでは「テストデータのうち何件の予測が正解と一致したか」を指標としてみましょう（他の評価指標の紹介や詳しい解説はStep 07で後述）。これは**正解率**（**accuracy**）と呼ばれる指標で、scikit-learnではこれを計算するための`sklearn.metrics.accuracy_score`が提供されています。

以上の内容を踏まえて、前項で作成した`DialogueAgent`を評価するコードを書いてみます。

対話エージェントを評価してみる

リスト21 evaluate_dialogue_agent.py

```
from os.path import dirname, join, normpath

import pandas as pd
from sklearn.metrics import accuracy_score

from dialogue_agent import DialogueAgent  # (1)

if __name__ == '__main__':
    BASE_DIR = normpath(dirname(__file__))

    # Training
    training_data = pd.read_csv(join(BASE_DIR, './training_data.csv'))

    dialogue_agent = DialogueAgent()
    dialogue_agent.train(training_data['text'], training_data['label'])  # (2)

    # Evaluation
    test_data = pd.read_csv(join(BASE_DIR, './test_data.csv'))  # (3)

    predictions = dialogue_agent.predict(test_data['text'])  # (4)

    print(accuracy_score(test_data['label'], predictions))  # (5)
```

1. 前項で作成した`DialogueAgent`をimportします。
2. リスト17と同様に`DialogueAgent`を学習します。
3. 同じディレクトリに置いた`test_data.csv`からテストデータを読み込みます。
4. 予測を行います。`.predict()`は文字列のリストを引数にとるので、テストデータ全件をまとめて予測することができます。
5. 予測結果と正解クラスIDを比較して評価します。ここでは`sklearn.metrics.accuracy_score`で正解率を計算します。

実行結果

```
0.3723404255319149
```

この対話エージェントの性能を、正解率によって評価することができました。約37%しか正解できていません。

現状の対話エージェントの実装について、前項では「性能が良くない」と書きましたが、それを定量的に確認することができました。この後は対話エージェントの性能を改善することを目指して様々な手法を紹介し、組み込んでいきますが、「性能を改善する」とはすなわち、この評価結果の数字を上げることなのです。

世の中の機械学習システムはほぼすべて評価とセットです。定量的な評価の結果を良くすることを目標に、機械学習システムを改善していくのです。

> ここでは対話システム全体を評価するにあたって「文とクラスIDの組のリスト」をテストデータとしました。例えば識別器のみを評価対象とするなら、特徴ベクトルとクラスIDの組のリストをテストデータとして、識別器の入出力のみを評価すればよいことになります。この場合、特徴抽出器は固定のものを使い、評価対象外ということになります。
> 評価したい対象に合わせて必要なテストデータを準備します。

まとめ

本項では、前項までで作成した対話エージェントシステムを定量的に評価する手法を解説しました。

評価に用いるテストデータは、学習データとは違うものを用意する必要があります。

Step 02 前処理

より望ましい結果を得るために、文字列を事前に整形しておくテクニック

02.1 前処理とは?

Step 01では、対話エージェントの作成にあたり、以下の流れでテキスト分類の仕組みを構築しました。

1. **わかち書き**
2. **特徴抽出(Bag of Words化)**
3. **識別器を学習&識別器で予測**

とりあえず動くものができたものの、まだ完璧ではなく、いくつも問題が残っています。例えば、

```
Pythonは好きですか
```

という文を含んだ学習データで対話エージェントを学習させても、語の表記ゆれに対応できていないため、ユーザーが

```
Ｐｙｔｈｏｎは好きですか
```

という文(Pythonが全角文字です)を入力したら、正しく応答できないでしょう。また、例えば

```
0,あなたが好きです
1,ラーメン好き!
```

のようなデータを含む学習データで対話エージェントを学習させた後に、ユーザー入力として

```
ラーメンが好きです
```

が来た場合、文の意味からして本来ならクラスID＝1と判断すべきところを、「が」や「です」の共通性に引きずられて、クラスID＝0の入力文と判断してしまうかもしれません。

以上のような問題を回避するには、テキスト分類の処理に入る前に、テキストを適切に整形することです。本Stepでは、それに役立つ手法をいくつか紹介していきます。

02.2 正規化

コンピュータに入力される文章というのは、表記がかなり不揃いです。例えば、次の3つの文字列は同じ文ですが、使われている文字は異なっています。

```
「初めてのTensorFlow」は定価2200円+税です
「初めての　ＴｅｎｓｏｒＦｌｏｗ」は定価２２００円＋税です
｢初めての TensorFlow｣は定価2200円+税です
```

- "初めての"と"TensorFlow"の間のスペースの有無
- スペースの全角半角
- "TensorFlow"の全角半角
- "2200"の全角半角
- "+"の全角半角
- "「"、"」"の全角半角

などなど……。

ほとんどの場合、このような表記のゆれは文意に影響を与えないので、無視するのが人間の自然な感覚でしょう。しかし、Step 01で作ったシステムは、これらの文を別物と捉えてしまいます。

例えば、Step 01のリスト7で定義したtokenize()を使って上の3文をわかち書きしてみると、以下のようになります。

```
>>> tokenize('「初めてのTensorFlow」は定価2200円+税です')
['「', '初めて', 'の', 'TensorFlow', '」', 'は', '定価', '2200', '円', '+', '税', 'です']
>>> tokenize('「初めての　ＴｅｎｓｏｒＦｌｏｗ」は定価２２００円＋税です')
```

```
['「', '初めて', 'の', '\u3000', 'TensorFlow', '」', 'は', '定価', '２', '２', '０', '０', '円', '
＋', '税', 'です']
>>> tokenize('「初めての tensorflow」は定価2200円+税です')
['「', '初めて', 'の', 'tensorflow', '」', 'は', '定価', '2200', '円', '+', '税', 'です']
```

異なったわかち書きの結果が得られるため、異なったBoWが得られ、結果として識別器の予測結果も違ってしまいます。

また、2文目に注目すると、2200が1文字ずつに分解されて'２', '２', '０', '０'になってしまっています。ここでわかち書きのために使っているMeCab辞書は"連続する半角数字"を1つの単語として処理するようになっていますが、全角数字はそうではないからです。このように、わかち書きのために利用するライブラリ(ここではMeCab)やその辞書が想定していない表記の文をわかち書き処理に入力すると、正しい結果は得られません。

以上のような問題を回避するため、表記のゆれを吸収し、ある一定の表記に統一する処理を行うことが一般的です。これを文字列の**正規化**(normalization)といいます。文字列の正規化は他の処理の前に行うことが一般的ですが、このように他のメインの処理の前に行う処理を指して**前処理**(preprocessing)と呼ぶこともあります。

> 「正規化」という名前のついた処理は、機械学習の文脈ではほかにも登場します。本項では「文の表記ゆれをなくすために、1つの決まった表記に統一するための文字列変換処理」のことを、「文字列の正規化」として紹介します。今後他の文脈で何らかの"正規化"処理が登場しても、それが「何を」「どのように」正規化する処理なのかを理解して、混乱しないようにしてください。

neologdn

複数の正規化処理をまとめたneologdnという便利なライブラリがあるので使ってみましょう。

pipでインストールできます。

```
$ pip install neologdn
```

以下に使用例を示します。

リスト1 neologdn_sample.py

```
import neologdn

print(neologdn.normalize('「初めてのTensorFlow」は定価2200円+税です'))
print(neologdn.normalize('「初めての　TensorFlow」は定価２２００円＋税です'))
print(neologdn.normalize('「初めての TensorFlow」は定価2200円+税です'))
```

実行結果

```
「初めてのTensorFlow」は定価2200円+税です
「初めてのTensorFlow」は定価2200円+税です
「初めてのTensorFlow」は定価2200円+税です
```

このように表記ゆれが吸収され、文字が統一されていることがわかります。

neologdnのGitHubリポジトリ〈1〉では他にも例が紹介されているので、確認してみてください。

neologdnが行うのは、MeCab辞書(Step 03の03.1の「辞書」で後述)の一種であるNEologdのデータを生成するときに使われている正規化処理です。具体的にどのような正規化が行われているかがNEologdの公式wikiで紹介されており〈2〉、これをC実装でライブラリ化したものがneologdnです。このWikiにはPythonで書かれたサンプルコードがありますが、neologdnは関数1つに正規化処理がまとまっていて使い勝手が良いのに加え、Cで実装されているので高速であるという利点もあります。

小文字化と大文字化

`neologdn.normalize`の変換ルールにはアルファベットの大文字・小文字変換は含まれていないので、次のような表記ゆれを吸収することはできません。

```
「初めての TensorFlow」は定価2200円+税です
「初めての tensorflow」は定価2200円+税です
```

しかし、Pythonの`str`型の組み込みメソッドである`.lower()`または`.upper()`を使って小文字または大文字に表記を統一することで、これを補うことができます。

```
text = '「初めての TensorFlow」は定価2200円+税です'
print(text.lower())
```

実行結果

```
「初めての tensorflow」は定価2200円+税です
```

特に固有名詞などではアルファベットの大文字・小文字の区別が大事なこともあるため、この処理を行うことが良いとは一概にはいえませんが、有用だと思われるケースでは使っていきましょう。

この場合、大文字化・小文字化に形態素解析の結果を使うため、形態素解析の後に正規化処理を書くことになります。

〈1〉 https://github.com/ikegami-yukino/neologdn

〈2〉 https://github.com/neologd/mecab-ipadic-neologd/wiki/Regexp.ja

そのため、形態素解析それ自体は、入力を明示的に大文字・小文字正規化せずとも、期待どおりの出力を行う必要があります。

Unicode正規化の概要

Unicodeは現在、文字コードの事実上の標準といえるほど広く使われています。また、Python 3では文字列型はUnicodeで表現されており〈3〉、Pythonで(特に日本語のような非ASCII文字圏の)自然言語処理を行うのであれば、Unicodeの扱いは避けては通れません。本項では、Unicodeで文字を扱う際の正規化について見ていきます。

前項とは違った、以下のような例を考えてみましょう。

```
㈱リックテレコム
(株)リックテレコム
```

Unicodeには「㈱」のような文字も定義されており、1つの文字として表現できます。一方で「(株)」は「(」「株」「)」の3文字を連ねた文字列ですが、「㈱」も「(株)」も意味としては同じなので、この表記ゆれを吸収できると便利です。

また、もう1つ別の例として、次のコードを見てみましょう。Step 01で取り上げた、わかち書き&BoW化を行うコードです。textsには同じ文が2つ入っており、これらをわかち書きした結果をもとにBoWを計算します。同じ文をBoW化するので、同じBoWが得られるはずです。

```
from sklearn.feature_extraction.text import CountVectorizer

from tokenizer import tokenize

texts = [
    'ディスプレイを買った',
    'ディスプレイを買った',
]

vectorizer = CountVectorizer(tokenizer=tokenize)
vectorizer.fit(texts)

print('bow:')
print(vectorizer.transform(texts).toarray())

print('vocabulary:')
print(vectorizer.vocabulary_)
```

〈3〉 https://docs.python.org/3/library/stdtypes.html#text-sequence-type-str

実行結果

```
bow:
[[1 1 0 0 0 1 1]
 [1 1 1 1 1 0 1]]
vocabulary:
{'ディスプレイ': 5, 'を': 1, '買っ': 6, 'た': 0, 'テ': 4, '゙ ': 2, 'ィスプレイ': 3}
```

ところがどうでしょう。異なるBoWが得られてしまいました([1 1 0 0 0 1 1]と[1 1 1 1 1 0 1])。

BoWの語彙をチェックしてみると、'テ''゙ ','ィスプレイ'という何やら怪しげな語彙が獲得されています。実は2文目に含まれる「デ」は**結合文字列**(combining character sequence)と呼ばれる特殊な表現で、複数の文字(正確には「コードポイント」、後述)の組み合わせで表現される文字なのでした。この例だと「テ」と「゙ 」(濁点)を組み合わせて1つの文字「デ」になります。こうした例は珍しくありません。例えばmacOSのfinderでファイル名やフォルダ名を編集すると、結合文字列が使われてしまいます〈4〉。

それに対して1文目の「デ」は**合成済み文字**(precomposed character)と呼ばれ、1つの文字として「デ」を表現します。

以上のように、Unicodeには様々な文字と仕様が定義されているため、同一と思える文字でも細かい表記(というか、バイト表現)が異なることがあります。必要な場面ではこれらをそのまま区別して扱えばよいのですが、「文意を読み取る」ことを目的とした自然言語処理においては、多くの場合この表記ゆれは無視するのが好ましいのです。

Unicodeにはまさにこの表記ゆれの吸収を可能にする正規化の仕様が定義されており、Pythonでは標準モジュールとして提供されているunicodedataから利用することができます。

リスト2 unicode_normalization_sample.py

```
import unicodedata

normalized = unicodedata.normalize('NFKC', '㈱リックテレコム')

assert normalized == '(株)リックテレコム'
print(normalized)
```

実行結果

```
(株)リックテレコム
```

このようにunicodedata.normalizeメソッドによって㈱が(株)に変換され、表記ゆれを吸収できます。この変換ルールはUnicodeに仕様としていくつか定義されていて、そのうちの1つであるNFKCを第1引数で

〈4〉 macOS High Sierraで確認。

指定しています。

また、2つ目の例の問題も解決できます。上記のBoWのサンプルコードを修正し、`tokenize`の前にUnicode正規化を行うようにしてみます。

リスト3 unicode_normalization_bow_sample.py

```
import unicodedata

from sklearn.feature_extraction.text import CountVectorizer

from tokenizer import tokenize


def normalize_and_tokenize(text):
    normalized = unicodedata.normalize('NFKC', text)
    return tokenize(normalized)


texts = [
    'ディスプレイを買った',
    'ディスプレイを買った',
]

vectorizer = CountVectorizer(tokenizer=normalize_and_tokenize)
vectorizer.fit(texts)

print('bow:')
print(vectorizer.transform(texts).toarray())

print('vocabulary:')
print(vectorizer.vocabulary_)
```

実行結果

```
bow:
[[1 1 1 1]
 [1 1 1 1]]
vocabulary:
{'ディスプレイ': 2, 'を': 1, '買っ': 3, 'た': 0}
```

すると今度は、期待したとおりの結果が得られました。結合文字列の「デ」が合成済み文字の「デ」に変換されたのです。

Unicode正規化の詳解

Unicode正規化についてもう少し詳しく見ていきましょう。Unicode正規化を理解するには、Unicodeの仕様をある程度知らなければなりませんが、ここでは必要な部分を少しだけかいつまんで解説します(Unicodeに興味のある方は、ぜひ詳細な仕様も調べてみてください)。

Unicodeは文字コードの一種です。そして文字コードとは、コンピュータ内部で、文字をどのようなバイト列で表現するかを定めたルールのことです。

例えばUnicodeでは「あ」を0x3042で表現することになっています。この0x3042を**コードポイント**(**code point**)と呼び、それがUnicodeのコードポイントであることを示すために「U+3042」と表記します。

Pythonで実際に確かめてみましょう。Pythonには次の2つの組み込み関数が用意されています。

- ord()
  Unicode文字を受け取り、コードポイントを表す整数を返す。
- chr()
  コードポイントを表す整数を受け取り、Unicode文字を返す。

「あ」のコードポイントが0x3042であることを見てみましょう。

```
>>> hex(ord('あ'))
'0x3042'
>>> chr(0x3042)
'あ'
```

そして上の例で登場した「デ」のコードポイントはU+30C7です。

```
>>> hex(ord('デ'))
'0x30c7'
>>> chr(0x30C7)
'デ'
```

また、「テ」のコードポイントはU+30C6で、「゛」(濁点)のコードポイントはU+3099です。この2つを連続して並べると、Unicodeでは結合文字列として解釈され、1文字として扱われます〈5〉。

```
>>> chr(0x30C6) + chr(0x3099)
'デ'
```

〈5〉 Pythonではstr型(より一般的にはシーケンス型)の値を+で結合できます。

結合文字列を作る場合、先頭の文字(この例では「テ」)を**基底文字**(base character)といい、後に続くコードポイント(この例では「゛」)を**結合文字**(combining character)といいます。

さて、「デ」を表すには、合成済み文字U+30C7を使うか、2つのコードポイントU+30C6 U+3099を並べて結合文字列として表現するかという2種類の方法があることがわかりました。しかしこれは上の例で見たように、同じ文字に複数の表現方法が存在するということでもあり、場合によっては不便です。

この問題に対してUnicodeは、「同じ文字として扱うべきコードポイントの組を定義する」という方法で対応しました。これを**Unicodeの等価性**といいます。この等価性には「U+30C7とU+30C6 U+3099は等価である」というルールも定義されています。このルールを参照することで、U+30C7とU+30C6 U+3099が同じ文字を表していることがわかるのです。

そして、Unicode正規化とは、この等価性に基づき合成済み文字を分解したり合成したりすることです。分解は合成済み文字を結合文字列に変換する処理(U+30C7→U+30C6 U+3099)、合成は結合文字列を合成済み文字に変換する処理(U+30C6 U+3099→U+30C7)です。分解も合成もその名のとおりですね。

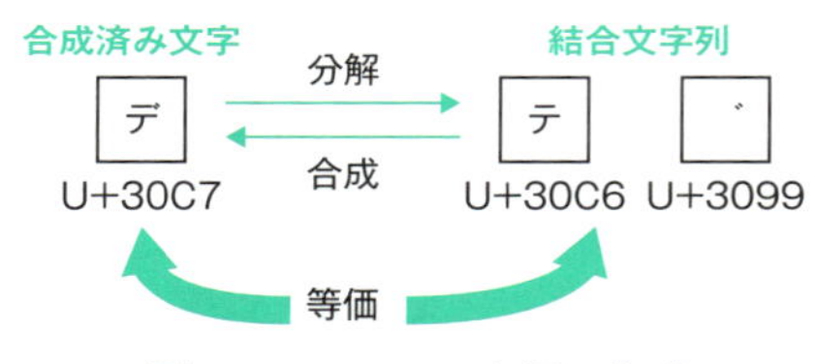

図1 Unicodeの分解と合成

Unicode正規化には4種類あり、分解・合成の適用方法と、用いる等価性が異なっています。

- NFD(Normalization Form Canonical Decomposition)
  正準等価性による分解
- NFC(Normalization Form Canonical Composition)
  正準等価性による分解→正準等価性による合成
- NFCD(Normalization Form Compatibility Decomposition)
  互換等価性による分解
- NFKC(Normalization Form Compatibility Composition)
  互換等価性による分解→正準等価性による合成

Unicodeの等価性には**正準等価性**(canonical equivalence)と**互換等価性**(compatibility equivalence)の2つがあります。これらは、どの文字を同等とみなすかの基準が異なっています。

- 正準等価性(canonical equivalence)
  見た目も機能も同じ文字を等価とみなす等価性。例えば「デ」と「テ」+「゛」。

- 互換等価性（compatibility equivalence）
  正準等価性よりも範囲の広い等価性。見た目や機能が異なる可能性はあるが、同じ文字がもとになっているもの〈6〉を等価とみなす。例えば「テ」と「ﾃ」、「ℋ」と「ℍ」と「H」、など。互換等価性は正準等価性を含むが、その逆は成り立たない。

リスト2でunicodedata.normalizeの第1引数に与えた'NFKC'は、上記の正規化の種類を指定していたのです。実際にアプリケーションに利用するときは、そのアプリケーションが扱う問題やデータの性質に合わせ、どの正規化を用いるのかを決定する必要があります。互換等価性に基づいた変換を含むNFCD・NFKCはNFD・NFCより大胆な変換を行いますが、本書のケース（文字の細かい差異は無視して文の意味に注目するため、カタカナの全角半角などは吸収してしまいたい）では前者の方が適していると判断し、本節の例にはNFKCを採用しました。

なお、等価性や正規化の厳密な仕様は、Unicodeコンソーシアムによる「UNICODE NORMALIZATION FORMS」〈7〉を参照してください。また、本節の内容は参考文献[1]を参考にしました。Unicode正規化に限らず、文字コードについて深く知りたいときは参照してみてください。

02.3 見出し語化

```
本を読んだ
本を読みました
```

さて、この2文をわかち書きすると、以下のようになります（MeCab＋IPAdicで実験）。

```
本 を 読ん だ
本 を 読み まし た
```

ここで「読ん」と「読み」に注目してみましょう。これらは「読む」という動詞が活用されたものです（中学校の国語で五段活用などを習いましたよね）。語の活用では、後に続く単語に合わせて語形が変化しますが、単語が表す意味は変化しません。ところが、BoW化にこのわかち書きの結果をそのまま使うと、「読ん」と「読み」がBoWの別々の語彙として扱われてしまいます。

これを避けるため、表層形でなく原形を採用したわかち書きを考えてみましょう。つまり、わかち書きの結果得られるそれぞれの単語を原形に戻し、以下のようなわかち書き結果を得ることが目的です。

〈6〉 Unicodeの仕様には「同一の抽象文字を表す（represent the same abstract character）」と表現されています。
〈7〉 http://unicode.org/reports/tr15/

```
本 を 読む だ
本 を 読む ます た
```

この処理を**見出し語化**(**lemmatization**)といいます。活用などによる語形の変化を補正し、辞書の見出しに載っている形に直すという意味です。

Step 01のリスト7でMeCabを利用したわかち書き関数を作りましたが、これを原形を採用するように改良したものが以下になります。

リスト4 mecab_lemmatization.py

```
import MeCab

tagger = MeCab.Tagger()


def tokenize(text):
    node = tagger.parseToNode(text)
    result = []
    while node:
        features = node.feature.split(',')  # (1)

        if features[0] != 'BOS/EOS':  # (2)
            token = features[6] if features[6] != '*' else node.surface  # (1)
            result.append(token)

        node = node.next

    return result


print(tokenize('本を読んだ'))
print(tokenize('本を読みました'))
```

1. `node.feature`**からは、例えば以下のような文字列が得られます。**

```
動詞,自立,*,*,五段・マ行,連用形,読む,ヨミ,ヨミ
```

これはStep 01のリスト3に示した

```
表層形\t品詞,品詞細分類1,品詞細分類2,品詞細分類3,活用型,活用形,原形,読み,発音
```

という形式の\tより後の部分になっています。ですので、node.featureを.split(',')で分割した後、6番目の要素から原形が得られます。

ただし、単語によっては以下のように、原形が登録されておらず得ることができないので、その場合は表層形(node.surface)を使うようにしています。

```
名詞,固有名詞,組織,*,*,*,*
```

2. また、MeCabの結果には、文の先頭と末尾を表す擬似的な単語"BOS/EOS"が表れます〈8〉。

```
>>> node = tagger.parseToNode('本を読んだ')
>>> node.feature
'BOS/EOS,*,*,*,*,*,*,*,*'
```

MeCabの形態素解析機能においてBOS/EOSは重要な働きをするのですが〈9〉、わかち書きという目的においては特に意味をなさないので、ここでは無視します。

実行結果

```
['本', 'を', '読む', 'だ']
['本', 'を', '読む', 'ます', 'た']
```

この改良版tokenize()によって、活用による語形変化を吸収したわかち書きができるようになりました。この処理は形態素解析で得られる情報に基づいて行う必要があり、また、わかち書きの結果に対して補正をするため、わかち書きの一環としてtokenize()内に書きますが、表記ゆれの吸収という点で前述の正規化と似ていますね。

02.4 ストップワード

「です」「ます」などの単語を考えてみましょう。これらはあってもなくても文意に大きな影響を与えません。これらの単語をBoWの語彙に含めてしまうと、大して意味のない「です」や「ます」の有無が対話システムの出力に影響を与えかねず、むしろデメリットが生じてしまいます。役に立たない単語を語彙に含めておくというのは、メモリやストレージ効率の観点からも望ましくありません。

〈8〉 それぞれ、Beginning Of Sentence、End Of Sentenceを表します。

〈9〉 Step 03の03.1の「MeCabの形態素解析の動作」で触れます。

このように、文の特徴を捉える役には立たず、特徴抽出前に除外すべき単語が**ストップワード**（stop word）です。以下のような単語がストップワードの候補になり得ます。

- 「です」「ます」のような文末につく助動詞
- 「あれ」「それ」などの指示語
- 「。」「、」などの句読点

辞書ベースのストップワード除去

ストップワードを除去するための一番シンプルな手法は、あらかじめストップワードをリストアップしておき、わかち書きの結果から、そのリストにある単語を除外する方法です。

02.3で実装したリスト4をさらに改良し、ストップワードを除外したわかち書きを行うようにすると、以下のようになります。

リスト5 dictionary_based_stop_words_filtering.py

```
import MeCab

tagger = MeCab.Tagger()


def tokenize(text, stop_words):  # (1)
    node = tagger.parseToNode(text)
    result = []
    while node:
        features = node.feature.split(',')

        if features[0] != 'BOS/EOS':
            token = features[6] if features[6] != '*' else node.surface
            if token not in stop_words:  # (2)
                result.append(token)

        node = node.next

    return result


stop_words = ['て', 'に', 'を', 'は', 'です', 'ます']  # (3)

print(tokenize('本を読んだ', stop_words))
print(tokenize('本を読みました', stop_words))
```

1. 引数でstop_wordsを受け取ります。stop_wordsはstrを要素とするlistです。
2. stop_wordsに含まれない単語のみを、わかち書きの結果に含めます。
3. このサンプルコードでは、stop_wordsとしてこれらの単語を指定してみました。

実行結果

```
['本', '読む', 'だ']
['本', '読む', 'た']
```

ストップワードとして指定した「を」や「ます」が除去されていますね。「ます」は見出し語化によって「まし」が「ます」に変換された上でストップワードとして除外されています。見出し語化とストップワード除去のあわせ技ですね。

このサンプルコードではストップワードとして、

```
stop_words = ['て', 'に', 'を', 'は', 'です', 'ます']
```

だけを定義しましたが、ストップワードリストをより充実させていくとよいでしょう。ネットを検索して見つかるストップワードリストを利用する手もあります。その際には、自分の開発しているアプリケーションに適したストップワードリストになっているか（必要な単語もストップワードに含まれてしまっていないか）を確かめてから使いましょう。例えば、slothlib〈10〉には日本語のストップワードリストが含まれており、候補の1つになるかもしれません〈11〉。

品詞ベースのストップワード除去

品詞によってストップワードを判定することも考えられます。例えば、「て」「に」「を」「は」などの助詞や「です」「ます」などの助動詞は、「助詞・助動詞はストップワードとして扱う」というルールによって除去できます。

> 「文章を書くには『てにをは』が大事」などと言われますが、BoWで文解析をする場合はストップワードとして扱うほうがよい場合がほとんどです。「てにをは」は日本語の細かいニュアンスを表現するためには大切ですが、大まかな文意をつかむためには「てにをは」を無視したBoWでも問題ないのです。

品詞は形態素解析の結果から得ることができます。ここでも02.3で実装したリスト4をベースにして、品詞に基づいてストップワードを判定し、除外するコードを書いてみましょう。

〈10〉 http://www.dl.kuis.kyoto-u.ac.jp/slothlib/

〈11〉 http://svn.sourceforge.jp/svnroot/slothlib/CSharp/Version1/SlothLib/NLP/Filter/StopWord/word/Japanese.txt

リスト6 part_of_speech_based_stop_words_filtering.py

```
import MeCab

tagger = MeCab.Tagger()


def tokenize(text):
    node = tagger.parseToNode(text)
    result = []
    while node:
        features = node.feature.split(',')

        if features[0] != 'BOS/EOS':
            if features[0] not in ['助詞', '助動詞']:  # (1)
                token = features[6] if features[6] != '*' else node.surface
                result.append(token)

        node = node.next

    return result


print(tokenize('本を読んだ'))
print(tokenize('本を読みました'))
```

1. 品詞はMeCabによるわかち書きの結果から得られます。品詞が助詞でも助動詞でもない単語を、わかち書きの結果に含めています。

実行結果

```
['本', '読む']
['本', '読む']
```

助詞(「を」)や助動詞(「だ」「ます」「た」)が除去されています。これらをストップワードとして除去したことで、(見出し語化の効果も合わせて)「本を読んだ」も「本を読みました」も「本」と「読む」だけが残りました。その結果これらの2文からは、同じわかち書き結果が得られるようになりました。

ストップワードを除去したら、文意を表現するのに重要な単語のみが残り、結果として同じ意味を持つ2文から同じわかち書き結果が得られたというのは、感覚的にも納得できるでしょう。

02.5 単語置換

文脈や話題によっては、数値や日時などの詳細には大した意味がないことがあります。このようなときには、その部分を何らかの共通の文字列に置き換えることで、重要でない情報の変化を無視するシステムにできます。

例えば、

リスト7 training_data.csv

```
0,卵を1個買ったよ!
0,卵を2個買ったよ!
...
```

といった学習データがあり、このクラスID＝0のユーザー入力に対しては「買い物お疲れ様です！」のような応答文が設定されているケースを考えてみます。この場合、「卵を1個買ったよ！」も「卵を10個買ったよ！」も本質的な違いはありません。卵を何個買っていようが、クラスID＝0として予測されてほしいですね。このようなときは数字を表す単語（品詞としては“数詞”になります）をSOMENUMBERのような特定の文字列に置換してしまうことで、すべての文を等価とみなせるようになります。

最もシンプルな実装は、例えば次のようなものでしょう。

リスト8 simple_numbers_replacement.py

```
import re


def tokenize_numbers(text):
    return re.sub(r'\d+', ' SOMENUMBER ', text)


print(tokenize_numbers('卵を1個買ったよ! '))
print(tokenize_numbers('卵を2個買ったよ! '))
print(tokenize_numbers('卵を10個買ったよ! '))
```

実行結果

```
卵を SOMENUMBER 個買ったよ!
卵を SOMENUMBER 個買ったよ!
卵を SOMENUMBER 個買ったよ!
```

卵を何個買ったという文であれ、SOMENUMBERに置換され、すべて同じ文になっています。このような前処理を行うシステムでは、「卵を1個買ったよ！」という文を学習データに含めて学習させておけば、「卵を10個買ったよ！」というユーザー入力にも対応できるようになると期待できます。

またこの実装ではSOMENUMBERの前後にスペースを入れ、前後の単語と明確に区切ることで、わかち書きの際に前後の文字と結合して認識されることを防いでいます。

さらに、ここで利用したSOMENUMBERという文字列は、MeCabでIPAdic（Step 03の03.1の「辞書」で後述）を使いわかち書きをした際に1語として認識されることを確認して使っています。例えばSOME　NUMBERのような文字列はSOMEとNUMBERの2単語として認識されてしまうので避けたほうがよいでしょう（表記のゆれを吸収する前処理としては正しく機能していますが、例えばBoW化したときには次元が無駄に1つ増えてしまいます）。このあたりの挙動は利用する形態素解析器やその辞書によって変わるので（Step 03で後述）、置換先の文字列を決める際には確認するようにしてください。

Column

課題

上記のリスト8では連続する半角数字を単純にSOMENUMBERに置換していましたが、これでは判断が粗すぎるかもしれません。MeCabの形態素解析結果を利用して、品詞が“数詞”と判断された単語をSOMENUMBERと置換するような関数を作ってみましょう。

もちろん、数字が重要な意味を持つケースではこの処理は行わないほうがよいので、問題設定やデータの性質によって適用するかどうかを判断しましょう。

02.6 対話エージェントへの適用

本Stepで見てきた前処理を、Step 01で作成した対話エージェントに適用してみましょう。`_tokenize()`を改良して、本Stepで紹介した処理すべてではありませんが、以下のような処理を盛り込みました。

- 正規化
  - Unicode正規化
  - neologdnによる正規化
  - アルファベットの小文字化
- 品詞によるストップワード除去
- 見出し語化

以下に修正した部分を示します。

リスト9 dialogue_agent_with_preprocessing.py

```
...略...

import unicodedata
import neologdn

...略...

class DialogueAgent:

...略...

    def _tokenize(self, text):
        text = unicodedata.normalize('NFKC', text)  # (1)
        text = neologdn.normalize(text)  # (2)
        text = text.lower()  # (3)

        node = self.tagger.parseToNode(text)
        result = []
        while node:
            features = node.feature.split(',')

            if features[0] != 'BOS/EOS':
                if features[0] not in ['助詞', '助動詞']:  # (4)
                    token = features[6] \
                            if features[6] != '*' \
                            else node.surface  # (5)
                    result.append(token)

            node = node.next

        return result

...略...
```

1. Unicode正規化
2. neologdnによる正規化
3. アルファベットの小文字化
4. 品詞によるストップワード除去
5. 見出し語化

この変更によって、表記のゆれに強い対話エージェントになりました。

定量的にも確かめてみましょう。Step 01の01.5と同様のスクリプトで評価すると、正解率が約44%に上がっていることがわかります。

実行結果

```
0.43617021276595747
```

Step 03 形態素解析とわかち書き

MeCabの動作を理解し、チューニングしてみよう

03.1 MeCab

Step 01の01.2で利用した形態素解析器のMeCab(参考文献[2])について、本Stepではさらに詳しく見ていきます。

辞書

MeCabによるわかち書きは、**辞書**に基づいて行われます(Step 01の01.3の「Bag of Words」で取り上げたBoWの「辞書」とは異なるので注意してください)。ここでいう辞書とは、その名のとおり、様々な単語を網羅したデータベースです。

Step 01の01.2の「コマンドラインから試してみる」の実行例ではmecabコマンドを引数なしで実行し、明示的には辞書を指定しなかったので意識しませんでしたが、その場合でもMeCabはデフォルト辞書を用いるようになっており、やはり背後では何らかの辞書が読み込まれています。

MeCabの辞書は、各単語・形態素について各種の情報を含んでいます。例えば、Step 01の01.2の「コマンドラインから試してみる」の実行例で表示されていた以下の出力は、このときMeCabが読み込んでいた辞書に登録されている情報です。ここから各形態素について品詞や原型などの情報を得ることができます(この例においてどのカラムが何を表しているかは、Step 01のリスト3で紹介したとおりです)。

```
私	名詞,代名詞,一般,*,*,*,私,ワタシ,ワタシ
```

この出力は、形態素解析のときに利用した辞書から得ています。したがって、MeCabを使った形態素解析から得られる情報は、辞書にどのような情報が登録されているかに依存します。

また、辞書が保持しているのは、上記のような形態素に関する情報だけではありません。形態素解析の結

果に直接影響を与える「ある形態素の出現しやすさ」や、「形態素同士の連結しやすさ」といった情報(生起コスト、連接コスト)も保持しており、MeCabはこの情報を使ってわかち書きを行います。つまり、辞書が持っているパラメータは、わかち書き(形態素解析)の精度に直接影響を与えます。

このように、MeCabを利用する時の辞書の選択は、形態素解析の結果や得られる情報に大きな影響を与える、とても重要な要素なのです。

では、具体的にどのような辞書があり、また、どのようにして選べばよいのでしょうか。

- IPAdic(IPA辞書)
  MeCabが公式に推奨している〈1〉辞書であり、基本的な語彙(ごい)をカバーしています。IPAコーパスというデータに基づいています。Step 01の01.2の「MeCabのインストール」でmecab-ipadicをインストールしましたが、このパッケージがIPAdicです。
- UniDic
  UniDic(参考文献[3])というデータに基づいた辞書です。「短単位」という、表記ゆれのない統一した表記を得ることができます。厳密な意味での「形態素解析」に近く、分割される単位が小さいことも特徴です(「自動車」が「自動」「車」に分割されるなど)。
- jumandic(JUMAN辞書)(参考文献[4])
  MeCabとは別のJUMANという形態素解析器で使われている辞書を、MeCab用に移植した辞書です。IPAdicとは異なるポリシーで品詞情報が付与されています。また、代表表記などのメタ情報が付与されていることも特徴です(例えば「行う」と「行なう」の代表表記はともに「行う」となります)。京都コーパスというデータに基づいています。
- ipadic-NEologd(参考文献[5])
  IPA辞書をもとに、単語の数を大幅に拡張した辞書です。品詞情報などの形式はIPAdicを踏襲しています。インターネットから単語をクローリングして語彙を拡張しており、頻繁に更新されているため、新語への対応力がとても高いです。UniDicなどと異なり、この辞書では固有名詞などのまとまりは分割されません。形態素解析ではなく、「固有表現抽出」のための辞書といわれます。また、この辞書を使う際には特に、公式Wiki〈2〉で紹介されている正規化を前処理として行うことが推奨されています(Step 02の02.2の「neologdn」を参照)。
- unidic-NEologd(参考文献[5])
  UniDicをもとに、ipadic-NEologdと同様の単語拡張を施した辞書です。

〈1〉 http://taku910.github.io/mecab/ に記載があります。

〈2〉 https://github.com/neologd/mecab-ipadic-neologd/wiki/Regexp.ja

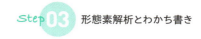

ipadic-NEologdのインストールと実行

紹介した辞書のうち、ipadic-NEologdを使ってみましょう。
まず、公式ドキュメント〈3〉などを参考にして、適宜インストールしてください。
インストール後、シェルでmecabコマンドを実行するときに-dオプションで辞書を指定します。

```
$ mecab -d /usr/lib/mecab/dic/mecab-ipadic-neologd
```

ここで/usr/local/lib/mecab/dicは辞書のインストール先ディレクトリですが、環境によって異なることがあります。mecab-config --dicdirコマンドで確かめることができます。

```
$ mecab-config --dicdir
/usr/lib/mecab/dic
```

それでは、ipadic-NEologdの特徴である固有名詞や新語への対応力の高さを見るために、実際にそのような単語を含んだ文をわかち書きしてみましょう。以下の例では「Deep Learning」が1つの単語として認識され、原形が「深層学習」、読みが「ディープラーニング」であるという情報まで得られています。IPAdicの語彙が収集された当時は存在しなかった「Deep Learning」という単語も、NEologdには収録されており、原形や読みなどの詳細情報まで付与されているからです。

ipadic-NEologdによるわかち書きの例

```
近年Deep Learningの研究が盛んだ
近年	名詞,副詞可能,*,*,*,*,近年,キンネン,キンネン
Deep Learning	名詞,固有名詞,一般,*,*,*,深層学習,ディープラーニング,ディープラーニング
の	助詞,連体化,*,*,*,*,の,ノ,ノ
研究	名詞,サ変接続,*,*,*,*,研究,ケンキュウ,ケンキュー
が	助詞,格助詞,一般,*,*,*,が,ガ,ガ
盛ん	名詞,形容動詞語幹,*,*,*,*,盛ん,サカン,サカン
だ	助動詞,*,*,*,特殊・ダ,基本形,だ,ダ,ダ
EOS
```

ちなみに、IPAdicでは以下のように「Deep」と「Learning」の2語に分かれてしまいます。

〈3〉 https://github.com/neologd/mecab-ipadic-neologd

IPAdicによるわかち書きの例

```
近年Deep Learningの研究が盛んだ
近年	名詞,副詞可能,*,*,*,*,近年,キンネン,キンネン
Deep	名詞,一般,*,*,*,*,*
Learning	名詞,一般,*,*,*,*,*
の	助詞,連体化,*,*,*,*,の,ノ,ノ
研究	名詞,サ変接続,*,*,*,*,研究,ケンキュウ,ケンキュー
が	助詞,格助詞,一般,*,*,*,が,ガ,ガ
盛ん	名詞,形容動詞語幹,*,*,*,*,盛ん,サカン,サカン
だ	助動詞,*,*,*,特殊・ダ,基本形,だ,ダ,ダ
EOS
```

「Deep Learning」は「Deep」と「Learning」という2つの単語から構成されていますが、これ単体で固有の意味を有しており、「Deep Learning」で1単語と考えられます。実際、Wikipediaには「Deep learning」エントリが存在します〈4〉。

これは英語の例でしたが、日本語でも同様です。

- 焼肉 / 定食 ↔ 焼肉定食
- 海外 / 旅行 ↔ 海外旅行
- 自然 / 言語 / 処理 ↔ 自然言語 / 処理 ↔ 自然言語処理

そして、これらを1単語として扱うか、複数単語として扱うかは、どちらが正解ともいえません(文法的な正解という意味ではなく、アプリケーションを作る上での正解という意味です)。場合に応じてどちらかを選択し、それを実現できる適切な辞書を採用すればよいのです。もしくは、03.2では自分で辞書を改造する方法も解説しますので、より詳細なコントロールも不可能ではありません。

それでは次に、PythonからMeCabを呼び出すときに、辞書としてNEologdを利用するようにしてみましょう。シェルからMeCabを使うときに指定するのと同様のオプションを、Pythonでは`MeCab.Tagger()`の引数に指定できます。そのため、以下のようなコードで辞書を指定してMeCabを利用できます。

```
tagger = MeCab.Tagger('-d /usr/lib/mecab/dic/mecab-ipadic-neologd')
```

これを使って、Step 01のリスト7をNEologdを使うように変更してみると、以下のような動作になります。前述のNEologdによるわかち書きと同じ結果が得られ、NEologdを利用できていることがわかります。

```
>>> tokenize('近年Deep Learningの研究が盛んだ')
['近年', 'Deep Learning', 'の', '研究', 'が', '盛ん', 'だ']
```

また同様に、Step 01のリスト17を以下のようにNEologdを使うよう変更し、リスト1で同様に評価してみましょう。

〈4〉 https://en.wikipedia.org/wiki/Deep_learning

リスト1 dialogue_agent.py

```
...略...


MECAB_DIC_DIR = '/usr/lib/mecab/dic/mecab-ipadic-neologd'


class DialogueAgent:
    def __init__(self):
        self.tagger = MeCab.Tagger('-d {}'.format(MECAB_DIC_DIR))

...略...
```

```
0.3829787234042553
```

約38%となり、デフォルトの辞書を利用するよりも良い性能を達成できました〈5〉。

MeCabの形態素解析の動作

前項ではMeCabの辞書を紹介しました。本項では、MeCabが辞書の情報をどのように利用して形態素解析を行うのかを解説していきます。

MeCabの辞書は、形態素解析に必要な以下の情報を含んでいます〈6〉。

- 単語（形態素）
- 各単語の生起コスト
- 各単語の左文脈ID
- 各単語の右文脈ID
- 文脈IDの各組み合わせの連接コスト

例えば「東大阪大好き」という文を形態素解析する場合を考えてみます。辞書（ここではIPAdicを例にしています）から関係しそうなエントリを抜粋したのが以下です。

生起コストは、ある単語そのものの現れにくさです。以下の例では「東大阪」は7158、「東大」は3994で、東大阪のほうが現れにくい（出現する可能性が低い）ことを表現しています。

連接コストは、2つの単語の文脈IDの連続しにくさです。以下の例では「東大阪」の右文脈IDは1293、「東大」の右文脈は1292、「好き」の左文脈IDは1299です。したがって、「東大阪」→「好き」の連接コスト

〈5〉 このプログラムは内部で乱数を使用している箇所があり、結果にランダム性があります。読者の環境で実行したとき、厳密に同じ結果になるとは限らないことに注意してください。

〈6〉 このあたりの詳しい説明は、https://taku910.github.io/mecab/dic-detail.htmlを参照してください。

は1199、「東大」→「好き」の連接コストは922となり、「東大阪」→「好き」のほうが「東大」→「好き」よりも連続する可能性が低いことを表現しています。

表1 辞書の例（IPAdicから抜粋）

単語	左文脈ID	右文脈ID	生起コスト
東大阪	1293	1293	7158
東大	1292	1292	3994
阪大	1292	1292	6681
大好き	1287	1287	2683
好き	1299	1299	4101

表2 連接コストの例（IPAdicから抜粋）

右文脈ID ＼ 左文脈ID	0	1287	1292	1293	1299
0	-434	-300	-978	-310	1422
1287	1192	1269	1161	1887	-839
1292	-1483	1001	877	-583	-3189
1293	-770	-395	-1705	-2267	-2781
1299	-144	1159	922	1199	-976

「東大阪大好き」をわかち書きする場合、「東大阪 / 大好き」、「東大 / 阪大 / 好き」、「東 / 大阪大 / 好き」……と様々なパターンが考えられます。それぞれのパターンについて、以上の情報をもとに総コストを計算することができます。

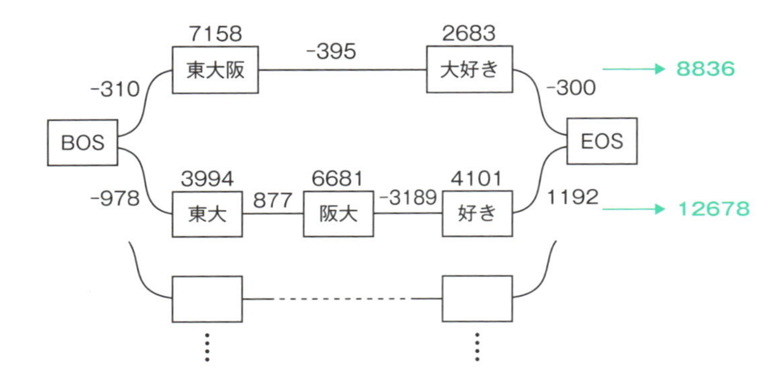

図1 MeCabのコスト計算。単語そのものに生起コストが割り当てられ、連続する単語の接続に連接コストが割り当てられる。また、文頭と文末にはBOS・EOSという特殊な形態素があるとみなす。BOS・EOSの文脈IDは0。

そして、総コストが最も低いパターンを最終結果として採用します。

以上がMeCabによる形態素解析の動作です。

MeCabはデフォルトでは総コストが低いパターンを上位1件出力しますが、-Nオプションを指定することで、上位N件を出力することができます。以下の例では上位2件を出力しています。

```
$ mecab -N 2
東大阪大好き
東大阪	名詞,固有名詞,地域,一般,*,*,東大阪,ヒガシオオサカ,ヒガシオーサカ
大好き	名詞,形容動詞語幹,*,*,*,*,大好き,ダイスキ,ダイスキ
EOS
東大	名詞,固有名詞,組織,*,*,*,東大,トウダイ,トーダイ
阪大	名詞,固有名詞,組織,*,*,*,阪大,ハンダイ,ハンダイ
好き	名詞,接尾,形容動詞語幹,*,*,*,好き,スキ,スキ
EOS
```

03.2 MeCab辞書の改造

03.1の「辞書」ではMeCabの辞書について解説し、IPAdicやipadic-NEologdなど、配布されている辞書をいくつか紹介しました。

しかしタスクによっては、既存の辞書を使うだけでは期待した結果が得られません。そのような場合には、自分で辞書をチューニングすることを考えます。

例えば、自分で辞書に単語を追加すれば、配布されている既存の辞書が収録していない単語にも対応させることができます。ipadic-NEologdも、IPAdicに単語を追加して作ったものです。

また、03.1の「MeCabの形態素解析の動作」で解説したMeCabの動作を理解しておけば、生起コストや連接コストを調整することで、形態素解析の結果を変えられるとわかります。

MeCab辞書のビルド

Step 01の01.2の「MeCabのインストール」では、ビルド済みのIPAdicをパッケージマネージャでインストールしましたが、以下ではソースファイルからビルドする手順を見ていきます。MeCab辞書を改造するにはまず、辞書をソースファイルからビルドできるようになる必要があります。

1. IPAdicのダウンロード

まず、IPAdicのソースファイルをダウンロードします。https://sourceforge.net/projects/mecab/files/mecab-ipadic/2.7.0-20070801/からダウンロード〈7〉したファイルを適当なディレクトリに置き、解凍します。

〈7〉 または「mecab-ipadic download」を検索語句としてGoogleなどで検索すれば、ダウンロードページにたどり着けるでしょう。

```
$ tar zxvf mecab-ipadic-2.7.0-20070801.tar.gz
```

2. ソースファイルのエンコードをUTF-8に変更

ダウンロードしたIPAdicのソースファイルはEUC-JPエンコーディングです。しかし、近年の日本語環境ではシェルやエディタのほぼすべてがUTF-8ですので、ソースファイルもすべてUTF-8に変換しておきます。

```
$ nkf --overwrite -Ew ./mecab-ipadic-2.7.0-20070801/*
```

3. 辞書をビルド

`mecab-dict-index`コマンドで辞書をビルドします。このコマンドがあるディレクトリは、`mecab-config --libexecdir`で調べることができます。

```
$ mkdir build
$ $(mecab-config --libexecdir)/mecab-dict-index -d ./mecab-ipadic-2.7.0-20070801 -o build -f utf8
-t utf8
$ cp mecab-ipadic-2.7.0-20070801/dicrc ./build/.  # dicrcをコピー
```

以上で`./build`に辞書がビルドされました。`./build`を辞書に指定してMeCabを実行してみましょう。(当たり前ですが)ビルド済みのものを利用した場合と同様に、IPAdicを利用したわかち書きが行われます。

```
$ mecab -d ./build
```

> 辞書をソースファイルからビルドするだけなら、`configure`と`make`によるビルドスクリプトが用意されています。以下のコマンドで、上記と同じ結果が得られます。
>
> ```
> $ cd ./mecab-ipadic-2.7.0-20070801/
> $ ./configure --with-charset=utf8 --with-dicdir=pwd/../build
> $ make
> $ make install
> ```
>
> しかし、本項では、ソースファイルに手を入れてビルドするために、個々の手順を追っています。

新語の追加

辞書をソースファイルからビルドできたところで、新語を追加していきましょう。ここでは例として、IPAdicに「自然言語処理」という単語を追加してみます。生のIPAdicでは「自然 / 言語 / 処理」と分割されてしまうところを、1語として認識させるのが目標です〈8〉。

生のIPAdicを使ったわかち書きの結果

```
$ mecab -d ./build/
自然言語処理を勉強したい
自然	名詞,形容動詞語幹,*,*,*,*,自然,シゼン,シゼン
言語	名詞,一般,*,*,*,*,言語,ゲンゴ,ゲンゴ
処理	名詞,サ変接続,*,*,*,*,処理,ショリ,ショリ
を	助詞,格助詞,一般,*,*,*,を,ヲ,ヲ
勉強	名詞,サ変接続,*,*,*,*,勉強,ベンキョウ,ベンキョー
し	動詞,自立,*,*,サ変・スル,連用形,する,シ,シ
たい	助動詞,*,*,*,特殊・タイ,基本形,たい,タイ,タイ
EOS
```

1. 追加したい単語を定義したCSVファイルを作成

ここではmecab-ipadic-2.7.0-20070801/OriginalWords.csvという名前のファイルを作成し、新語を登録します。

リスト2 mecab-ipadic-2.7.0-20070801/OriginalWords.csv

```
自然言語処理,1288,1288,0,名詞,固有名詞,一般,*,*,*,しぜんげんごしょり,シゼンゲンゴショリ,シゼンゲンゴショリ
```

左から、表層形、左文脈ID、右文脈ID、生起コスト、品詞、品詞細分類1、品詞細分類2、品詞細分類3、活用型、活用形、原形、読み、発音となっています〈9〉。

mecab-ipadic-2.7.0-20070801/Noun.proper.csvを見ると、固有名詞は左文脈ID、右文脈IDがともに1288のようだったので、そのとおりに設定しました。生起コストは、とりあえず0にしてあります(本来は適切な数値を指定するのが望ましいです)。

2. ビルド

ビルドします。生のIPAdicをビルドしたときと同じコマンドで問題ありません。

```
$ $(mecab-config --libexecdir)/mecab-dict-index -d ./mecab-ipadic-2.7.0-20070801 -o build -f utf8 -t utf8
```

ビルドされた辞書を使ってわかち書きをしてみると、「自然言語処理」が1つの単語として扱われることがわ

〈8〉 ipadic-NEologdには「自然言語処理」は登録されており、1語として解析されます。
〈9〉 http://taku910.github.io/mecab/dic.htmlのとおりです。

かります。これでIPAdicに「自然言語処理」という新語を追加した辞書を作ることができました。

「自然言語処理」を追加したIPAdicを使ったわかち書きの結果

```
$ mecab -d ./build/
自然言語処理を勉強したい
自然言語処理	名詞,固有名詞,一般,*,*,*,しぜんげんごしょり,シゼンゲンゴショリ,シゼンゲンゴショリ
を	助詞,格助詞,一般,*,*,*,を,ヲ,ヲ
勉強	名詞,サ変接続,*,*,*,*,勉強,ベンキョウ,ベンキョー
し	動詞,自立,*,*,サ変・スル,連用形,する,シ,シ
たい	助動詞,*,*,*,特殊・タイ,基本形,たい,タイ,タイ
EOS
```

以上のように、辞書をソースファイルからビルドする際に新語を登録することで、辞書に新語を追加できます。

形態素解析の調整

新語の追加に加えて、形態素解析結果の調整も可能です。

例えば、生のIPAdicを使って「申し込みしたい」をわかち書きすると、以下のようになります。

```
$ mecab -d ./build/
申し込みしたい
申し込み	動詞,自立,*,*,五段・マ行,連用形,申し込む,モウシコミ,モーシコミ
し	動詞,自立,*,*,サ変・スル,連用形,する,シ,シ
たい	助動詞,*,*,*,特殊・タイ,基本形,たい,タイ,タイ
EOS
```

ここで「申し込み」という語は、動詞連用形ではなく（サ変）名詞になるのが自然です（IPAdicも完璧ではないということですね）。そうなるように辞書を調整してみましょう。以下の方法が考えられます。

1. **名詞、動詞の「申し込み」の生起コストの一方または両方を調整する**
2. **名詞、動詞の「申し込み」と、動詞「する」の連用形「し」の連接コストの一方、または両方を調整する**

ここでは2.の方法（連接コストの調整）により、名詞の「申し込み」が採用されるようにしてみます。

まず、文脈IDを確認します。IPAdicのソースファイルから「申し込み」を探すと、名詞の「申し込み」の右文脈IDは1285、動詞連用形は767でした。

IPAdicのソースファイルから「申し込み」を探す

```
$ find mecab-ipadic-2.7.0-20070801 -name "*.csv" | xargs grep -E "^申し込み,"
mecab-ipadic-2.7.0-20070801/Noun.csv:申し込み,1285,1285,5045,名詞,一般,*,*,*,*,申し込み,モウシコミ,モーシコミ
mecab-ipadic-2.7.0-20070801/Verb.csv:申し込み,767,767,7559,動詞,自立,*,*,五段・マ行,連用形,申し込む,モウシコミ,モーシコミ
```

また、動詞「する」の連用形「し」の左文脈IDは610でした。

IPAdicのソースファイルから動詞連用形「し」を探す

```
$ find mecab-ipadic-2.7.0-20070801 -name "*.csv" | xargs grep -E "^し," | grep 動詞,自立 | grep 連用形
mecab-ipadic-2.7.0-20070801/Verb.csv:し,610,610,8718,動詞,自立,*,*,サ変・スル,連用形,する,シ,シ
```

そして、連接コストはmatrix.defに定義されています。1285と610、767と610の連接コストを探すと、-3157と-7338でした。

matrix.defから対象の連接コストを探す

```
$ grep "1285 610" ./mecab-ipadic-2.7.0-20070801/matrix.def
1285 610 -3157
$ grep "767 610" ./mecab-ipadic-2.7.0-20070801/matrix.def
767 610 -7338
```

「767と610の連接コスト(-7338) < 1285と610の連接コスト(-3157)」になっているため、このままでは動詞連用形の「申し込み」が採用されてしまいます。そこで、1285と610の連接コストのほうが小さくなるよう、-7339に書き換えます。ここでは簡潔にサンプルコードを示すためにsedコマンドを利用していますが〈10〉、エディタでファイルを直接編集するなどしてももちろん構いません。

```
$ sed -i -e 's/^1285 610 -3157/1285 610 -7339/' ./mecab-ipadic-2.7.0-20070801/matrix.def
$ # sed -i'' -e 's/^1285 610 -3157/1285 610 -7339/' ./mecab-ipadic-2.7.0-20070801/matrix.def  # macOS (BSD版sed) の場合
```

最後にビルドします。

〈10〉 sed -iは、Dockerコンテナでホスト OSのボリュームをマウントしたディレクトリ内のファイルに対しては正しく動作しないことがあるので注意してください。そのような場合は、-iを使わずに一度別のファイルに書き出すことで回避できます。

```
$ $(mecab-config --libexecdir)/mecab-dict-index -d ./mecab-ipadic-2.7.0-20070801 -o build -f utf8
-t utf8
```

これで、望ましい形態素解析結果が得られるようになります。

```
$ mecab -d ./build/
申し込みしたい
申し込み	名詞,一般,*,*,*,*,申し込み,モウシコミ,モーシコミ
し	動詞,自立,*,*,サ変・スル,連用形,する,シ,シ
たい	助動詞,*,*,*,特殊・タイ,基本形,たい,タイ,タイ
EOS
```

ここではmatrix.defを書き換えて連接コストを調節する方法をとりましたが、Noun.csvやVerb.csvなどを書き換えて生起コストを調節することでも実現可能です。また、どちらの方法をとる場合も、意図した部分以外の結果にも影響を与えかねないので、注意しましょう。

Column

コストの自動調整

ここではコストを直接調整する方法を紹介しましたが、MeCabにはコストを自動調整する方法も用意されています。http://taku910.github.io/mecab/dic.htmlを参照してください。ただ、筆者個人の感覚としては、修正したい部分のコストをピンポイントで手動で調整するほうが、影響範囲を小さく抑えられるので手軽だと思います。

Column

mecab-ipadicの問題

執筆時点でのmecab-ipadic(2.7.0-20070801)には、そのまま使うと「記号がサ変名詞として認識されてしまう」という問題があります。

IPA辞書をロードしたMeCabに「NLP!」と入力した例

```
NLP!
NLP	名詞,固有名詞,組織,*,*,*,*
!	名詞,サ変接続,*,*,*,*,*
EOS
```

これは辞書にない語(未知語)に対する動作を定義するunk.defというファイル中で、!、?などの文字は名詞，サ変接続として扱うよう定義されているからです。

この問題を解消するには、辞書をビルドする手順の中で、mecab-ipadic-2.7.0-20070801/unk.defの該当行を変更してビルドします。

リスト3 unk.def(変更箇所)

```
+ SYMBOL,1283,1283,17585,記号,一般,*,*,*,*,*
- SYMBOL,1283,1283,17585,名詞,サ変接続,*,*,*,*,*
```

ソースファイルから辞書をビルドできるようになっていれば、このような不適切な振る舞いの修正も自分でできます。

Column

ユーザー辞書

本項で解説した辞書のビルド方法は、MeCabの「システム辞書」と呼ばれるタイプのファイルを作る方法です。

これとは別に「ユーザー辞書」という選択肢もあります。ユーザー辞書は比較的高速にビルドでき、mecabコマンド実行時に-uオプションで指定することで、システム辞書と並行して読み込まれますが、解析速度は落ちてしまいます。また、新語を追加するだけならユーザー辞書で対応可能ですが、matrix.defやunk.defの修正などはシステム辞書のビルドが必要です。

ユーザー辞書の作り方もhttp://taku910.github.io/mecab/dic.htmlに解説があります。ユースケースに応じて適切な手法を選択してください。

本項ではMeCab辞書に独自の改造を加えてビルドする方法を解説しました。配布されている辞書では語彙が足りない、わかち書きの結果が望むとおりにならないなど、既存の辞書ではニーズを満たせない場合には、このような方法も検討してみましょう。

03.3 様々な形態素解析器

ここまで形態素解析器としてMeCabを取り上げてきました。しかし、形態素解析器は他にもあります。本項では、MeCabも含めいくつかの形態素解析器の概要を紹介します。

MeCab

03.1の「MeCabの形態素解析の動作」でも解説したとおり、MeCabは辞書に基づいて形態素解析を行います。辞書には、単語と生起コスト、連接コストの情報が含まれており、MeCabはこれらのコストを機械学習によって自動で獲得することができます。配布されている辞書はすでにコストが計算されたものです。

MeCabは作り込まれた実装になっていて、他の形態素解析器と比較して実行速度に優れます。また、辞書が外部ファイル化されているので、自分の用途に合った辞書を選んだり、必要に応じてカスタマイズしたりすることも容易です。

JUMAN++

JUMAN++〈11〉は近年の研究成果であるニューラルネットワークを利用した、比較的新しい形態素解析器です（参考文献[6]）。以下のような特徴があります。

- 文法的な正しさだけでなく、単語の意味を考慮した形態素解析を行う
  MeCabが文脈IDとコストのみを頼りに形態素解析を行っていたのに対し、JUMAN++はそれぞれの単語の「意味」を考慮した形態素解析が可能です。つまり、意味的にあり得そうな単語の区切り方を見つけるようになっています。単語の「意味」をどう扱うか（ここにおける「意味」とは何なのか）は、Step 11で解説します（JUMAN++は、Step 11で解説するような、単語をその意味を表現したベクトルに変換して扱う手法を利用しています）。
- ある語の前にあるすべての語の情報を考慮した形態素解析を行う
  MeCabの形態素解析は、各単語そのものの表れやすさと、前後の単語のみのつながりやすさに基づいていますが、JUMAN++は、ある単語の前に登場するすべての単語を考慮に入れた形態素解析を行います。これにはニューラルネットワークの一種であるRNN（Recurrent Neural Networks）が利用されています。RNNについてはStep 13で解説します。
- 表記ゆれに対応した形態素解析が可能
  「申込」「申込み」「申し込み」のような表記ゆれを無視して、同じものとして形態素解析することができます。これは正確には形態素解析器としての能力ではなく、利用している辞書によるものです。ですので、辞書でカバーしていない表記ゆれにはもちろん対応できませんが、辞書は幅広いデータソースから構築しているので、かなりの表記ゆれに対応します。

ニューラルネットワークベースの新しい手法を用いているだけあって、（JUMAN++より古い）MeCabと比べると優れている部分がいくつもあります。一方で、実行速度の面ではMeCabに大きく劣ります。

実用上はMeCabでも問題ない（もしくはJUMAN++と遜色ない）ということも十分あり得るので、実際に両方

〈11〉名前から推測できるとおり、JUMAN++の前にはJUMANという形態素解析器が存在します（手法や実装はまったく異なります）。

使ってみて、上記の特徴などを踏まえ、JUMAN++が有用と感じられたら採用を検討するとよいでしょう。実アプリケーションを作成する際には、特に実行速度に注意が必要です。

KyTea

KyTea(キューティー、参考文献[7])は、ある文字と次の文字の間が単語の区切りであるかどうかを、その前後数文字をもとにSVMで予測することによってわかち書きを行います。MeCabやJUMANとは異なるアプローチです。

なお、KyTeaのPythonラッパーがサードパーティから提供されています。

Janome

Pythonのみで書かれた形態素解析器です(参考文献[8])。pipでインストールが完結したり、MeCab用IPA辞書が組み込まれていたりするなど、導入が手軽なので、簡単に試すには向いています。またMeCabと違い、Pythonから素直に扱えるAPIが提供されています。

一方で、実行速度でMeCabに劣る他、執筆時点(バージョン0.3.9)では辞書の選択肢がかなり限られるなど、本番利用にはもの足りない面もあります。

SudachiPy

もともとJava用に開発されていた形態素解析器SudachiのPythonバインディングです。文字や単語の揺れの正規化など、日本語のわかち書きを行う上で便利な機能が揃っています。Pythonバインディングは2019年5月時点ではまだ正式リリースはされていませんが、注目のプロジェクトです。

Esanpy(Kuromoji)

KuromojiはJavaで実装された形態素解析器です。デフォルトで助詞や記号などを無視するようになっているため、Step 02の02.4の「辞書ベースのストップワード除去」で実装したような不要な品詞を無視したわかち書きの動作を、追加の実装なしで得ることができます。Pythonから使う場合、Esanpyを通して使うのが1つの手です。

EsanpyはElasticsearchという全文検索エンジンを内部で利用するテキスト解析ライブラリです。Esanpy自体はPythonのライブラリですが、Elasticsearchの実行にJavaが必要です。Esanpyの用途は日本語に限定されませんが、日本語を対象とした解析を行う場合、Kuromojiが内部で利用されます。

まとめ

それぞれの形態素解析器が特色ある研究の成果として作られていますが、アプリケーションの開発や実用化にあたっては、実際に使ってみて、望む機能があるか、実行速度は十分か、といった視点で選定するのがよさそうです。

また、03.2でMeCabにおける辞書の改造について述べましたが、JUMAN++やKyTeaも辞書の追加や形態素解析モデルの再学習などによって調整できるようになっています。配布されているモデルで満足のいく結果が得られない場合、形態素解析器を変えることと併せて、辞書の調整で対応できないか検討してみましょう。

Step 04 特徴抽出

BoW、TF-IDF、BM25、N-gram……様々な特徴抽出手法を使い分け、文字列を適切な特徴ベクトルに変換する

04.1 Bag of Words再訪

文字列をベクトル（固定長のlistやtuple、またはnumpy配列）に変換する「特徴抽出」の一手法として、Step 01の01.3ではBag of Words（以下、BoW）を紹介しました。BoWは、それぞれの文における単語の出現回数をカウントして、それを特徴量とするというシンプルな手法でした。実装や使い方についてはStep 01の01.3の「Bag of Words」で解説したので、ここではBoWの性質を詳しく見てみましょう。

Bag of Wordsの性質

BoWがどういった性質の特徴ベクトルなのかを考えてみます。

まず、Step 01の01.3で述べたとおり、BoWは元となった文の特徴を表したベクトルになっています。例えば、次の3つの例文があるとします。

- 私は私のことが好きなあなたが好きです
- 私はラーメンが好きです
- 富士山は日本一高い山です

これらの例文から得られたBoWの各要素の値を棒グラフで表すと、図1になります。BoWではベクトルの各要素が、それぞれ特定の単語に対応しているので、横軸にその単語を並べています。

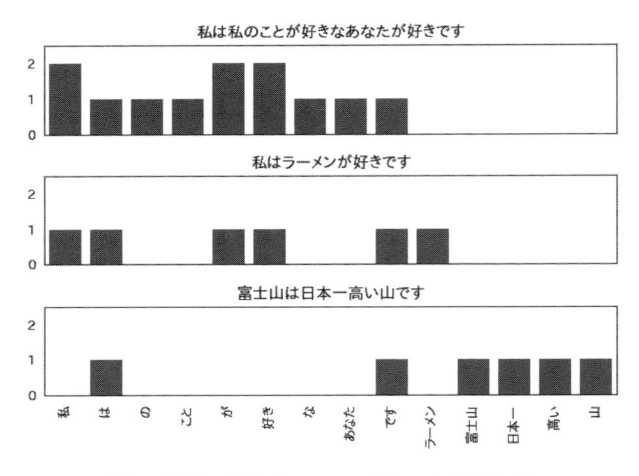

図1 グラフ化したBag of Words（その1）

これを見てわかるとおり、「私はラーメンが好きです」のBoWは、「富士山は日本一高い山です」のBoWよりも「私は私のことが好きなあなたが好きです」のBoWに似ています（値がゼロでない次元の一致が多いということです）。これは、「私は私のことが好きなあなたが好きです」という文と、「私はラーメンが好きです」という文が、ともに“私”の嗜好を表した文である、という類似性を捉えているといえます。

BoWは単語の出現頻度をベクトル化したものなので、この例でいえば「私」や「好き」といった単語に対応する値がプラスになり、似るのだ、というのは至極当然の結果のように思えます。確かにそのとおりなのですが、この例が示しているのは、もう少し深長な事柄です。それは、「これら2つの文章はいずれも“私”の嗜好を表している」という文意の類似性を、「私」や「好き」といった単語の出現頻度の類似性で、ある程度捉えられているということです。

元の日本語の文から単語の出現頻度という情報のみを抜き出して特徴ベクトルにしましたが、文意を捉えるためには（ある程度は）それで十分だというのが、この手法の面白いところです。

また、単語の出現頻度のみに注目するということは、他の情報（語順情報など）は無視しているということですが、これはより積極的なメリットになり得ます。例えば、「明日友達と遊園地に遊びに行く」と「友達と遊園地に明日遊びに行く」という例を考えてみましょう。この2文は語順は異なりますが同じ意味です。そして、これらのBoWを求めると、同じ特徴ベクトルが得られることがわかるでしょう。語順の違いを無視したことにより、文意の同一性を特徴ベクトルの同一性に反映できたのです。これは語順の違いを無視するBoWの長所を端的に示す例です。特に日本語のような語順が自由な言語では、語順を無視することで文意の同一性を捉えることができるケースはよくあります。

ただし、語順情報が重要な役割を持つ場合もあり、そのようなときには上記のようなBoWの性質はデメリットになり得ます。有名な例に「犬が人を噛んだ」と「人が犬を噛んだ」というのがあります〈1〉。この2つの文はまったく違うことを表していて、大半のケースでは区別するのが望ましいと思われますが、BoWではこの2つ

〈1〉 正確にはこの例文はBoWの説明のための例文として有名なわけではありません。気になる方は“Man bites dog”で検索してみましょう。

を区別できません。どちらの文からBoWを作っても、同じベクトルができてしまいます。この例では、単語の出現順序の違いから2文の意味が大きく異なっていますが、BoWはまさに単語の出現順序情報を捨ててしまい、この2文を区別できなくなってしまっています。

最初に述べたとおりBoWは基本的な手法ですので、利点に加え、このような限界もあります。そこで、BoWを改良する方法の1つとして、「明日友達と遊園地に遊びに行く」と「友達と遊園地に明日遊びに行く」が同じベクトルに変換され、「犬が人を噛んだ」と「人が犬を噛んだ」は違うベクトルに変換されるような手法を考えてみましょう。わかち書きの結果だけでなく、形態素解析で得られる品詞情報「助詞」を使うのが1つの手ですね。また、この点については04.4でも取り上げます。

Google検索における特徴抽出

Googleで「人が犬を噛んだ」と「犬が人を噛んだ」を検索してみました〈2〉。4、5番目が違いますが、ほぼ同じ結果になりました。

図2 人が犬を噛んだ　　図3 犬が人を噛んだ

GoogleがBoWだけに頼っているとは思えませんが、単語をわかち書きした上で、ある程度は順序情報を無視するような処理が行われていると予想できます（Googleの検索結果は変化しますし、様々な要因を考慮してパーソナライズされているため、読者が試しても同じ結果になるとは限らないことに注意してください）。

〈2〉 2019-01-31時点の結果。Google Chromeのシークレットウィンドウで閲覧。

最後に、Bag of Wordsという名前の由来に触れておきます。BoWは単語の出現順序を無視して出現回数だけを数えるものでした。これが、文を単語(Word)に分解して、袋(Bag)にバラバラに放り込み、個数を数えるというイメージにつながっています。「順序を無視して個数だけ数える」という特徴から連想されるネーミングになっています。

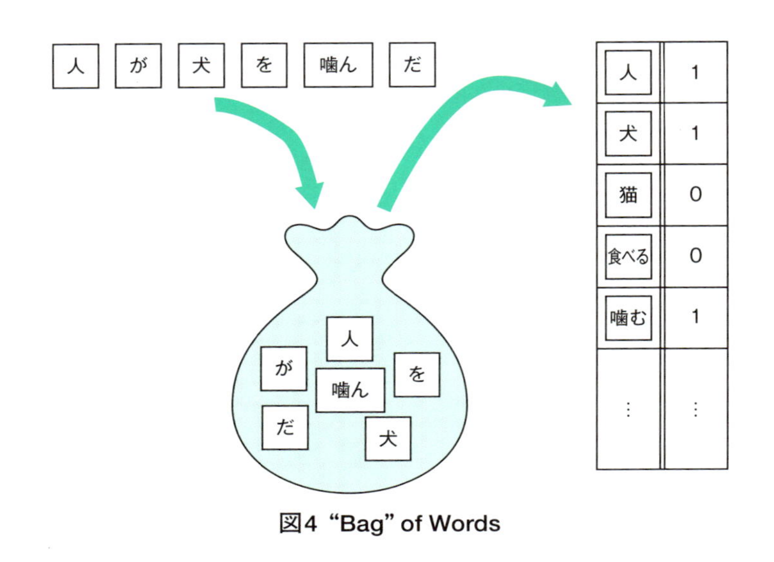

図4 “Bag” of Words

未知語

辞書生成と特徴ベクトルの算出(特徴抽出)は分かれているため、辞書の作成に使う文集合と、特徴抽出の対象となる文集合が同じである必要はありません。

```
texts_A = [
    ...
]

vectorizer.fit(texts_A)

texts_B = [
    ...
]

bow = vectorizer.transform(texts_B)
```

この場合、辞書の生成はあくまでも、`.fit()`に渡された`texts_A`に含まれる文に基づいて行われます。

その後texts_Bを対象に.transform()で特徴抽出を行うわけですが、texts_Aに登場しなかった単語は辞書にも含まれないので、BoW化のときには無視されます。

Step 01の例の範囲では、このようにBoW化の対象とは異なる文集合を使って辞書を作成するメリットはあまりありません。しかし例えば、texts_Bにあえて無視したい単語（無意味な絵文字や顔文字、無意味な単語など）がある場合などには有効でしょう。

逆に、BoW化の対象となる文集合と、BoW辞書の構築に用いる文集合を分ける場合は、辞書の生成に使う文集合texts_Aのほうにtexts_Bを表現するのに十分な種類の単語が含まれるよう注意しなければなりません。

04.2 TF-IDF

BoWはシンプルで有用な手法でしたが、問題点もあります。本項ではBoWの改良版であるTF-IDFについて解説します。

BoWの問題点とTF-IDFによる解決

BoWの問題点の1つは、すべての語彙を同じ重要度で扱ってしまうことです。例えば、次のような文章をBoW化すると、どうなるでしょうか。

```
私はラーメンもお好み焼きも好きです
私はラーメンが好きだ
私はサッカーも野球も好きだよ
```

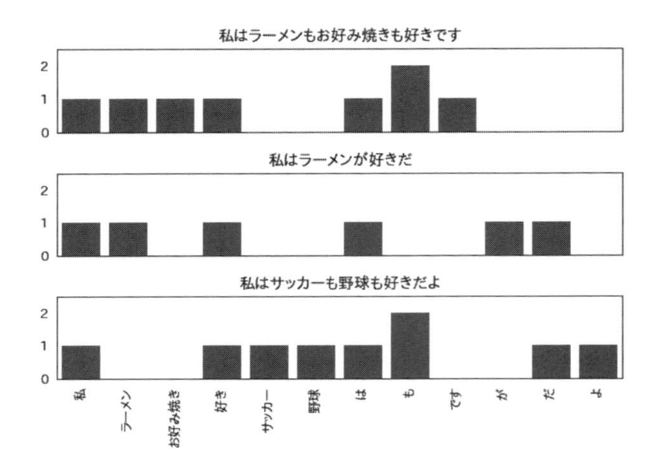

図5 グラフ化したBag of Words(その2)

1文目と2文目は似た内容(食べ物の嗜好・私はラーメンが好きという事実)を表していて、1文目と3文目は違う内容(3文目はスポーツの嗜好・私はサッカーや野球が好きという事実)を表しています。この1文目と2文目の類似性・1文目と3文目の相違性を生み出しているもの、すなわちこれら3文の比較においてそれぞれの文の意味を特徴づけているものは、「ラーメン」「お好み焼き」「サッカー」「野球」といった単語たちであるというのは納得できるかと思います。逆に、この3文がすべて「私の嗜好」を表している文であるため、それぞれの文に含まれる「私」や「好き」という単語は他の文との比較において大した意味を持ちません。同様に「は」などの助詞・助動詞も文意を特徴づける役割はあまりないでしょう。

しかし、BoWでは、文を特徴づける単語(「ラーメン」「お好み焼き」「サッカー」「野球」など)と文を特徴づけない単語(「私」「好き」「は」「も」など)が同等に扱われてしまいます。つまり、文中に「ラーメン」が1回登場しても「は」が1回登場しても、ベクトルの対応する次元の数値は同様にプラス1されます。その結果、「ラーメン」や「サッカー」に対応する次元が1文目と2文目の類似性・1文目と3文目の相違性を表現できているのに、「私」「好き」などに対応する次元がそれをかき消すノイズになってしまいます。さらに上の例では1文目と3文目に「も」が2回登場しているため、BoWの「も」に対応する値が特に大きくなっています。文意の比較という点で大した意味を持たない「も」がBoW中に特徴的な次元として表れてしまうため、1文目と3文目のBoWの類似性が、本来考慮したい文意の類似性に比べて不当に高く評価されてしまうでしょう。

この問題は、文を特徴づけない単語(「私」「好き」「は」「も」など)の寄与を小さく補正することで解決できます。そのようなアイデアに基づいて考案されたのが、**TF-IDF**です。TF-IDFは、重要な単語の寄与を大きく、重要でない単語の寄与を小さくすることで、BoWよりも文の特徴をよく表現する特徴ベクトルとなるよう意図されています。

具体的には、TF-IDFは以下のアイデアに基づいて設計されています。

1. ある文の中で、他の単語に比べて頻繁に登場する単語は、その文の意味を表現するために重要

な単語である

2. いろいろな文に広く登場する単語は一般的な単語であるため、個々の文の意味を表現する上では重要ではない

Scikit-learnによるTF-IDFの計算

Step 01の01.3の「Scikit-learnによるBoWの計算」では、sklearn.feature_extraction.text.CountVectorizerクラスを使ってBoWを計算しました。これをsklearn.feature_extraction.text.TfidfVectorizerに置き換えるだけで、TF-IDFを計算できます。

リスト1 sklearn_tfidf.py

```
from sklearn.feature_extraction.text import TfidfVectorizer  # (1)

from tokenizer import tokenize

texts = [
    '私は私のことが好きなあなたが好きです',
    '私はラーメンが好きです。',
    '富士山は日本一高い山です',
]

# TF-IDF計算
vectorizer = TfidfVectorizer(tokenizer=tokenize)
vectorizer.fit(texts)
tfidf = vectorizer.transform(texts)
```

1. **TF-IDFの計算はTfidfVectorizerで行う**（BoWはCountVectorizerだった）

変数tfidfを見てみると、以下のようになります。Step 01のリスト14のbowとは違う特徴量が得られています。

実行結果

```
>>> tfidf
<3x15 sparse matrix of type '<class 'numpy.float64'>'
        with 22 stored elements in Compressed Sparse Row format>
>>> tfidf.toarray()
array([[0.        , 0.29312473, 0.44585783, 0.29312473, 0.17312419,
        0.29312473, 0.29312473, 0.17312419, 0.        , 0.44585783,
        0.        , 0.        , 0.        , 0.44585783, 0.        ],
       [0.47496141, 0.        , 0.3612204 , 0.        , 0.28051986,
```

```
        0.        , 0.        , 0.28051986, 0.47496141, 0.3612204 ,
        0.        , 0.        , 0.        , 0.3612204 , 0.        ],
       [0.        , 0.        , 0.        , 0.        , 0.27249889,
        0.        , 0.        , 0.27249889, 0.        , 0.        ,
        0.46138073, 0.46138073, 0.46138073, 0.        , 0.46138073]])
```

Scikit-learnを使うと簡単ですね。

問題設定にもよりますが、多くの場合、BoWよりもTF-IDFのほうが良い性能を得られます。

TF-IDFの計算方法

ここでTF-IDFの具体的な計算方法に触れておきます。(研究などではなく、)機械学習をあくまでツールとして利用してソフトウェア開発をする際には、定性的な特徴を把握して使いこなせることがしばしば重要となります。ただし、処理の詳細を知っておくと、細かいチューニングが必要になったときに役に立ちます。この節の内容は「ふーん、そうなんだ」程度に流し読みして、必要なときに参照する程度でよいでしょう。

TF-IDFは以下の手順で計算されます。ある文のまとまり(集合)が与えられたとき、それぞれの文のそれぞれの単語に対してTF-IDFが求まります。

1. TFを計算する

TFはTerm Frequencyの略であり、「単語頻度」とでも訳せるでしょうか。TFは文ごと、単語の種類ごとに求まる値で、各文における各単語の出現回数をTFとします。これはBoWと同じですね。

文dにおける単語tのTFは以下のように求められます。

$\mathrm{TF}(t,d) = \text{文 } d \text{ に登場する単語 } t \text{ の数}$

結果、文中に頻繁に登場する単語のTFは大きくなります。

2. DFを計算する

DFはDocument Frequencyの略です。これは「文書頻度」とでも訳せるでしょうか。DFは単語の種類ごとに求まる値です。単語ごとに「その単語を含む文の数」を求め、「文の総数」で割ります〈3〉。

単語tのDFは以下のように求められます。

$$\mathrm{DF}(t) = \frac{t \text{ を含む文の数}}{\text{文の総数}}$$

3. IDFを計算する

DFの逆数の対数をIDF(Inverse Document Frequency)といいます。対数をとるのは値の変化を緩やかに

〈3〉 「Document」=「文書」というと、複数の文、段落からなる、ある程度の長さの文字列になります。しかし、ここまでの解説ではより短い「文」を特徴抽出の対象として扱ってきましたし、このTF-IDFの解説でも「文」1つが特徴ベクトル1個に対応するものとして扱っています。この解説の文脈では、「Document」=「文」と読み替えてみてください。

するためです。

$$\mathrm{IDF}(t) = \log\left(\frac{1}{\mathrm{DF}(t)}\right) = \log\left(\frac{\text{文の総数}}{t\,\text{を含む文の数}}\right)$$

結果、多くの文に登場する単語のIDFは小さくなります。

4. TFとIDFを掛ける

1.で求めたTFと3.で求めたIDFを乗じた値がTF-IDFになります。

$$\text{TF-IDF}(t,d) = \mathrm{TF}(t,d)\cdot\mathrm{IDF}(t)$$

文中に頻繁に登場すると値が大きくなるTFと、多くの文に登場すると値が小さくなるIDFを使い、両者をかけ合わせることで、前述したTF-IDFの基礎となるアイデアを表現していますね。

また、IDFによる重みづけは、Step 02の02.4で紹介したストップワードの除去を自動化したものと見ることもできます。一般的な語を重要度の低い語と考え、ストップワードとみなして除去していると考えられるわけです（そのような単語のIDFもゼロにはならないので、完全に「除去」できているわけではないですが）。

数学的な表現に戸惑ってしまった読者もいるかもしれません。言葉だけで説明しようとすると、「その文」「その単語」といった言い方となり、何を指しているのかかえってわかりづらいので、「文d」「単語t」といった表現を使いました。

また、$\mathrm{DF}(t)$は、DFがtごとに求まる値、$\mathrm{TF}(t,d)$は、TFがtとdの組み合わせごとに求まる値であることを表しています（数学的にいうと、$\mathrm{DF}(t)$はtの関数である、となります）。

このように、言葉による説明を数式で簡潔に補足しただけですので、身構えずに読んでもらえればと思います。

TF-IDFにはさらに様々なバリエーションがあります。TFとIDFそれぞれの計算方法や、TFとIDFのかけ合わせ方などで違いが出てきます。例えば、以下のような変形が考えられます。

1. **TFとして文中の単語の出現回数をそのまま使うのではなく、1回以上出現したら1、0回なら0とする**
2. **TFを文の長さで割る**（文の長さの影響を取り除く効果があり、一種の正規化といえる）
3. **IDFの分母が0になることを防ぐために1を足して** $\mathrm{IDF}(t) = \log\left(\frac{\text{文の総数}}{1+t\,\text{を含む文の数}}\right)$ **とする**

これらは英語版Wikipediaによくまとめられています〈4〉。

scikit-learnのTfidfVectorizerには各種のオプションを渡せるようになっており、これらのバリエーションの一部をカバーします。例えばTfidfVectorizer(binary=True)とすると1.が有効になり、TfidfVectorizer(smooth_idf=True)とすると3.が有効になります（smooth_idfはデフォルトで有効になっています）。ほかにも様々なオプションがあるので、マニュアルを参考にしてください。

〈4〉 https://en.wikipedia.org/wiki/Tf%E2%80%93idf

04.3 BM25

BoWはシンプルで実用的な手法ですがいくつか問題点があり、それを改善しようとしたのがTF-IDFでした。そのTF-IDFをさらに改良したのがBM25という特徴量です。

BM25をざっくり説明すると、TF-IDFにさらに文の長さを考慮するよう修正を加えたもの、です。文書検索などのタスクにおいて、BM25のほうがTF-IDFよりも性能が良いことが(英文を対象とした実験においてではありますが)示されています(参考文献[9]、参考文献[10])。

TF-IDF同様、BM25も、ある文のまとまり(集合)が与えられたとき、それぞれの文のそれぞれの単語に対して求まる値です。

文dにおける単語tのBM25は、次の式で表されます。

$$\mathrm{BM25}(t,d) = \mathrm{IDF}(t) \cdot \frac{(1+k_1)\cdot \mathrm{TF}(t,d)}{k_1 \cdot \left((1-b) + b \cdot \frac{\text{文 } d \text{ の長さ}}{\text{文の長さの平均}}\right) + \mathrm{TF}(t,d)}$$

非常にややこしい式で、これが何を意味しているのか読み取るのは少々難儀です。とりあえずBM25を使う上では、$k_1 (0 < k_1)$と$b (0 \leq b \leq 1)$は使用者が設定するパラメータであるということを押さえておきましょう。k_1には1.2〜2.0が、bには0.75がよく選ばれるようです。

> BM25の式の意味を少し深く見てみましょう。
> IDFの部分はTF-IDFそのままです。TFの部分がややこしくなっています。
> いったん$b = 0$として考えてみます。$k_1 = 0$とすると、$\mathrm{BM25}(t,d) = \mathrm{IDF}(t)$となり、IDFのみを使うモデルになります。一方で$k_1$を無限大にすると、$\mathrm{BM25}(t,d) = \mathrm{IDF}(t) \cdot \mathrm{TF}(t,d)$となり、TF-IDFに一致します。$k_1$はTFにどの程度敏感になるかを決めるパラメータといえます。
> 次にbについて考えます。bが関係するのは分母の$(1-b) + b \cdot \frac{\text{文 } d \text{ の長さ}}{\text{文の長さの平均}}$の部分です。$\frac{\text{文 } d \text{ の長さ}}{\text{文の長さの平均}}$は、文$d$が平均と比べてどの程度長いかを表す値なので、$b$はこれをどの程度考慮するかを決めるパラメータといえます。

Scikit-learnにBM25を計算する機能は含まれておらず、Pull Requestも残念ながらマージされずに閉じられてしまいました〈5〉。使いたい場合は、scikit-learn互換のAPIによるBM25の実装が公開されているので〈6〉、試してみるとよいでしょう。

> ここまでBoWの改良版としてTF-IDFとBM25を紹介してきました。これらはBoWが持っていた問題点を改善し、よりよい性能を発揮する特徴量として設計されました。
> ただし、盲目的にこれらを採用すればいいというわけでもありません。問題によっては最もシンプルなBoWが一番よい性能を達成することもあるため、都度試してみるのが大切です。

〈5〉 https://github.com/scikit-learn/scikit-learn/pull/6973
〈6〉 https://github.com/arosh/BM25Transformer

04.4 単語N-gram

BoWの発展のさせ方の別の例として、N-gramを紹介します(厳密にはN-gramは特徴抽出の手法というよりも単語分割の手法の一種なのですが、ここではBoWと組み合わせて使う例を示し、特徴抽出の一例として取り上げます)。

uni-gramとbi-gram

BoWでは、文をわかち書きして得られる単語をそのまま辞書にし、単純にカウントしていました。

```
東京 / から / 大阪 / に / 行く
```

単語	登場回数
東京	1
から	1
大阪	1
に	1
行く	1

そうではなく、文中で連続する2単語をつなげたもので辞書を構成すると、以下のようになります。

わかち書き結果

```
東京 / から / 大阪 / に / 行く
```

↓

連続する2単語をつなげた

```
東京から / から大阪 / 大阪に / に行く
```

単語	登場回数
東京から	1
から大阪	1
大阪に	1
に行く	1

このように、連続する2単語をまとめて1つの単語のように扱う手法を、**bi-gram**(**バイグラム**)といいます。これに対し、ここまでのStepの解説で使っていたような、1単語を1単語として扱う手法は、bi-gramと対比させる文脈で**uni-gram**(**ユニグラム**)ということもあります。

bi-gramを使うと、uni-gramのBoWでは無視してしまっていた語順情報をある程度反映できるようになります。例えば次のような2文を特徴ベクトル化することを考えてみましょう。

```
東京 / から / 大阪 / に / 行く
大阪 / から / 東京 / に / 行く
```

uni-gramの場合、以下のようになります。

東京 / から / 大阪 / に / 行く

単語	登場回数
東京	1
から	1
大阪	1
に	1
行く	1

大阪 / から / 東京 / に / 行く

単語	登場回数
東京	1
から	1
大阪	1
に	1
行く	1

2つの文からは同じBoWが得られました。
一方、bi-gramの場合は以下のようになります。

東京 / から / 大阪 / に / 行く

単語	登場回数
東京 から	1
から 大阪	1
大阪 に	1
に 行く	1
大阪 から	0
から 東京	0
東京 に	0

大阪 / から / 東京 / に / 行く

単語	登場回数
東京 から	0
から 大阪	0
大阪 に	0
に 行く	1
大阪 から	1
から 東京	1
東京 に	1

このように異なるBoWが得られます。連続する2単語を1つの単位として扱うことで、1文目の「東京から」

「大阪に」と、2文目の「大阪から」「東京に」の違いを特徴ベクトルに表現できています。これはすなわち、uni-gramのBoWが無視していた語順情報を、ある程度考慮に入れた特徴抽出ができているということです。

04.1の「Bag of Wordsの性質」で見たように、語順情報を無視するというBoWの性質は、対象となる問題によって利点にも欠点にもなります。bi-gramを導入して語順情報を反映した特徴抽出を行うかどうかは、ケースバイケースで判断しましょう。

bi-gramは連続する2単語をまとめて扱う手法でしたが、同様に考えていけば任意の数の単語をまとめて考えることができます。連続する3単語をまとめる場合は**tri-gram**（**トライグラム**）といい、またuni-gram、bi-gram、tri-gram、それ以上をまとめて**N-gram**といいます。また、上記のようなN-gramを利用したBoWを**Bag of N-gram**ということもあります。

考慮すべき事項

N-gramを使う際には、以下のような点を考慮する必要があります。

- 語順情報を無視すべきか、考慮すべきか
  前述したとおり、uni-gramを使って語順情報を無視すべきか、bi-gramやtri-gramを使って語順情報を考慮すべきかは、状況によって変わります。
- nを増やすほど、次元が増える
  uni-gramのBoWとbi-gramのBoWでは、基本的に後者のほうが語彙の数が増えます。bi-gramは2単語の組み合わせが語彙になるからです。したがって、bi-gramでは得られる特徴ベクトルの次元数が大きくなり、メモリを圧迫したり計算負荷を増大させたりします。tri-gramやそれ以上のN-gramでは、より大きな次元数になります。
- nを増やすほど、特徴がスパース（疎）になる
  前項と関連しますが、bi-gramでは語彙が単語の組み合わせになるため、BoWの各次元が非ゼロになる確率が下がります（値がゼロの次元が増える＝スパースになります）。つまり、ある文に「東京」が登場する確率より、「東京から」が登場する確率のほうが低いわけです。すると、関連のある複数の文をBoW化しても、それらから得られるBoWは同じ次元に値がセットされる可能性が低くなり、したがって文の類似度を反映した特徴抽出をする能力が低くなってしまいます。これは、汎化能力を低下させたり、識別性能を下げたりする原因になり得ます。しかしこれは前出の例で

```
東京 / から / 大阪 / に / 行く
大阪 / から / 東京 / に / 行く
```

  の2文を区別できたように、文の差異に敏感になることの裏返しです。細かい語順情報の差異を反映するか、汎化能力を優先するかは、問題によって変わってきますし、試行錯誤する部分でもあります。

Scikit-learnによるBoW、TF-IDFでの利用

Scikit-learnが提供するBoW計算クラスsklearn.feature_extraction.text.CountVectorizerはN-gramをサポートしており、Step 01で紹介したコードに簡単な変更を加えるだけでN-gramによるBoWを利用できます。

リスト2 sklearn_ngram.py

```
from sklearn.feature_extraction.text import CountVectorizer

from tokenizer import tokenize

texts = [
    '東京から大阪に行く',
    '大阪から東京に行く',
]

# bi-gram
vectorizer = CountVectorizer(tokenizer=tokenize, ngram_range=(2, 2))  # (1)
vectorizer.fit(texts)
bow = vectorizer.transform(texts)
```

1. ngram_range=(2, 2)を指定することで、bi-gramを使う

実行結果

```
>>> bow.toarray()
array([[1, 0, 1, 0, 1, 1, 0],
       [0, 1, 1, 1, 0, 0, 1]])
>>> vectorizer.vocabulary_
{'東京 から': 5, 'から 大阪': 0, '大阪 に': 4, 'に 行く': 2, '大阪 から': 3, 'から 東京': 1, '東京 に
': 6}
```

このように、コンストラクタ引数ngram_rangeを指定することでbi-gramによるBoWが得られています。

また、ngram_range=(2, 2)という指定の仕方からわかるように、ngram_rangeには最大値・最小値を指定できます。例えばngram_range=(1, 2)とすると、uni-gramとbi-gramを両方使って辞書を生成するという指定になります。リスト2のngram_range引数を(1, 2)に変えて実行すると、以下のような結果が得られます。

実行結果

```
>>> bow.toarray()
array([[1, 1, 0, 1, 1, 1, 0, 1, 1, 1, 0, 1],
       [1, 0, 1, 1, 1, 1, 1, 0, 1, 0, 1, 1]])
>>> vectorizer.vocabulary_
{'東京': 8, 'から': 0, '大阪': 5, 'に': 3, '行く': 11, '東京 から': 9, 'から 大阪': 1, '大阪 に':
7, 'に 行く': 4, '大阪 から': 6, 'から 東京': 2, '東京 に': 10}
```

前述したようにN-gramには語順情報を無視するか反映するかのトレードオフがありますが、このように両方使ってしまうのは1つの手です(ただしこの場合、次元数の増加がより顕著になります)。

また、BoWでのN-gramと同様に、N-gramベースのTF-IDFも可能です。04.2の「scikit-learnによるTF-IDFの計算」で見たように、CountVectorizerをTfidfVectorizerに変えれば、BoWではなくTF-IDFを扱えます。TfidfVectorizerも当然ngram_range引数をサポートしています。

リスト3 sklearn_ngram_tfidf.py

```
from sklearn.feature_extraction.text import TfidfVectorizer

from tokenizer import tokenize

texts = [
    '東京から大阪に行く',
    '大阪から東京に行く',
]

# bi-gram
vectorizer = TfidfVectorizer(tokenizer=tokenize, ngram_range=(2, 2))
vectorizer.fit(texts)
tfidf = vectorizer.transform(texts)
```

04.5 文字N-gram

前節では、わかち書きで文を単語に分割した後、単語という単位に対してN-gramを考えました。この考え方を単語ではなく、文字に適用することを考えてみます。つまり、わかち書きなしに、文中で連続するn文字をひとまとまりの語彙としてBoWを構成する考え方です。これもN-gramと呼べますが、前節の単語を単位としたN-gramと区別して、特に**文字N-gram**(character N-gram)といいます。

以下に文字N-gramの例として、3単語からなる文字tri-gramによるBoW化の例を示します。

東京から大阪に行く

単語	登場回数
東京か	1
京から	1
から大	1
ら大阪	1
大阪に	1
阪に行	1
に行く	1

文字N-gramの特徴

文字N-gramには以下のような特徴があります。

- 単語の表記ゆれに強い

  例えば「私はDeep Learningを勉強したい」と、それをタイプミスした「私はDeep Laerningを勉強したい」という文では、単語ベースの手法から得られる特徴量が大きく変わってしまいます。わかち書きで（形態素解析器の辞書に存在しないであろう）「Deep Laerning」を単語として認識できず、また正しい「Deep Learning」と同じものとして扱えないからです。これに対して文字N-gramを使った場合、タイプミスした箇所のみ特徴量に影響しますが、その影響は相対的にとても小さくなり、この2文から得られる特徴量の差は単語ベースの場合よりも小さくなるでしょう。ユーザーのタイプミスだけでなく、活用、送り仮名の有無など、様々な表記ゆれについて同じことがいえます。
- 複合語・未知語に強い

  前項と同じようなことですが、形態素解析器の辞書にない単語でも、わかち書きを前提としない文字N-gramなら、表記の類似性を捉えることで、ある程度対応できると考えられます。一方、この裏返しですが、文字列としては似ているのに意味がまったく異なる単語・文を区別する能力は小さくなってしまいます。
- 次元数が大きくなる可能性がある

  日本語は文字の種類が多いため、文字N-gramで登場する語彙の種類数も多くなる傾向があります。

Scikit-learnによるBoW、TF-IDFでの利用

`sklearn.feature_extraction.text.CountVectorizer`は文字N-gramもサポートしています。

リスト4 sklearn_char_ngram.py

```
from sklearn.feature_extraction.text import CountVectorizer

texts = [
    '東京から大阪に行く',
    '大阪から東京に行く',
]

vectorizer = CountVectorizer(analyzer='char', ngram_range=(3, 3))  # (1)
vectorizer.fit(texts)
bow = vectorizer.transform(texts)
```

1. analyzer='char'で文字N-gram。

実行結果

```
>>> bow.toarray()
array([[1, 0, 1, 1, 0, 1, 0, 0, 1, 1, 0, 0, 1],
       [0, 1, 1, 0, 1, 0, 1, 1, 0, 0, 1, 1, 0]])
>>> vectorizer.vocabulary_
{'東京か': 9, '京から': 5, 'から大': 0, 'ら大阪': 3, '大阪に': 8, '阪に行': 12, 'に行く': 2, '大阪か
': 7, '阪から': 11, 'から東': 1, 'ら東京': 4, '東京に': 10, '京に行': 6}
```

analyzer='char'とすることで、BoWの語彙を扱う単位を単語ではなく文字とし、ngram_rangeで単語N-gramと同様の指定をします。この場合、tokenizerは使われないので、指定も不要です（analyzer='word'の場合にわかち書き関数としてtokenizerが利用されるようになっています。また、analyzerのデフォルトが'word'です）。

Column

英文に対するanalyzer='char_wb'

APIリファレンスを見ると、「analyzerには'char'、'word'のほかに、'char_wb'も指定できる」とあります（より柔軟な制御のためにCallableを指定することもできます）。analyzer='char_wb'を指定すると、入力された文字列をスペースで単語に区切った上で、単語ごとに文字n-gramを抽出する処理になります。その際、単語の前後にスペースを補う処理も行われます。

英語のようにスペースで単語が区切られた文字列を入力として想定しているため本文での紹介を見送りましたが、英語などを扱う際には覚えておくとよいでしょう。

04.6 複数特徴量の結合

ここまで数種類の特徴量を紹介してきました。そして、それぞれにメリット・デメリットや考慮すべき点がありました。

それぞれの特徴量の性質の違いとして重要なものの1つが、入力文のどのような情報を表現し、どのような情報を捨てているのかという点です。そして、複数の特徴量を同時に使うことで、個別の特徴量が表現しているそれぞれの情報をまとめて扱うことができると考えられます。

特徴ベクトルをつなぐ

これは、単純に複数の特徴量=特徴ベクトルをつなげて1つのベクトルにしてしまうことで実現できます。04.4の「Scikit-learnによるBoW、TF-IDFでの利用」で、例えば`ngram_range=(2, 3)`とすることでbi-gramとtri-gramをまとめて得られると説明しましたが、あれはまさにbi-gramとtri-gramのそれぞれの特徴ベクトルを結合したものを得ているのです。

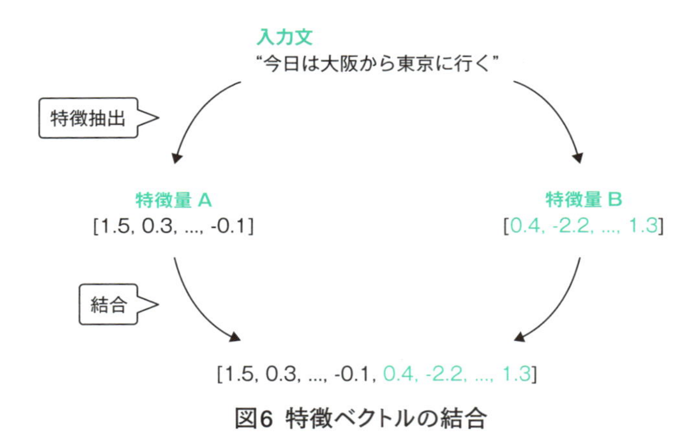

図6 特徴ベクトルの結合

以下に、複数の特徴量を結合して使う例を示します。

リスト5 feature_union.py

```
import scipy  # (1)
from sklearn.feature_extraction.text import CountVectorizer

from tokenizer import tokenize
```

```
texts = [
    '私は私のことが好きなあなたが好きです',
    '私はラーメンが好きです。',
    '富士山は日本一高い山です',
]

# (2)
word_bow_vectorizer = CountVectorizer(tokenizer=tokenize)
char_bigram_vectorizer = CountVectorizer(analyzer='char', ngram_range=(2, 2))

# (3)
word_bow_vectorizer.fit(texts)
char_bigram_vectorizer.fit(texts)

# (4)
word_bow = word_bow_vectorizer.transform(texts)
char_bigram = char_bigram_vectorizer.transform(texts)

feat = scipy.sparse.hstack((word_bow, char_bigram))  # (5)
```

1. **この例に登場する特徴量は、`scipy.sparse`が提供する疎行列インスタンスなので（Step 01の01.3の「Scikit-learnによるBoWの計算」の囲み記事を参照）、それらを結合する操作のため、`scipy`をインポートしておく**
2. **ここでは通常の単語ベースのBoWと、文字bi-gramのBoWの2種類の特徴量を採用**
3. **各特徴量抽出器を学習**
4. **各特徴量を抽出**
5. **それぞれの特徴量＝特徴ベクトルを結合**

このサンプルコードでは、通常の単語ベースのBoW（`word_bow`）と文字bi-gramのBoW（`char_bigram`）の特徴ベクトルを得た後、それらを`scipy.sparse.hstack`で結合しています。それぞれの中身を見てみると、確かに`word_bow`と`char_bigram`が結合されて最終的な特徴量`feat`になっています。

実行結果

```
>>> word_bow.toarray()
array([[0, 1, 2, 1, 1, 1, 1, 1, 0, 2, 0, 0, 0, 2, 0],
       [1, 0, 1, 0, 1, 0, 0, 1, 1, 1, 0, 0, 0, 1, 0],
       [0, 0, 0, 0, 1, 0, 0, 1, 0, 0, 1, 1, 1, 0, 1]])
>>> char_bigram.toarray()
array([[1, 0, 2, 1, 1, 1, 0, 1, 1, 1, 1, 1, 1, 0, 0, 1, 0, 0, 0, 0, 0, 0,
        2, 0, 0, 0, 0, 0, 1, 1, 0],
       [0, 0, 1, 1, 0, 0, 1, 0, 1, 0, 0, 0, 0, 1, 0, 0, 1, 1, 1, 1, 0, 0,
```

```
        1, 0, 0, 0, 0, 0, 0, 1, 0],
       [0, 1, 0, 0, 0, 0, 0, 0, 1, 0, 0, 0, 0, 1, 0, 0, 0, 0, 0, 1, 1,
        0, 1, 1, 1, 1, 1, 0, 0, 1]])
>>> feat.toarray()
array([[0, 1, 2, 1, 1, 1, 1, 1, 0, 2, 0, 0, 0, 2, 0, 1, 0, 2, 1, 1, 1, 0,
        1, 1, 1, 1, 1, 1, 0, 0, 1, 0, 0, 0, 0, 0, 0, 2, 0, 0, 0, 0, 0, 1,
        1, 0],
       [1, 0, 1, 0, 1, 0, 0, 1, 1, 1, 0, 0, 0, 1, 0, 0, 0, 1, 1, 0, 0, 1,
        0, 1, 0, 0, 0, 0, 1, 0, 0, 1, 1, 1, 1, 0, 0, 1, 0, 0, 0, 0, 0, 0,
        1, 0],
       [0, 0, 0, 0, 1, 0, 0, 1, 0, 0, 1, 1, 1, 0, 1, 0, 1, 0, 0, 0, 0, 0,
        0, 1, 0, 0, 0, 0, 0, 1, 0, 0, 0, 0, 0, 1, 1, 0, 1, 1, 1, 1, 1, 0,
        0, 1]], dtype=int64)
```

上記サンプルでは特徴ベクトルがscipy.sparseの疎行列インスタンスなので、それに対応した結合用のメソッドscipy.sparse.hstackを使いました。例えば特徴ベクトルがnumpy.ndarrayの場合はnp.hstackやnp.concatenateなどが使えます。

scikit-learn.pipeline.FeatureUnionによる実装

上記のサンプルコードではscipyのAPIを使って特徴量の結合処理を書きましたが、scikit-learnが便利なAPIを提供しています。Scikit-learnの機能をメインで使う限り、この仕組みを利用するのが手軽です。

リスト6 sklearn_feature_union.py

```
from sklearn.feature_extraction.text import CountVectorizer
from sklearn.pipeline import FeatureUnion  # (1)

from tokenizer import tokenize

texts = [
    '私は私のことが好きなあなたが好きです',
    '私はラーメンが好きです。',
    '富士山は日本一高い山です',
]

word_bow_vectorizer = CountVectorizer(tokenizer=tokenize)
char_bigram_vectorizer = CountVectorizer(analyzer='char', ngram_range=(2, 2))

# (2)
estimators = [
    ('bow', word_bow_vectorizer),
    ('char_bigram', char_bigram_vectorizer),
```

```
]
combined = FeatureUnion(estimators)
combined.fit(texts)
feat = combined.transform(texts)
```

1. **`sklearn.pipeline.FeatureUnion`で連結する特徴量の特徴抽出器を定義する**
2. **`sklearn.pipeline.FeatureUnion`で特徴抽出器をまとめておくと、`fit`をまとめて実行でき、`transform`では連結済みの特徴量が得られる**

このように`sklearn.pipeline.FeatureUnion`を使うと、scikit-learnが提供する特徴抽出器クラスのインスタンスを複数まとめて、1つの特徴抽出器として扱えます。

複数の特徴量を連結する際の考慮事項

複数の特徴量を結合する際には、以下のようなことに注意が必要です。

- 次元が大きくなる
  当然ながら次元数が大きく増えます。計算コストやメモリ使用量の増加を引き起こす上、識別性能に悪影響を与える可能性もあります。
- 性質の違う特徴量を連結すると精度が下がる可能性がある
  あまりに違う性質の特徴量、例えば次のような特徴量を結合すると、識別性能に悪影響を及ぼすおそれがあります。
  - 値の範囲が大きく違う
  - 疎性（値が0である次元がどの程度多いか）が大きく違う

このようなことに留意しつつ、タスクの性質に応じて、複数特徴量を結合して利用するのか、するとしたらどの特徴量を組み合わせるか、などを判断します。また実際には試行錯誤によって決定せざるをえないこともよくあります。

04.7 その他アドホックな特徴量

タスクによっては、これまでに紹介したような一般的な特徴量のほかに、以下のような値を特徴量として加えると、識別性能が上がることがあります。

- 文の長さ
- 句点で区切った場合の文の数
- 特定の単語の出現回数

「加える」というのは、04.6で解説したように、特徴量の新たな次元として追加するということです。このような特徴量は、プログラムの設計者がタスクの性質を考慮して設計します。タスクの性質に適さない特徴量を設計してしまうと、性能が上がらなかったりむしろ下がってしまったりするので、試行錯誤が必要になります。

Scikit-learnによるアドホックな特徴量の結合

特徴量の結合をscikit-learnで実装してみましょう〈7〉。

リスト7 sklearn_adhoc_union.py

```
import re

from sklearn.base import BaseEstimator, TransformerMixin
from sklearn.feature_extraction import DictVectorizer
from sklearn.feature_extraction.text import CountVectorizer
from sklearn.pipeline import FeatureUnion, Pipeline

rx_periods = re.compile(r'[.。. ]+')  # (1)


class TextStats(BaseEstimator, TransformerMixin):  # (2)
    def fit(self, x, y=None):  # (3)
        return self

    def transform(self, texts):  # (4)
        return [
            {
```

〈7〉 参考:http://scikit-learn.org/0.19/auto_examples/hetero_feature_union.html#sphx-glr-auto-examples-hetero-feature-union-py

```
                'length': len(text),
                'num_sentences': len([sent for sent in rx_periods.split(text)
                                     if len(sent) > 0])
            }
            for text in texts
        ]


combined = FeatureUnion([  # (5)
    ('stats', Pipeline([
        ('stats', TextStats()),
        ('vect', DictVectorizer()),  # (6)
    ])),
    ('char_bigram', CountVectorizer(analyzer='char', ngram_range=(2, 2))),
])

texts = [
    'こんにちは。こんばんは。',
    '焼肉が食べたい'
]

combined.fit(texts)
feat = combined.transform(texts)
```

1. 文末を判断するための記号にマッチさせる正規表現。
2. このサンプルコードでは「文字列全体の長さ」と「句点で区切られた文の数」を特徴量として用いることとした。そのための特徴抽出処理を実装したクラスが`TextStats`。Scikit-learnのAPIに合わせるため、`BaseEstimator`と`TransformerMixin`を継承する。
3. `fit()`が呼ばれても何もしない（特に学習すべきものはない）。
4. `transform()`が呼ばれたら、「文字列全体の長さ」と「句点で区切った場合の文の数」を格納したdictのlistを返す。
5. 04.6の「scikit-learn.pipeline.FeatureUnionによる実装」と同様、`FeatureUnion`を使って特徴量を結合する。このサンプルでは、独自に作成した`TextStats`による特徴量と、scikit-learnの`CountVectorizer`による文字bi-gramを用いる。
6. `sklearn.feature_extraction.DictVectorizer`はdictのlistを1つの特徴ベクトルとしてまとめる機能を持つ。また、このように`TextStats`と`DictVectorizer`を`Pipeline`でひとまとめにして、さらにそれを`FeatureUnion`に含めることができる。Scikit-learnのPipelineは、このように自由にネストできる。

実行結果

```
>>> feat.toarray()
array([[12.,  2.,  1.,  0.,  2.,  0.,  1.,  1.,  2.,  1.,  0.,  1.,  1.,
         1.,  0.,  0.,  0.],
       [ 7.,  1.,  0.,  1.,  0.,  1.,  0.,  0.,  0.,  0.,  1.,  0.,  0.,
         0.,  1.,  1.,  1.]])
```

得られる特徴量の最初の2つの次元が「文字列の長さ」と「文の数」になっており、独自に作成した特徴量が結合されて得られていることがわかります。

04.8 ベクトル空間モデル

ここまでの説明では、特徴ベクトルは「文の特徴を表現するよう計算されたベクトル（Python的にいえば数値（intやfloat）を要素とする、ある決まった長さのlistやtupleもしくはnumpy配列）」であり、識別器は「特徴ベクトルを入力して学習や予測ができるブラックボックス」という程度の説明でした。

この項では、「特徴ベクトルは文の特徴を表現している」ということ、また「識別器は特徴ベクトルを入力として、学習や識別ができる」ということを、**ベクトル空間**（vector space）の視点で捉え直してみましょう。といっても難しい数学を使った議論は避け、なるべく直感的な説明にとどめます。

ベクトル空間

例えば、以下の`a = [1, 2]`や`b = [4, 3]`は2次元のベクトルです（プログラムではなく、数学の参考書っぽく書けば $\mathbf{a} = (1, 2)$ や $\mathbf{b} = (4, 3)$ です）。

```
a = [1, 2]
b = [4, 3]
```

2次元のグラフを書いて、その上にaやbに対応する点を打つことができます。このように、2次元ベクトルは2次元座標の中のある1点を表していると考えられます。

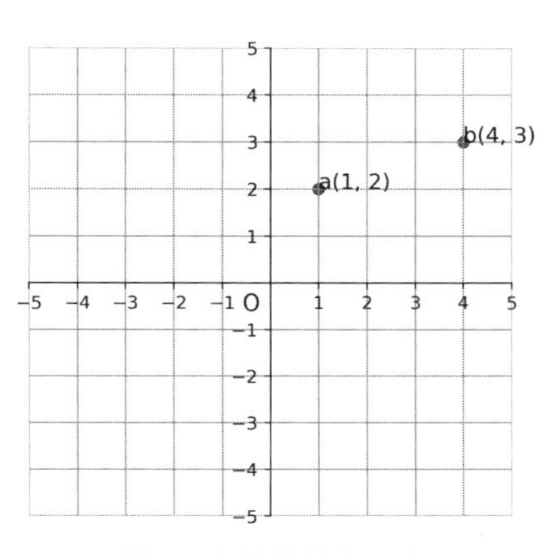

図7 2次元座標上の点

同様に、以下のa = [1, 3, 2]やb = [-1, -2, 0]は3次元ベクトルで、3次元座標の中のある1点を表せます。

```
a = [1, 3, 2]
b = [-1, -2, 0]
```

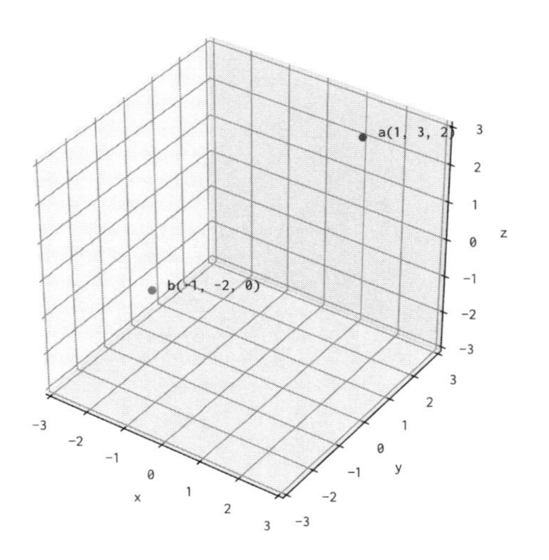

図8 3次元座標上の点

以上のように、ベクトルは空間中のある1点に対応させることができます(2次元は平面ですが、ここではまとめて空間と呼びます)。そして、ベクトルに対応した点を打つためのこの空間を、ベクトル空間と呼びます。また、特徴ベクトルの話をしているときは、このベクトル空間を特に**特徴空間**(feature space)と呼ぶこともあります。

特徴空間中での特徴ベクトル

ではここで、いくつかの文をBoW化したら、3次元の特徴ベクトルが得られたとしましょう。

```
  ...略...
texts = [
    'レモンとオレンジだとレモンかな',
    'レモンとオレンジだとオレンジかな',
    'メロン!',
]
  ...略...
vectorizer.fit(texts)
bow = vectorizer.transform(texts)

# vectorizer.get_feature_names() == ['レモン', 'オレンジ', 'メロン']
# bow == [
#    [2, 1, 0],
#    [1, 2, 0],
#    [0, 0, 1],
# ]
```

すると、このBoWは3次元空間における点として表せます。

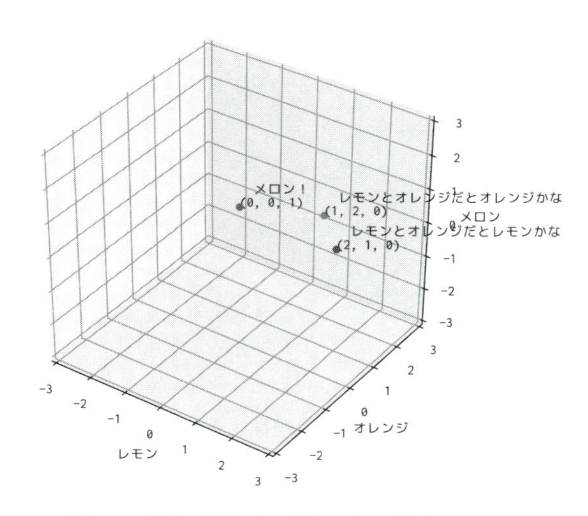

図9 3次元座標上に表現した3次元のBoW

図1ではBoWが表現する文の類似性をヒストグラムの類似性で考えましたが、ここではベクトル空間中での点の配置の近さとして捉え直すことができます。

また、こうすると、3次元座標の各軸は、語彙に対応することになります。

識別器の役割

では、上記のような3つのBoWに[0, 0, 1]というクラスIDが割り振られていて、これで識別器を学習することを考えましょう。識別器を学習すると、新たなBoWを入力したときにそのクラスIDが0か1かを予測する能力を獲得します。

```
bow = [
    [2, 1, 0],
    [1, 2, 0],
    [0, 0, 1],
]
labels = [0, 0, 1]

classifier.fit(bow, labels)
```

このとき識別器は、教師データ(bowとlabels)を参考にして、ベクトル空間中に境界を引いているのです。そして境界を引いたことで、新しくBoWを入力すると、そのBoWに対応する点が境界のどちら側にあるのかを判断できるようになります。この境界を**識別面・決定境界**(decision boundary, decision surface)といいます。

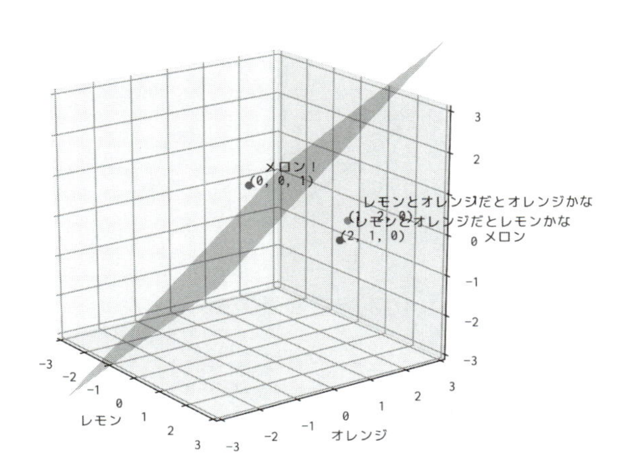

図10 3次元座標中での識別平面

すなわち、学習とは教師データの内容を満たすようにベクトル空間中に境界を引く処理であり、予測とは新たに入力された特徴量が境界のどちら側にあるかを判断する処理として捉えることができます。

n次元ベクトル空間

ここまでは2次元や3次元で考えてきました。では、例えば以下のような10次元のベクトルではどうなるでしょうか。

```
a = [6, 7, 4, 1, 1, -4, -7, 0, -2, -3]
b = [-1, 0, 9, -4, 5, -5, -4, -9, -9, 7]
```

2次元は平面、3次元は空間としてグラフを描くことができましたが、10次元は残念ながら描けません。グラフを描く方法はありませんが、2次元空間、3次元空間、……の類推で、10次元空間というものを考えることはできます。繰り返しますが、視覚的なイメージは描けません。しかし、抽象的な思考の上で、10次元空間というものを考えるのです。

そして、2次元、3次元のときと同じように、a = [6, 7, 4, 1, 1, -4, -7, 0, -2, -3]やb = [-1, 0, 9, -4, 5, -5, -4, -9, -9, 7]は、その10次元空間の中のある1点を表しているのだと考えることができます。

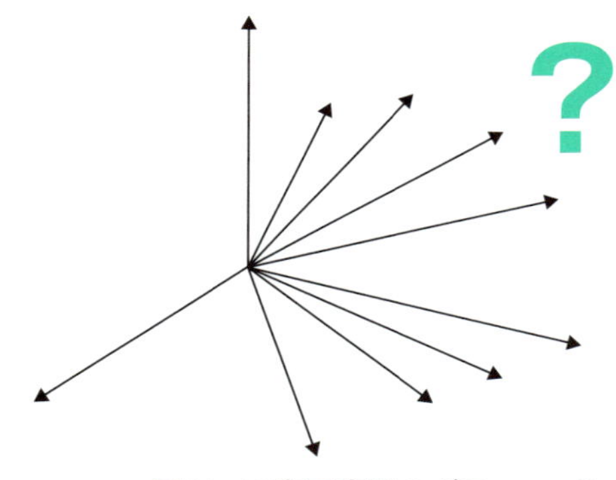

図11 10次元空間のグラフ……?

このように、(視覚的にイメージすることはできませんが、)n次元のベクトルに対応してn次元空間というものを考えて、あるn次元ベクトルはn次元空間の中のある1点を表しているのだと考えることにします。

そして、実際のタスクにおいて、BoWなどの特徴量が3次元に収まることはまずありません。数百、数千、数万といった次元数になり得ます。しかし、次元数がいくつに増えようとも、ここで解説したベクトル空間の考え方はまったく同様に当てはめることができます。

- 特徴量は特徴空間内のある1点を表すベクトルである
- 特徴空間内での点の分布が、それぞれに対応した文の特徴を表す
- 識別器は特徴空間内に境界を引く処理である

特徴量やそれを扱う識別器などの処理を、ベクトル空間を使って捉える考え方は、この後とても大事になってくるので、ぜひ覚えておいてください。

04.9 対話エージェントへの適用

本Stepで見てきた特徴抽出器を対話エージェントの実装に利用してみましょう。Step 02の02.6で前処理を追加することで対話エージェントを改善しましたが、そのコードをもとにして、さらに発展させます。

以下がサンプルです。Step 02のリスト9から変更のあった部分のみを書いています。train()はStep 01のリスト19と同様、sklearn.pipeline.Pipelineを活用した実装となっています。

このサンプルでは、特徴量としてTF-IDFを採用し、さらにuni-gram、bi-gram、tri-gramを組み合わせています。

リスト8 dialogue_agent.py

```
...略...

from sklearn.feature_extraction.text import TfidfVectorizer

...略...

class DialogueAgent:

...略...

    def train(self, texts, labels):
        pipeline = Pipeline([
            ('vectorizer', TfidfVectorizer(tokenizer=self._tokenize,
                                           ngram_range=(1, 3))),
            ('classifier', SVC()),
        ])

        pipeline.fit(texts, labels)

        self.pipeline = pipeline
```

```
...略...
```

この対話エージェントをStep 01の01.5と同様のスクリプトで評価すると、正解率が約59%に上がっていることがわかります。前処理のみの改善に加えて、さらに性能が上がりました。

実行結果

```
0.5851063829787234
```

Step 05 特徴量変換

抽出された特徴ベクトルを、識別器にとって望ましい形へと加工する次元圧縮の手法

05.1 特徴量の前処理

Step 04で特徴抽出手法を何種類か解説しました。これで特徴ベクトルを得ることができますが、本Stepでは、それらを、識別器にとって「より望ましい」特徴を持った特徴ベクトルに変換する手法を考えていきます。

例えば、BoWでは、0や1といった小さめの値が多く、大きめの値は少なくなりがちです。なので、1文中にある単語が複数回出現したときなどに、それが必要以上に特徴的な数値として表れてしまいます。別の見方をすると、「特徴ベクトルの値の分布が非常に偏りがちである」ともいえます。図1は、ある文書群から抽出したBoWの例です。

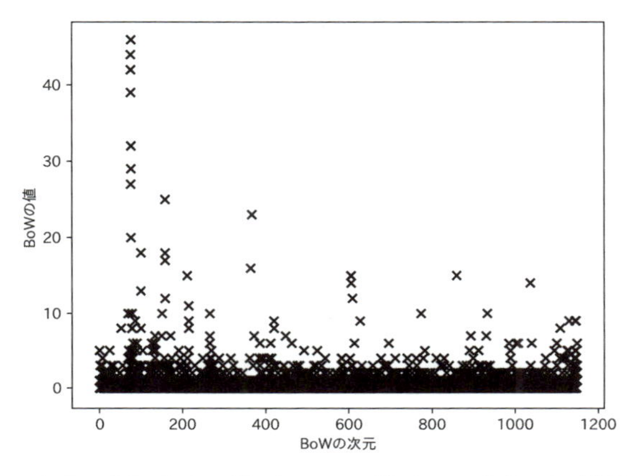

図1 BoWの値の分布の例。小さい値がほとんどを占め、大きめの値がまばらに分布する

こうした特性の影響を小さくするために、特徴抽出に工夫を施すことが考えられました。例えばStep 04の04.2の「TF-IDFの計算方法」の囲み記事で紹介したように工夫を加えたTF-IDFを利用する、あるいはBM25（Step 04の04.3）のように、文の長さによる正規化を加える、などです。

一方で、特徴抽出後に特徴ベクトルを加工してこれに対処することも考えられます。例えばsklearn.preprocessing.QuantileTransformerを使うと、値を0以上1以下の範囲に収め、かつ値の分布を一様にすることができます。

リスト1 QuantileTransformerによる正規化

```
from sklearn.preprocessing import QuantileTransformer

quantile_transformer = QuantileTransformer()
quantile_transformer.fit(bow)
quantiled = quantile_transformer.transform(bow)
```

これにより、上記のBoWの分布は図2のように変更されます。

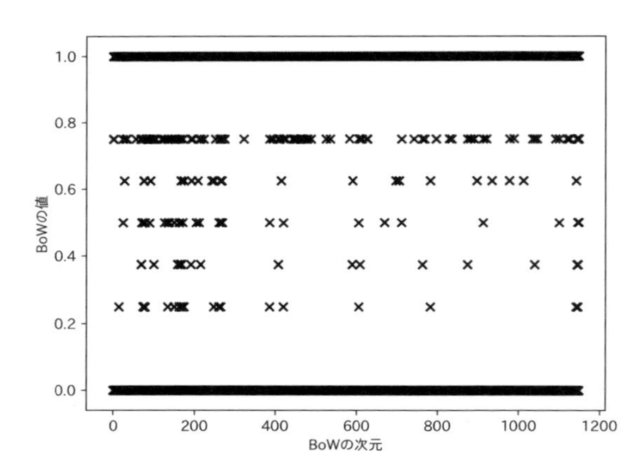

図2 QuantileTransformerによって正規化されたBoW

BoWの各次元の値が、上下関係を失うことなく偏りの少ない分布に修正されました。このように、特徴抽出で得られた特徴ベクトルを識別器に入力する前に、その値を加工することも有効です。

Scikit-learnのsklearn.preprocessingモジュールには、そのような手法を実装したクラスが用意されています。

05.2 潜在意味解析(LSA)

Latent Semantic Analysis(**LSA、潜在意味解析**)は、BoWのような、文書と単語の関係を表した特徴ベクトル群をもとにして、「単語」の背後にある「意味」のレベルで文書を表現するベクトルを得る手法です。

……といっても、どういうことなのかよくわからないと思います。まずは以下の例文を見てください。

```
texts = [
    '車は速く走る',
    'バイクは速く走る',
    '自転車はゆっくり走る',
    '三輪車はゆっくり走る',
    'プログラミングは楽しい',
    'Pythonは楽しい',
]
```

これをBoW化します。例をわかりやすくするため、ここで用いる`tokenize()`は、助詞を無視するようにしておきます(Step 02のリスト6)。

リスト2 BoW化

```
from sklearn.feature_extraction.text import CountVectorizer

from tokenizer import tokenize

vectorizer = CountVectorizer(tokenizer=tokenize)
vectorizer.fit(texts)
bow = vectorizer.transform(texts)
```

BoWの内容を見ると、以下のようになります。

リスト3 BoWの内容を確認

```
import pandas as pd

bow_table = pd.DataFrame(bow.toarray(), columns=vectorizer.get_feature_names())

print('Shape: {}'.format(bow.shape))
print(bow_table)
```

実行結果

```
Size: (6, 10)
   python  ゆっくり  バイク  プログラミング  三輪車  楽しい  自転車  走る  車  速い
0        0     0    0          0    0     0    0   1  1   1
1        0     0    1          0    0     0    0   1  0   1
2        0     1    0          0    0     0    1   1  0   0
3        0     1    0          0    1     0    0   1  0   0
4        0     0    0          1    0     1    0   0  0   0
5        1     0    0          0    0     1    0   0  0   0
```

6文それぞれに対して、語彙数=次元数が10であるBoWが得られました。また、ヒストグラムで確認すると、以下のようになります(ヒストグラム表示関数draw_barchartsの実装例は本節の末尾に記載しました)。

リスト4 BoWをヒストグラム化

```
draw_barcharts(bow.toarray(), vectorizer.get_feature_names(), texts)
plt.show()
```

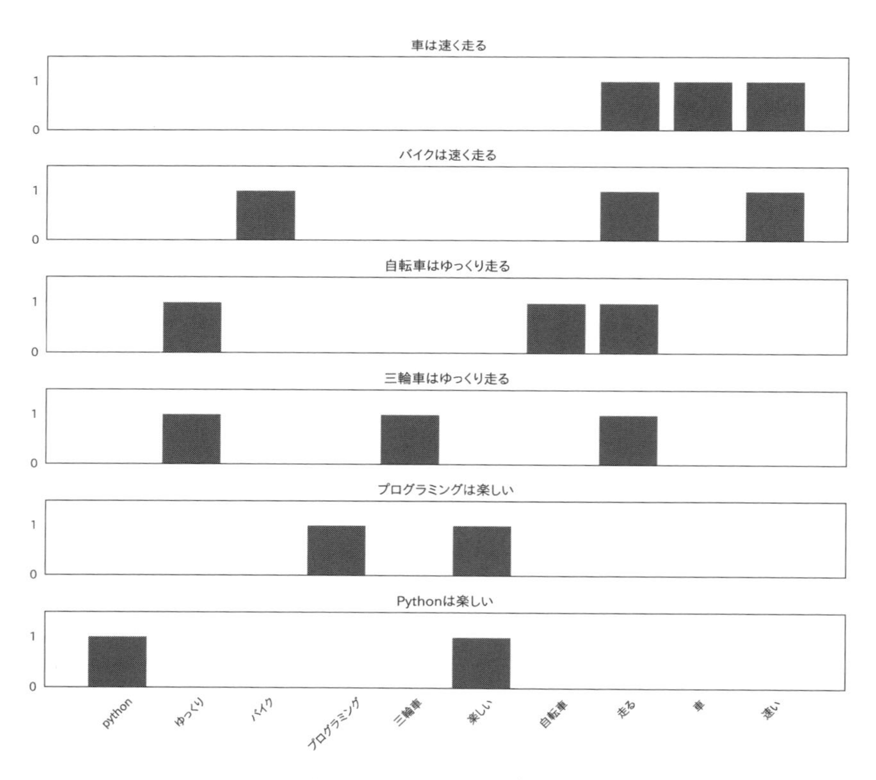

図3 BoWのヒストグラム

では、本項のメイントピックであるLSAを行ってみます。LSAは数学的には**SVD**（**singular value decomposition、特異値分解**）と呼ばれる操作です。ただし、scikit-learnからsklearn.decomposition.TruncatedSVDクラスが提供されているので、いったん数学的なことは考えずに、それを利用することにします。

このクラスはn_components引数をとります。ここでは4を指定しました。このパラメータの意味は後述します。

また、内部で乱数を利用しているので、この後掲載する実行結果例の再現性を担保するため、ここではrandom_stateを指定しています〈1〉。実行するたびに結果が変わっても問題ない場合は、もちろん指定しなくても構いません。

リスト5 SVDを実行

```
from sklearn.decomposition import TruncatedSVD

svd = TruncatedSVD(n_components=4, random_state=42)
svd.fit(bow)

decomposed_features = svd.transform(bow)
```

今まで登場したscikit-learnのクラスと同様、.fit()と.transform()を呼び出します。ただし、違いもあります。「特徴抽出器」であるsklearn.feature_extraction.text.CountVectorizerやsklearn.feature_extraction.text.TfidfVectorizerは文字列のリストを入力してベクトルを出力しました。一方、sklearn.decomposition.TruncatedSVDは、ベクトルを入力してベクトルを出力します。

出力されたdecomposed_featuresを見てみましょう。

リスト6 decomposed_featuresを確認

```
print('Shape: {}'.format(decomposed_features.shape))
print(decomposed_features)
```

実行結果

```
Shape: (6, 4)
[[ 1.32287566e+00  8.66025404e-01  8.18394852e-17 -3.79657647e-17]
 [ 1.32287566e+00  8.66025404e-01 -1.83460362e-16 -5.92466903e-16]
 [ 1.32287566e+00 -8.66025404e-01 -2.87005980e-16  6.51368900e-01]
 [ 1.32287566e+00 -8.66025404e-01 -7.24992338e-17 -6.51368900e-01]
 [ 6.06500564e-17  3.60802164e-16  1.22474487e+00  2.75170049e-01]
 [ -2.14766690e-16 -6.39815229e-17  1.22474487e+00 -2.75170049e-01]]
```

〈1〉 サンプルコードではrandom_state=42としましたが、42は特に意味のない乱数のシード値です（私がなぜ42を選んだのか気になる方は…検索してみてください）。

入力した特徴ベクトルのサイズが(6, 10)だったのに対し、出力のサイズは(6, 4)になっています。10次元の特徴ベクトルが4次元の特徴ベクトルに「圧縮」されたのです。このように、特徴ベクトルの次元を減らすことを**次元削減**(**dimensionality reduction**)といいます。LSA(SVD)は次元圧縮のための一手法です。そして、上で指定したn_components=4は、圧縮後の次元数(この例ではdecomposed_featuresの次元数)を指定するパラメータです。

圧縮された特徴ベクトルをヒストグラムで確認してみましょう。

リスト7 次元削減された特徴ベクトルをヒストグラム化

```
draw_barcharts(decomposed_features, range(svd.n_components), texts)
plt.show()
```

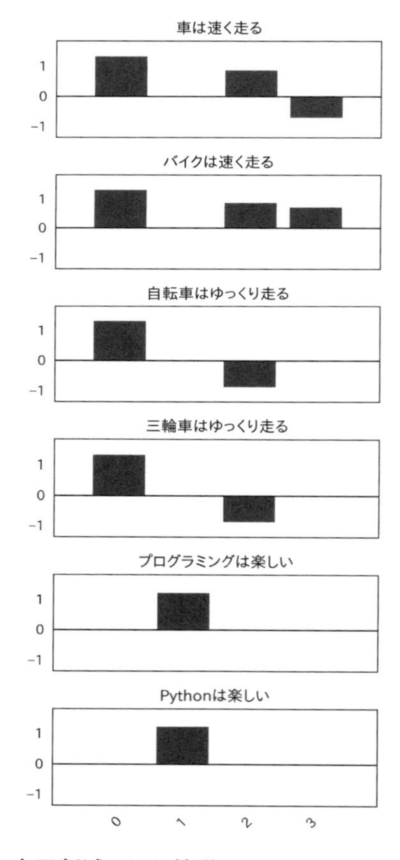

図4 次元削減された特徴ベクトルのヒストグラム

BoWは各次元が単語に対応していましたが、圧縮後の特徴ベクトルは各次元に対応するものを言い表すことができません。ここでは0、1、2、3と表現しています。

しかし、それぞれの文と各次元の対応を見ていくと、0番目の次元は「走るもの=乗り物」、1番目の次元は「楽しいこと=プログラミング=Python」、2番目の次元は「速く走るもの」を表していると「解釈」できます（自転車や三輪車はゆっくり走るので、「速く走るもの」である2次元目がマイナスです）。これらの各次元が表現していると考えられる抽象的な意味を**トピック**（topic）と呼びます。

ここで気をつけていただきたいのは、例えば1番目の次元は、圧縮前のBoWの「楽しい」という単語の次元のみに反応しているわけではないことです。「Python」「プログラミング」という次元のみが非ゼロのBoWを次元削減すると、以下のようになります。BoWにおける「楽しい」という次元だけでなく、「Python」、「プログラミング」という次元も、次元圧縮後の1番目の次元に寄与することがわかります。つまり、「楽しい」「Python」「プログラミング」は（今回扱った文集合においては）同じ意味を持つ単語として、同じ次元（トピック）に寄与するようになっているのです。

リスト8 「Python」、「プログラミング」の次元圧縮

```
extra_texts = [
    'Python',
    'プログラミング',
]
extra_features = vectorizer.transform(extra_texts)
extra_decomposed_features = svd.transform(extra_features)
draw_barcharts(extra_decomposed_features, range(svd.n_components), extra_texts)
plt.show()
```

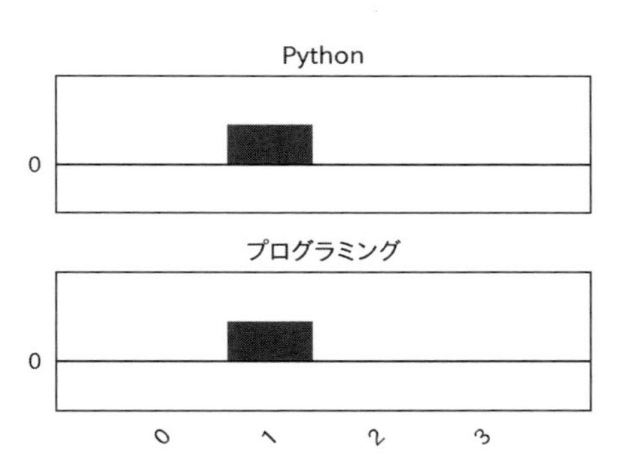

図5 「Python」、「プログラミング」の次元圧縮結果のヒストグラム

いったん整理しておきましょう。LSA（SVD）による次元削減は、BoWの意味的に関連する複数の次元をまとめ上げ、より抽象的な意味=トピックに対応した少数の次元にマッピングするものです。この「トピック」は、文中に登場する単語の背後にある、より抽象的な意味といえます。これが「潜在意味解析」という用語の意味するところです。

入力が各文のBoWであることから推測できるとおり、LSAにおけるトピックとは、各単語の“文中での登場の仕方”から求まる概念です。つまり、「同じような使われ方をする単語は似たような意味である」「その『意味』こそが『トピック』として解釈できる」という論法です。

では、より詳細に見てみましょう。svd.components_を見ることで、BoWのどの次元が、圧縮後のどの次元に寄与するのかを知ることができます。

リスト9 svd.components_の可視化

```
draw_barcharts(svd.components_,
               vectorizer.get_feature_names(),
               range(svd.n_components))
plt.show()
```

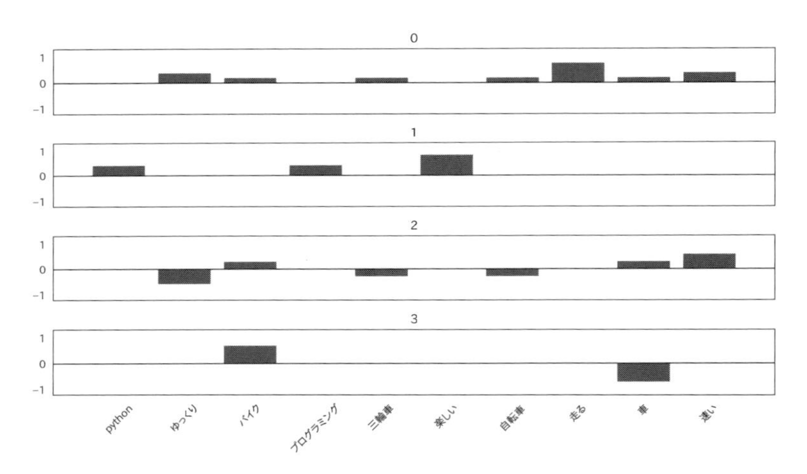

図6 svd.components_の可視化

上で「解釈」したとおり、0番目の次元には「走る」や「車」「自転車」など、「走るモノ=乗り物」に関する単語が寄与していることがわかります。同様に1次元目は「楽しいこと=プログラミング=Python」、2次元目は「速い(ゆっくりでない)乗り物=車=バイク」です。

3次元目は「バイク」がプラス、「車」がマイナスに寄与していて、どのようなトピックを表しているのかよくわかりません。ここで扱った文集合において、トピックは3つで十分であったため、3次元目へのマッピングをうまく算出できなかったと考えられます。

svd.singular_values_を参照すると、圧縮後の各次元の重要度がわかります。上記の考察のとおり、圧縮後の3次元目は0、1、2次元と比べて重要ではない、すなわちトピックが妥当でないといえます。

リスト10 svd.singular_values_を確認

```
print(svd.singular_values_)
```

実行結果

```
[ 2.64575131  1.73205081  1.73205081  1.         ]
```

さて、次元削減はどのような効果があるのでしょうか。

BoWでは違う単語は違う次元にマッピングされていましたが、LSAによる次元削減を経ることで、意味的に関連のある単語が同じ次元にマッピングされるようになります。これにより、(学習データに登場する場合には)同義語などへの対応力向上が期待できます。

また、意味の似た単語同士が同じ次元にまとめ上げられ次元数が減るので、識別器に入力する段階で、特徴ベクトルを表現するためのメモリ利用効率の向上も期待できます。

さらに、入力する特徴ベクトルに冗長な次元が存在すると識別器の性能低下が起きることもあるため、次元削減により冗長な次元が削除されれば識別性能が向上する可能性があります。ただし、次元削減はある種の近似であるため、元の特徴ベクトルが持っていた情報はある程度そぎ落とされてしまいます。これがノイズ削減として働けば識別性能の向上につながりますが、逆に性能の低下を引き起こすこともあります。n_componentsを調整したり、またこの後紹介する他の次元削減手法を試すなど、試行錯誤によって識別性能を向上させる必要があります。

本項ではBoWを使いましたが、TF-IDFなども利用可能です。どのような結果になるか試してみましょう。

線形代数に抵抗のない方向けに、より数学的な説明を簡潔に書きます。読み飛ばしていただいても構いません。

SVDは、行列$\mathbf{X}$を直交行列$\mathbf{U}$、$\mathbf{V}$と対角行列$\mathbf{\Sigma}$の積に分解する操作です。

$\mathbf{X} = \mathbf{U}\mathbf{\Sigma}\mathbf{V}^T$

$\mathbf{X}$として各文のBoWを並べた行列を用いると、$\mathbf{U}$の各行ベクトルがBoWの各文ベクトルからトピックへの関連度ベクトル、$\mathbf{V}$の各行ベクトルがBoWの各次元=各単語からトピックへの関連度ベクトルとして得られます〈2〉。

本節の例では、CountVectorizerで抽出したbowを$\mathbf{X}$として用いました。そして、svd.transform(X)は$\mathbf{X}\mathbf{V} = \mathbf{U}\mathbf{\Sigma}\mathbf{V}^T\mathbf{V} = \mathbf{U}\mathbf{\Sigma}$を返します。また、svd.components_は$\mathbf{V}^T$です。

〈2〉 資料によっては$\mathbf{X}$の行と列が逆になり、結果として$\mathbf{U}$と$\mathbf{V}$が逆になっています。本書ではscikit-learnにおける表現に沿った形で書いています。

Column

トピックモデル

本書では主に識別問題を扱って解説していますので、本項では特徴ベクトルを識別器に入力する前の次元削減処理としてLSAを解説しました。しかし、LSAはそれ単体で「トピックモデル」の一種として扱われる手法でもあります。

本文中でも述べたとおり、LSAは文集合から抽出されたBoWを元に、各文をより抽象的な「トピック」のベクトルで表現することができます。このように、文の背後に存在するトピックを推定する手法を「トピックモデル」といいます。トピックモデルによって、識別問題のように明示的に学習データにクラスIDを与えるのではなく、「ある文と別のある文が同じ意味を表しているか」という問題を解くことができます。これは明示的に正解(クラスID)を与えないという点で「教師なし学習」と呼ばれる問題領域の一種であり、トピックモデルは自然言語処理において1つの大きな分野となっています。

トピックモデルの文脈ではpLSA、LDAなど、LSAを発展させた手法も数多く存在します。気になる方は調べてみましょう。

リスト11 draw_barchartsの実装例〈3〉

```
import numpy as np
from matplotlib import pyplot as plt
from matplotlib.ticker import MultipleLocator

plt.rcParams['font.family'] = 'IPAPGothic'  # 日本語用にフォントを設定


def draw_barcharts(value_table, x_labels, titles):
    """
    value_table: 表示する値を格納した2次元配列
    x_labels:    横軸のラベルを指定するList
    titles:      各グラフのタイトルを指定するList
    """
    n_rows, n_dims = value_table.shape

    if n_rows != len(titles):
        raise ValueError('value_table.shape[0] != len(titles)')

    if n_dims != len(x_labels):
        raise ValueError('value_table.shape[1] != len(x_labels)')
```

〈3〉 このコードはmatplotlibを利用しています。Docker環境などでは表示に工夫が必要です。

```
x_labels = [str(x_label) for x_label in x_labels]

# 横方向の表示範囲を指定
xmin = -1
xmax = n_dims

# 縦方向の表示範囲を指定。
# 見やすさのために、すべての数が0以上かそうでないかで場合分け
show_negative = np.min(value_table) < 0
ymin = np.min(value_table) - 0.5 if show_negative else 0
ymax = np.max(value_table) + 0.5

# 列ごとにsubplotを作成
fig, axs = plt.subplots(n_rows, 1, figsize=(n_dims, n_rows * 1.5))

# 各subplotに描画
for i, values in enumerate(value_table):
    ax = axs[i]

    ax.bar(x_labels, values, align='center')
    ax.set_title(titles[i])
    ax.set_xlim([xmin, xmax])
    ax.set_ylim([ymin, ymax])
    ax.hlines([0], xmin, xmax, linestyle='-', linewidth=1)
    ax.yaxis.set_major_locator(MultipleLocator(1))
    ax.tick_params(left='off', right='off', bottom='off')

    # 一番下のグラフにのみ横軸ラベルを表示
    if i == n_rows - 1:
        ax.set_xticklabels(x_labels, rotation=45)
    else:
        ax.set_xticklabels([])

plt.tight_layout()
```

05.3 主成分分析（PCA）

PCAの概要

Principal Component Analysis（**PCA**、**主成分分析**）は、LSAとは別の、次元削減手法の1つです。

例えば以下のようなデータ（複数の特徴ベクトル）があったとします〈4〉（Step 04の04.8の議論を思い出してください。3次元空間中のデータ点は、3次元の特徴ベクトルを表したものと捉えることができます！）。

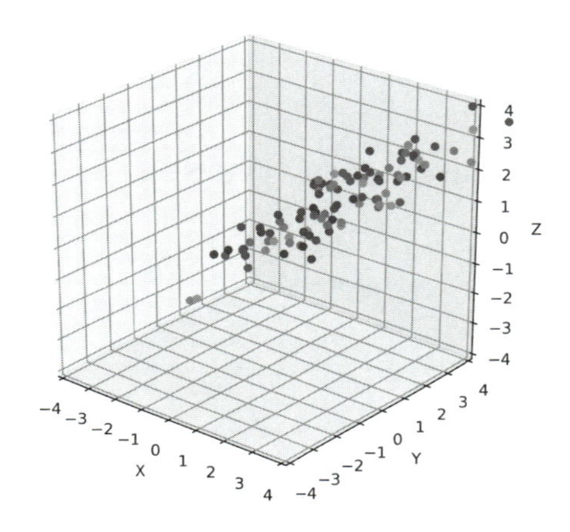

図7 3次元データ点の分布例

これらは3次元ベクトルですが、分布を眺めてみるとどうやら偏りがあるようです。ある方向には広く散らばっていますが、別の方向にはあまり広がっていません。

PCAは、この「データ点が広く散らばっている方向」を求める手法といえます。例えば上記のデータ点をPCAで解析すると、以下のような平面が得られます。この結果から、データ点はこの平面に沿って分布していることが読み取れます。

〈4〉 自分で再現してみたい方向けに、こちらのデータは巻頭の案内に従ってダウンロードできます。

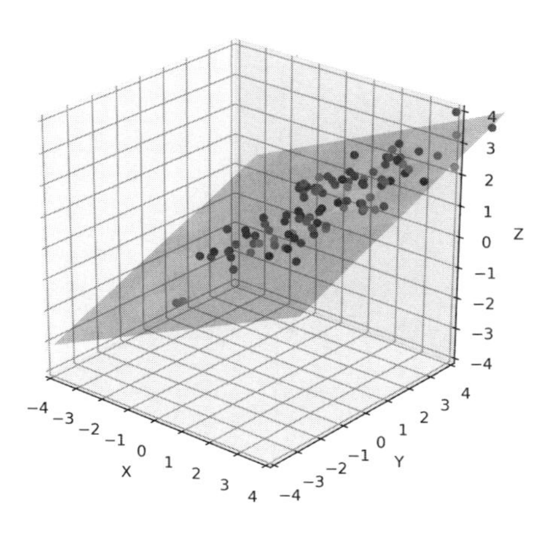

図8 主成分空間

さらに、3次元空間中の各データ点から、この平面に垂線を下ろし(図9)、その垂線の足を平面上にプロットすることで、各データ点を平面上に「貼りつける」ことができます。このプロットした点を平面上で見てみると、図10のようになります。これらは2次元平面上のデータ点なので、2次元ベクトルを表していると捉えることができます。

ここまでで、3次元ベクトルを2次元ベクトルとして表すことができました！ これがPCAによる次元削減です。

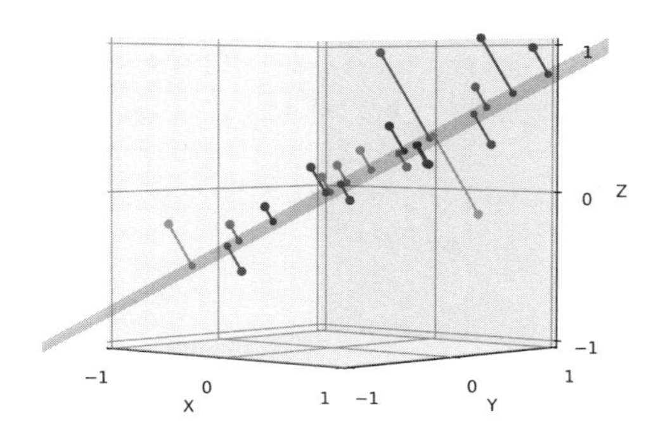

図9 データ点から平面への垂線(一部を拡大)

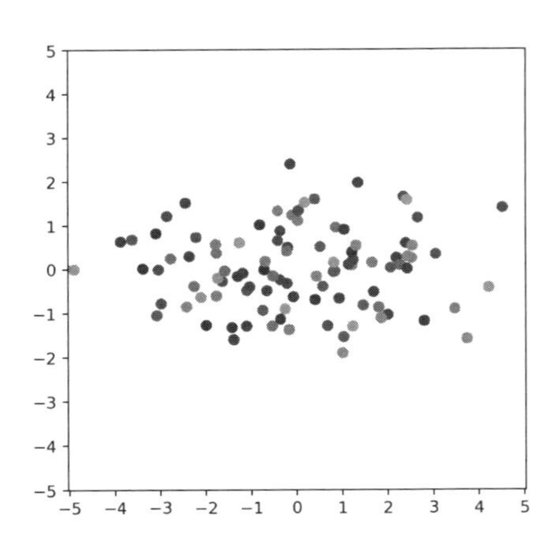

図10 2次元平面上にプロットされたデータ点

この次元削減では、3次元空間中のデータ点から平面に垂線を下ろして、平面上の点として捉え直すステップで誤差が生じている（垂線の長さ分だけ、元の位置からずれている）ことになりますが、これはPCAによる次元削減において許容すべき誤差となります。ただし、PCAは この誤差が最小となる平面を選ぶ ようになっています〈5〉。

実際にコードを書いて試してみましょう。ここで用いるサンプルデータ`sample_features.npy`は本書巻頭の案内に従ってダウンロードできます。まずサンプルデータを読み込みます。

リスト12 サンプルデータをロード、shapeを確認

```
import numpy as np

with open('./sample_features.npy', 'rb') as f:
    features = np.load(f)

print('Shape: {}'.format(features.shape))
```

実行結果

```
Shape: (100, 3)
```

上で見たとおり、3次元ベクトルで、データの数は100個です。

これらのデータに対しPCAを実行してみます。scikit-learnの`sklearn.decomposition.PCA`から簡単に利用できます。`n_components=2`の指定は、変換後の次元をいくつにするかの指定です。この例では2

〈5〉 正確には、全データ点における誤差の２乗の和を最小化します。

次元として解説しているため、2を指定しています。pca.transform()で得られるデータが、2次元に次元削減されていることがわかります。

リスト13 PCAを実行

```
from sklearn.decomposition import PCA

pca = PCA(n_components=2)
pca.fit(features)

decomposed_features = pca.transform(features)

print('Shape: {}'.format(decomposed_features.shape))
```

実行結果

```
Shape: (100, 2)
```

以上の解説では、ビジュアル的に理解するために3次元→2次元の次元削減を扱ってきましたが、実際の利用シーンではより高次元になるのが普通です（Step 04の04.8の「n次元ベクトル空間」で解説したとおりです）。

PCAによる次元削減にも、LSAと同様、次元数減少による識別器の計算コスト低減や、冗長な情報が削られることによる性能向上が期待されます。一方で、必要な情報を削ってしまうと性能が下がってしまうため、試行錯誤が要求されます。

n_componentsの値

上記の例ではn_components=2を指定して3次元ベクトルを2次元ベクトルに次元削減しました。しかし、高次元のベクトルが入力となる実際の利用シーンでは、n_componentsをいくつに指定したらよいのでしょうか。

1つの目安を与えてくれるのが、pca.explained_variance_ratio_です。上の例のデータに対して、次元数を減らさないn_components=3でPCAを行い、pca.explained_variance_ratio_を見てみます。

リスト14 pca.explained_variance_ratio_

```
pca = PCA(n_components=3)
pca.fit(features)
print(pca.explained_variance_ratio_)
```

実行結果

```
[ 0.82206492  0.15820158  0.0197335 ]
```

これらの値は、PCAによって変換された後のベクトルの1次元目、2次元目、3次元目が、それぞれどの程度の情報を表現できているかを表しています。ここから、1、2次元目だけで情報を98%以上表現できていることがわかります（次式より）。

$$\frac{\text{上位 2 個の explained\_variance\_ratio\_の和}}{\text{全次元の explained\_variance\_ratio\_の和}} = \frac{0.82206492 + 0.15820158}{0.82206492 + 0.15820158 + 0.0197335} = 0.9802665$$

このように$\frac{\text{上位 } n \text{ 個の explained_variance_ratio_の和}}{\text{全次元の explained_variance_ratio_の和}}$で計算できる値を**累積寄与率**といい、削減する次元数の目安を与えてくれます。この例では3次元→2次元の変換だったので累積寄与率はこの程度の値になりましたが、99%や99.99%などの値がよく使われます。

そして、n_componentsに0から1の小数を与えると、累積寄与率によって削減後の次元数を指定することができます。

リスト15 累積寄与率による次元数の決定

```
pca = PCA(n_components=0.98)
pca.fit(features)

decomposed_features = pca.transform(features)

print('Shape: {}'.format(decomposed_features.shape))
```

実行結果

```
Shape: (100, 2)
```

白色化

sklearn.decomposition.PCAにはwhitenというオプションもあります。デフォルトでFalseですが、これをTrueにしてみると、図11のようになります。

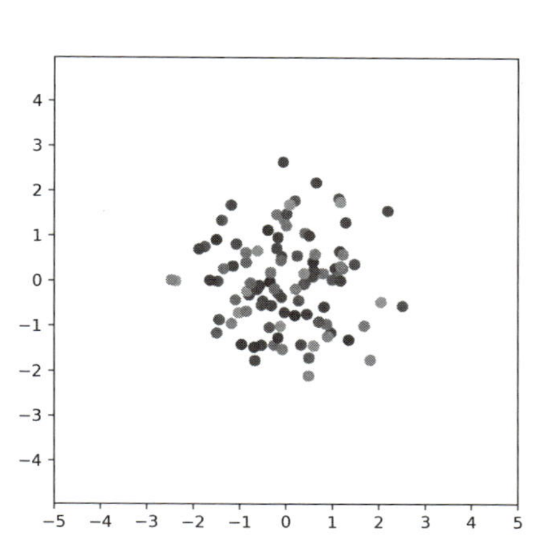

図11 白色化をONにした場合の、2次元平面上にプロットされたデータ点

図10(`whiten=False`)と比べてみると、X方向とY方向の散らばり具合〈6〉が同程度になって、バランスが良くなっています。また、半径1の円(単位円)の周辺にデータ点がまとまるようになりました。これを**白色化**(**whitening**)といいます。白色化は、データが元々持っていた「各軸方向への広がり具合」という特徴を消してしまう操作ですが、問題によっては白色化によって識別性能が上がることもあります。引き出しの1つとして覚えておくとよいでしょう。

Column

可視化手法としてのPCA

Step 04の04.8の「n次元ベクトル空間」で、「高次元のベクトルをイメージすることは難しい」と書きましたが、PCAを使えばそれらを3次元や2次元のベクトルに変換できます。そのため、PCAを高次元ベクトルの可視化のための手法として利用することもあります。

高次元ベクトルをPCAで2次元ベクトルに変換すれば、まさに図10のように2次元のグラフとして可視化することができます。本節で見たように、例えばPCAで2次元に変換する場合、データの広がり(分散)が最も大きい方向に平面を定めてくれるため、データの分布の特徴を最もよく捉えつつ2次元平面上に可視化できるのです。

`sklearn.decomposition`モジュールには、LSA、PCA以外の次元削減手法を実装したクラスも存在します。気になる方は調べてみましょう。

〈6〉 数学的には**分散**(variance)といいます。

05.4 アプリケーションへの応用・実装

前項までで、特徴量に対する前処理や、LSA（SVD）、PCAによる次元削減について見てきました。これらはscikit-learnの実装を利用できることから、今までscikit-learnを利用して構築してきたアプリケーションに簡単に組み込むことができます。

Step 01の01.4の「Scikit-learnの要素をpipelineで束ねる」で、特徴抽出器と識別器をsklearn.pipeline.Pipelineクラスで1つにまとめて扱う方法を紹介しました。このパイプラインにLSAを組み込んでみましょう。Step 01のリスト19のpipelineを定義している部分を、以下のように書き換えます。

リスト16 sklearn_pipeline_example.py（一部）

```
pipeline = Pipeline([
    ('vectorizer', CountVectorizer(tokenizer=self._tokenize)),
    ('svd', TruncatedSVD(n_components=100)),
    ('classifier', SVC()),
])
```

これで、CountVectorizerで抽出されたBoWをLSAで次元削減し、識別器SVCに入力するというパイプラインになりました。ここではn_components=100としましたが、これは自明な値ではありません。いろいろな値で試してみましょう。

TruncatedSVDの代わりにPCAを使って同じように書くこともできます。

Step 06 識別器

SVM、決定木アンサンブル、k近傍法の特徴を押さえておこう

06.1 識別器を使いこなすために

特徴ベクトルとクラスIDを入力として学習を行うことで、特徴ベクトルからクラスIDを予測できるようになるのが識別器（classifier）でした。Step 01の01.4では細かい話はいったん置いておき、識別器の1つであるSVMをscikit-learnから利用するプログラムを書いてみました。またStep 04の04.8の「識別器の役割」では、「識別器による予測とは、特徴空間を識別面で区切ることなのだ」と説明しました。

本Stepでは、以上の知識を踏まえながら、もう少し詳しい説明を加えつつ、SVMを含む数種類の識別器を紹介していきます。識別器には様々な種類があり、本書ですべてを詳細に解説しきることはできないので、代表的なものを取り上げます。

数学的な話はなるべく抑えつつも、識別器を道具として使いこなすために必要な知識を得ることを目標に解説を進めていきます。

Scikit-learnで識別器入門

Scikit-learnは簡単に使える形で各種クラスを提供してくれているので、はじめはそれらを試しながら試行錯誤するのがよいでしょう。

例えばStep 01の01.4の「Scikit-learnから使う」ではSVMを使ったコードを書きましたが、その中の2行を書き換えるだけで、Random Forestという別の識別器を試すことができます。具体的には次のように書き換えます。

```
from sklearn.svm import SVC

classifier = SVC()
```

↓

```
from sklearn.ensemble import RandomForestClassifier

classifier = RandomForestClassifier()
```

Scikit-learnがどのような識別器クラスを提供しているのかは、公式ドキュメントを確認してください。また、例えばバージョン0.19時点では、主要な識別器の比較が載っており、識別器リストとしても参照できるページもあります〈1〉。

Scikit-learnに用意されている手法で不足を感じてきたら、適宜他のライブラリを調査して導入していくのがよいでしょう。また、3章で解説するニューラルネットワークを識別器として使うことも有力な候補になります。

パラメータチューニングのために

各手法には調節可能なパラメータがあります（対応するscikit-learnの各クラスはコンストラクタ引数でこれらのパラメータを指定できます）。これらをどう設定すべきか見当をつけるには、それぞれの手法についてある程度の知識が必要になります。

そこで、本Stepではこの後、いくつかのよく使われる手法を取り上げ、詳しく解説していきます。ここで取り上げなかった手法も、必要に応じて調べてみてください。

06.2 SVM（Support Vector Machine）

SVMは機械学習の世界では広く知られ、よく使われる識別器です。以下のような特徴により、SVMは使い勝手が良く、広く利用されています。

- 比較的高い性能が安定して得られる
- 比較的学習データが少ないタスクにも適用しやすい
- 後述するカーネル法により、複雑な問題にも対処できる

〈1〉 http://scikit-learn.org/0.19/auto_examples/classification/plot_classifier_comparison.html

Step 01の01.4の「Scikit-learnから使う」でも使ったとおり、scikit-learnで提供されているsklearn.svm.SVCから利用できます。コンストラクタで各種パラメータを設定します。

```
from sklearn.svm import SVC

classifier = SVC(C=1.0, kernel='rbf')
```

ここではCとkernelというパラメータを指定しています。これらがSVMの主要なパラメータですが、他のパラメータについても、適宜ドキュメントを参照してください。

これからCとkernelの意味を理解するための解説をしていきます。

マージン最大化

SVMは識別面のとり方に特徴があります。SVMでは、識別面と、識別面に最も近い特徴ベクトルの距離が最も離れるように識別面を設定します〈2〉。これを**マージン最大化**といいます。

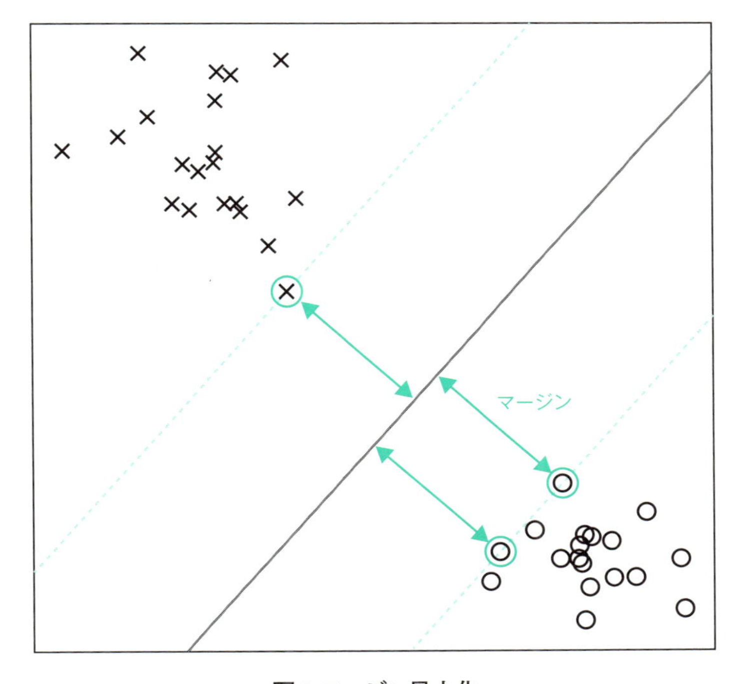

図1 マージン最大化

〈2〉 この「識別面に最も近い特徴ベクトル」のことを**サポートベクトル**（support vector）といいます。図1では大きな丸のついた点がサポートベクトルです。

このシンプルなアイデアによって、SVMは高い性能を実現したのです。

ハードマージンSVM、ソフトマージンSVM

識別面は基本的に「まっすぐ」な平面です(ベクトル空間が2次元なら識別面は直線、3次元なら平面、4次元以上は「超平面」となります)。数学的な言葉では、**線形な**(linear)識別面といいます。

しかし、直線や平面の識別面(線形識別面)では特徴空間を区切って識別することができないケースもあります。このような問題を**線形分離不可能**な問題と呼びます〈3〉。

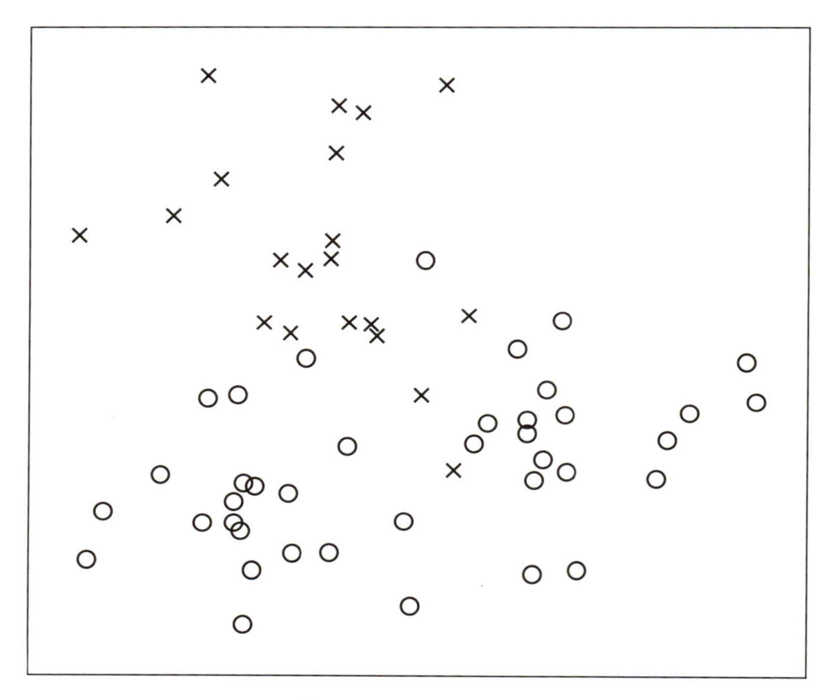

図2 線形分離不可能な問題の例

このようなケースに対応できるようにしたのが、**ソフトマージンSVM**です。ソフトマージンSVMは特徴ベクトルを厳密に2グループに分けるのではなく、「境界をはみ出すことを許容しつつ、なるべくはみ出しを小さくする」ように境界面を設定しようとします。

また、このソフトマージンSVMと対比して、単純なSVMをハードマージンSVMと呼ぶこともあります。

〈3〉 逆に、線形な識別面で区切ることができる場合、「線形分離可能である」といいます。

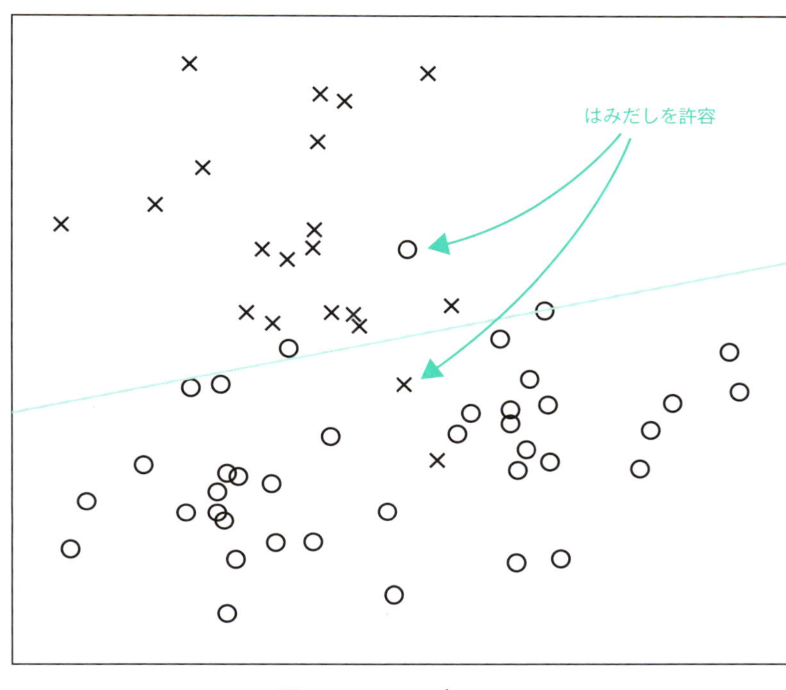

図3 ソフトマージンSVM

ソフトマージンSVMでは、通常のSVMの「マージン最大化」に加え「はみ出しの最小化」も識別面を決める際の目標になります。どちらを重視するかを指定するパラメータがCです〈4〉。

$$\text{SVMの目標} = \text{マージン最大化} + C \cdot \text{はみ出しの最小化}$$

パラメータCをとることからわかるとおり、scikit-learnの`sklearn.svm.SVC`はソフトマージンSVMです。Cは0以上の実数値です〈5〉。`sklearn.svm.SVC`では、Cのデフォルト値は`1.0`となっています。

> Cを大きくしていくと、はみ出しを許さないことを重視するようになり、ハードマージンSVMに近づきます。Cに大きな数を指定することで、実質的にハードマージンSVMとなります。

カーネル

線形分離不可能な問題に対応するための別の方法が**カーネル法**（kernel method）です。例えば特徴ベクトルが以下のような分布をしている場合、ソフトマージンSVMでもうまくいきません。

〈4〉 このCから名前をとって、ソフトマージンSVMは「C-SVM」とも呼ばれます。

〈5〉 実装上は負の値も取れますが、意味はないでしょう。

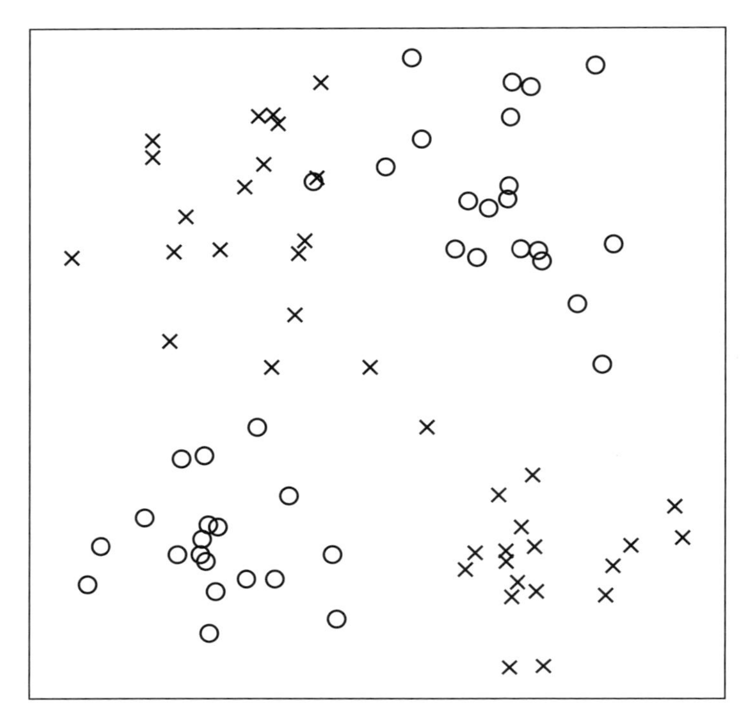

図4 ソフトマージンSVMではうまくいかない線形分離不可能な問題の例

このような問題に対処するために、**カーネル**と呼ばれるものを導入します。すると、以下のように識別面を設定できるようになります。識別面が１本の直線ではなくなったので驚くかもしれません。

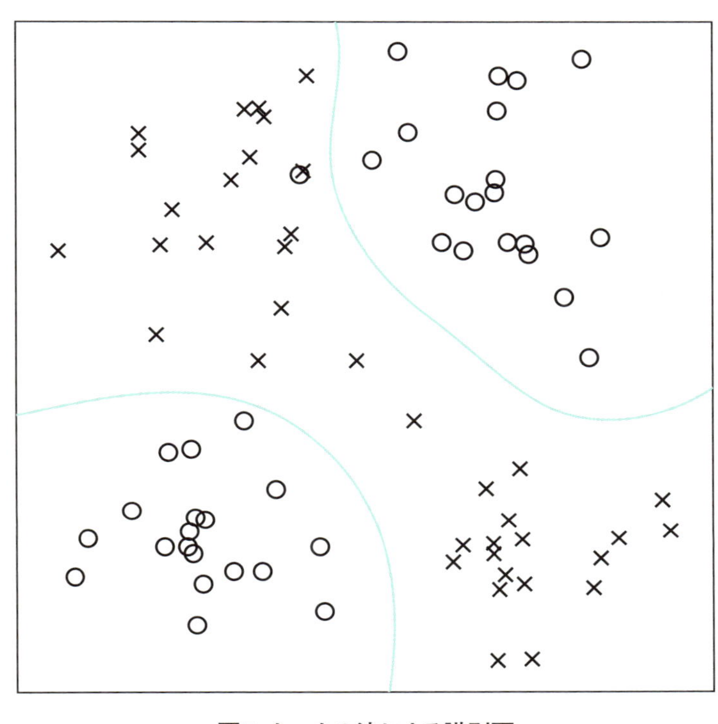

図5 カーネル法による識別面

カーネルには以下のような種類があり、問題に対し効果的なものを選択します。また、各カーネルにも特有のパラメータがあり、選んだカーネルによって、それらもコンストラクタ引数で指定できるようになります(ドキュメントを参照)。

- RBFカーネル(ガウスカーネル):kernel='rbf'
  多くのケースで他のカーネルよりも高い性能が出る、最もオーソドックスな選択肢です。最初はRBFカーネルを試すとよいでしょう。
- 多項式カーネル:kernel='poly'
  自然言語処理で人気のあるカーネルです。パラメータdegreeをとりますが、これは2、3くらいがよいようです。
- その他
  他にもいくつか用意されていますが、必要になったときに調べればよいでしょう。

以上のようなカーネルを利用したSVMに対し、カーネルを使わないSVMは**線形(linear)SVM**と呼ばれます。また、線形SVMは、「線形カーネル」を使ったSVMと言い換えることもあります(kernel='linear')。

scikit-learnの公式サイト〈6〉には各種カーネルの比較が載っています。

バージョン0.19では、コンストラクタ引数`kernel`のデフォルト値は`'rbf'`です。Scikit-learnの`sklearn.svm.SVC`はデフォルトでカーネルが導入されていたのでした。

Column

もう少し踏み込んだカーネル法の説明

カーネル法の詳しい説明には数学的な議論が必要になるので他の専門書に譲りますが、興味のある方のために、もう少し踏み込んだ説明を簡単に載せておきます。

カーネル法とは、特徴ベクトルを元の特徴空間よりも高次元の特徴空間に写し、そこで識別面を設定する手法と捉えることができます。

上で例示した問題は2次元の特徴空間でしたが、これを何らかのルール〈7〉で3次元空間に写すことを考えます。例えば次のようになります〈8〉。上（z軸正の方向）から見ると元の2次元のデータ点群のようですが、3次元に写したので、横から見ると上下（z軸方向）にばらついています。

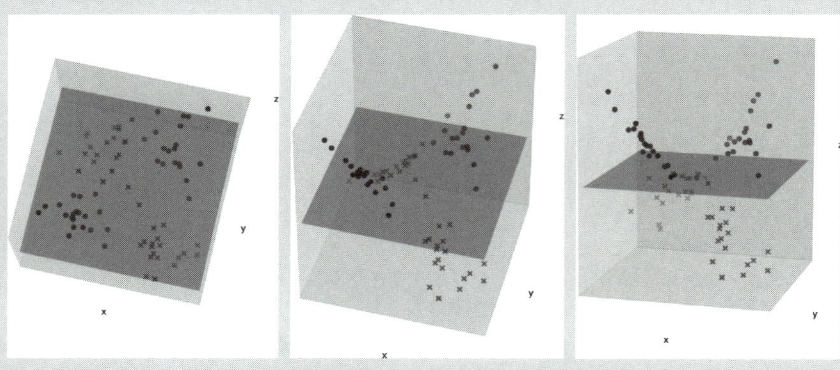

図6 3次元空間に射影

こうすると3次元空間では線形識別面を引くことができます。この識別面を2次元空間に戻してみると、図5のように見えるのです。

〈6〉 http://scikit-learn.org/0.19/auto_examples/svm/plot_svm_kernels.html

〈7〉 数学的には「関数」と呼ばれます。

〈8〉 この例では $z = xy$ という関数を使いました。

この例では2次元空間から3次元空間へ、あるルールを使ってベクトルを写しました。しかし、カーネル法のすごいところは、どのようなルールを使うか具体的に考えなくてよいところにあります。したがって、実際にどのような高次元空間に写っているかわからない（わからなくてよい）のです〈9〉。

Scikit-learnが提供するクラス

Scikit-learnには、sklearn.svm.SVC以外にもSVMを実装したクラスがあります。

- sklearn.svm.LinearSVC
  線形SVMに特化した実装です。線形SVMを使う場合はsklearn.svm.SVCよりも高機能かつ大量のデータに対応できるので、こちらの利用を検討しましょう。
- sklearn.linear_model.SGDClassifier
  SVMを学習するときは学習データをすべてメモリに載せ、一度に計算を行います。そのため、大量の学習データを利用する際には、利用可能なメモリ空間に展開しきれなかったり、学習のための計算に時間がかかりすぎるおそれがあります。それに対し、SGDClassifierは学習データを少しずつ読み込んで学習を進めていくので、学習データが大量にある場合に適しています。ただし、厳密に正確なSVMの計算にはならず、若干誤差が出てしまいます。SGDClassifierはSVM以外の識別器としても使えますが、デフォルトではSVMとして振る舞うよう設定されています。詳しくはドキュメントを参照してください。

06.3 アンサンブル

複数の識別器を組み合わせて1つの識別器を構成する手法を、一般的に**アンサンブル**（ensemble）といいます。性能の低い識別器〈10〉を複数まとめたら、性能の良い識別器〈11〉ができるというアイデアがベースとなりました。

ここでは**Random Forest**と**Gradient Boosted Decision Trees**を取り上げます。どちらも**決定木**（decision tree）と呼ばれる識別器を複数組み合わせ、最終的に1つの識別器として扱う手法です。

決定木（Decision tree）

決定木は、特徴量に対する条件式がノードとなった木構造です。if-elseを積み重ねたもの、ともいえます。

〈9〉 ガウスカーネルを使った場合、無限次元の空間に写しているのと同じことになります（無限次元空間とは？ という疑問が生じるかもしれませんが……）。
〈10〉 **弱学習器**（weak learner）や**弱識別器**（weak classifier）といいます。
〈11〉 **強学習器**（strong learner）や**強識別器**（strong classifier）といいます。

与えられた特徴量に対して、木の根から順に条件分岐していき、最後にたどり着いた葉が予測結果を表します。

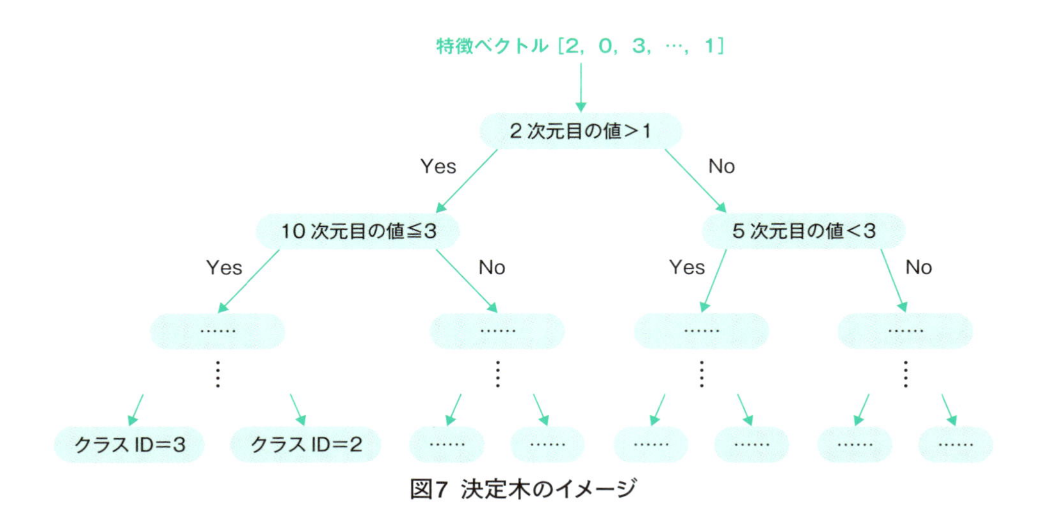

図7 決定木のイメージ

なので、決定木が特徴空間に作る識別面は、SVMのようにまっすぐではなく、ガタガタしています。

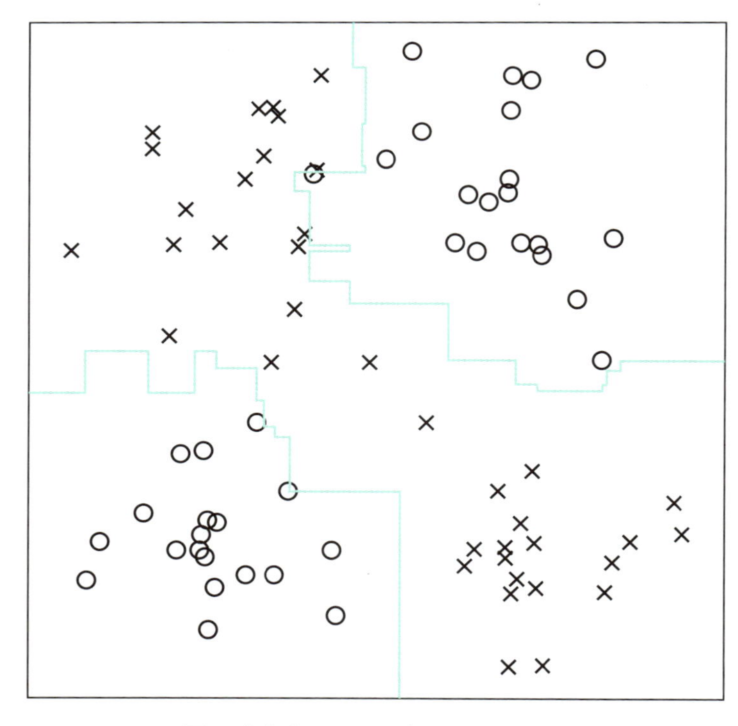
図8 決定木アンサンブルによる識別面

Random Forest

複数の決定木を作り、それらの出力の多数決をとって最終的な予測結果を返す識別器がRandom Forestです。それぞれの決定木は、学習データ全体からランダムに抽出された一部を使って学習されます。

Scikit-learnが提供するRandom Forestの実装としてsklearn.ensemble.RandomForestClassifierが利用できます。作成する決定木の数をコンストラクタ引数n_estimatorsで指定します。

```
from sklearn.ensemble import RandomForestClassifier

classifier = RandomForestClassifier(n_estimators=10)
```

Gradient Boosted Decision Trees (GBDT)

この手法はKaggle〈12〉で広く使われ注目を浴びました。XGBoostというライブラリの名前でも知られています。

Scikit-learnにも実装があります。

```
from sklearn.ensemble import GradientBoostingClassifier

classifier = GradientBoostingClassifier(n_estimators=100, max_depth=3)
```

GBDTも決定木をアンサンブルする手法ですが、学習の方法がRandom Forestと異なります〈13〉。

また、両者の比較として、Random Forestは深い木を少数作るのに対し、GBDTは浅い木を多く作ります。sklearn.ensemble.RandomForestClassifierとsklearn.ensemble.GradientBoostingClassifierのデフォルト設定(バージョン0.19時点)の、木の数と深さに関係するものを比較してみると以下のとおりです(RandomForestClassifierのmax_depth=Noneは、可能な限り木を深くするという意味です)。

```
RandomForestClassifier(n_estimators=10, max_depth=None)
GradientBoostingClassifier(n_estimators=100, max_depth=3)
```

ここまでscikit-learnでの実装を紹介しましたが、XGBoostのほうがより高速でメモリ効率も良いので、こちらが圧倒的に人気です。実際のアプリケーションでGBDTを採用する場合、XGBoostを使うのがよいでしょう。

〈12〉与えられたデータサイエンスの問題に対する高性能なアルゴリズムの開発を、世界中のプレイヤーが競い合うという、データサイエンスのコンペティションサイト。https://www.kaggle.com/

〈13〉気になる方はバギング(Bagging)とブースティング(Boosting)で調べてみましょう。

- 公式サイト：https://xgboost.readthedocs.io/
- リポジトリ：https://github.com/dmlc/xgboost

決定木アンサンブルの性質

決定木のメリットの1つは、特徴量の前処理が不要であることです。SVMなどでより性能を引き出すためには「特徴量の平均を0にする」などの前処理が効くのですが、決定木ベースの手法なら不要です。

また、SVMと比較して、設計者が設定するパラメータの数が少ないため、手軽に使えます。

06.4 k近傍法

k近傍法（k-Nearest Neighbor、k-NN）は、ある未知の特徴ベクトルの入力に対してクラスIDを予測するとき、入力された特徴ベクトルに近い特徴ベクトルを学習データからk個選び、それらのクラスIDで多数決をとるというシンプルな識別器です。

例えば、k＝5の場合を考えてみます。学習データの特徴量が以下のような分布をしていたとします。

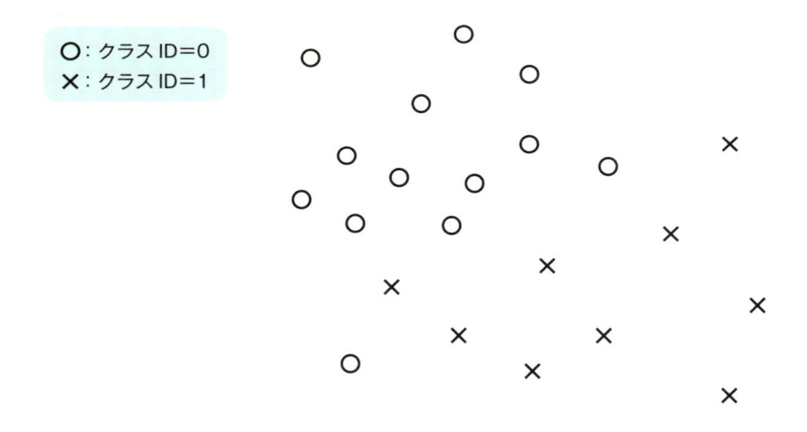

そこにクラスIDを予測したい新たな特徴量が入力されると、学習データの中から距離が近い特徴量を5個選び、その多数決でクラスIDを決定します。

○：クラスID=0
×：クラスID=1

○：4
×：1
クラスID=0

Scikit-learnでは、sklearn.neighbors.KNeighborsClassifierがk-NNを使った識別器です。

```
from sklearn.neighbors import KNeighborsClassifier

classifier = KNeighborsClassifier(n_neighbors=5)
```

k-NNでは「予測したい特徴量からの距離が近い特徴量をk個選ぶ」といいました。しかし、距離（の測り方）というものは1種類ではないのです。

私たちが普段使っている「距離」は**ユークリッド距離**（Euclidean distance）です。

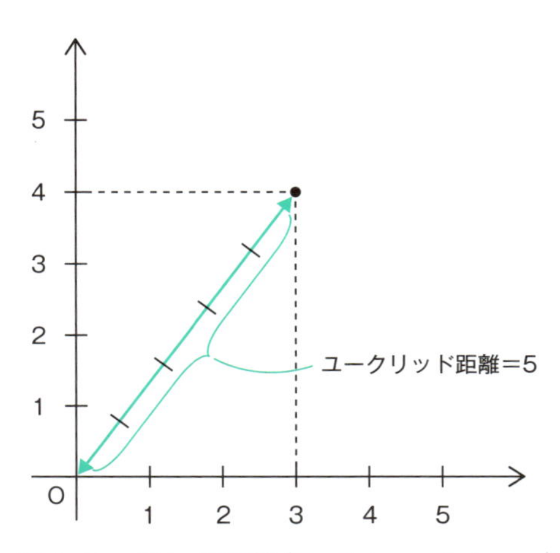

図9 ユークリッド距離（Euclidean distance）

しかし、例えば図10のように距離を測ることもできます。これは**マンハッタン距離**（Manhattan distance）と呼ばれます。

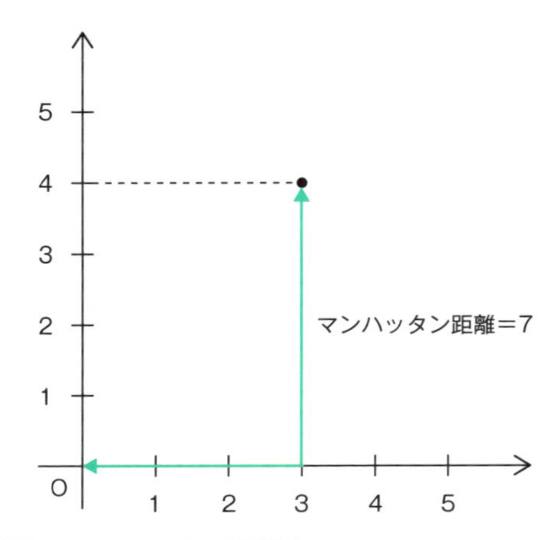

図10 マンハッタン距離（Manhattan distance）

他にも様々な距離があります。気になる方は調べてみてください。

sklearn.neighbors.KNeighborsClassifierではデフォルトでユークリッド距離を使うようになっています。

より正確にいうと、**ミンコフスキー距離**（Minkowski distance）を指定し、そのパラメータpを2にします。p=1はマンハッタン距離です。マンハッタン距離やユークリッド距離は、パラメータpが1や2のときの、ミンコフスキー距離の特殊な場合ということです。

k-NNでマンハッタン距離を使う例

```
from sklearn.neighbors import KNeighborsClassifier

classifier = KNeighborsClassifier(n_neighbors=5,
                                  metric='minkowski'
                                  p=1) # Manhattan distance
```

Column

文字列間の距離

k-NNはデータ間の距離に基づいて識別を行います。ここまでの解説では特徴ベクトル間の距離を考えてきましたが、文字列同士の距離というのを考えることもできます。

編集距離（edit distance）、または**レーベンシュタイン距離**（Levenshtein distance）と呼ばれるものを紹介します。これは2つの文字列の距離を定義するもので、ある文字列A、Bに対し、「文字列Aに対して『1文字を挿入、削除、置換する』操作を繰り返して文字列Bを作るために必要な最小の繰り返し回数」として定義されます。例えば、「cat」から「crow」を作るためには以下のように3回の操作が必要なので、「cat」と「crow」の編集距離は3です。

```
「cat」→「crt」(aをrに置換)→「cro」(tをoに置換)→「crow」(wを挿入)
```

　このような距離を使うと、文を特徴ベクトル化してベクトル間の距離を考えるといったことをせず、直接文字列同士の距離を使ってk-NNを実行することができます。編集距離は文字列の見た目の近さがそのまま反映されるので、そのような性質を利用したい場合は検討してみるとよいでしょう。

　編集距離の実装については調べてみてください。

パラメトリックとノンパラメトリック

　k-NNによる予測は、SVMのそれとは違ったものだというのはわかると思います。

　SVMは学習時に計算を行って識別面を設定し、予測時に行うのは入力された特徴ベクトルが識別面のどちら側にあるかを調べるだけです。学習が済んでしまえば、注目する必要があるのは識別面を定めるパラメータだけになり、学習データのことは忘れられます。

　一方、k-NNには学習というフェーズがありません。`.fit()`を呼ぶと学習データX、yが記憶されるだけで、識別面を求めるような計算は行われません〈14〉。

　そして`.predict()`を呼んだタイミングで、記憶しておいたXから距離の近いものを探索します。k-NNでは予測のときに(識別面ではなく)学習データを直接参照して計算を行います。

```
classifier = KNeighborsClassifier()
classifier.fit(X, y)  # 識別面の設定などは行われない
classifier.predict(new_data)  # new_dataと、保持しておいたXを比較する
```

　SVMのようなタイプを**パラメトリック**(parametric)な手法、k-NNのようなタイプを**ノンパラメトリック**(non-parametric)な手法といいます。パラメトリックな手法は、学習データとなる特徴ベクトルの特徴空間内での分布を、識別面の設定によって近似的に表現するものであるといえます。一方、ノンパラメトリックな手法は、そのような近似を行わずに、学習データの特徴ベクトルをそのまま識別に利用するものです〈15〉。

　繰り返しますが、パラメトリックな手法は、学習データの特徴空間内での分布を、識別面の設定によって近似的に表現するものです。そのため、識別面をうまく設定するためのパラメータ調整(SVMならCの値やカーネルの種類など)が必要ですが、これがうまくいけば少ない学習データからでも良い識別面を設定できます。また、識別は入力された特徴ベクトルと識別面との比較になるので、一定の計算コストで済みます。

〈14〉正確には、`.predict()`時に入力された特徴と距離が近い学習データを効率的に探索する準備として、そのためのデータ構造の構築が`.fit()`のときに行われます。

〈15〉統計学の文脈や数学的に正確な議論では、また違った説明がされることがありますが、ここでは識別器は特徴空間に識別面を設定するものであるという視点からパラメトリック、ノンパラメトリックを説明してみました。

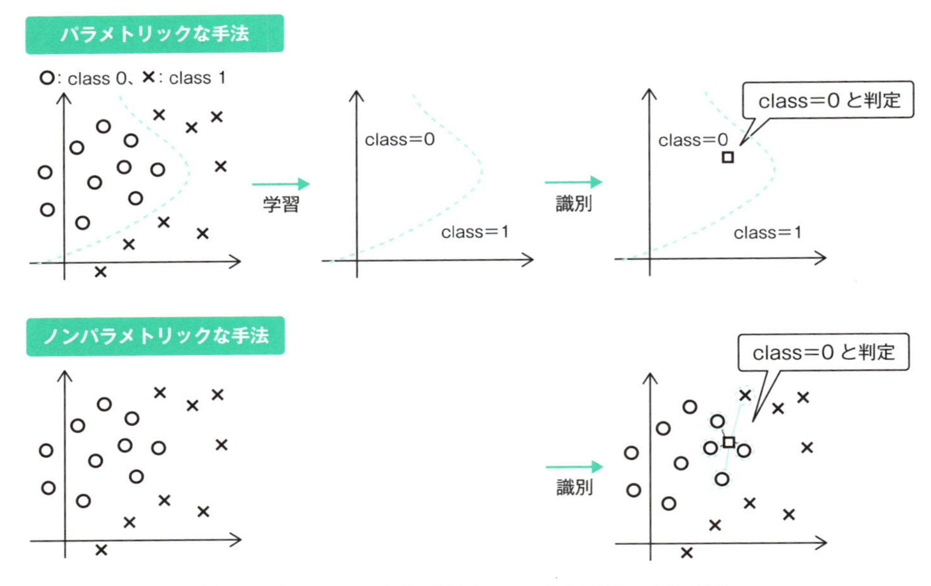

図11 パラメトリックな手法とノンパラメトリックな手法

これに対しノンパラメトリックな手法は、識別面の設定をしないので、それに関するパラメータ設定を考えなくてよい代わりに、識別時の性能を安定させるのに必要な学習データの数は比較的多くなります。また、計算が識別時に集中し、基本的に学習データの数に応じて計算コストが増えていきます。

実際のアプリケーションを作る際には、識別性能そのものの差に加え、このあたりの特徴も考慮すべきポイントになってきます。「学習には時間をかけてもよいが識別は速く行いたい」というのは、実アプリケーションのニーズとしてよくある話です。

表1 パラメトリックな手法とノンパラメトリックな手法の比較

	パラメトリック	ノンパラメトリック
パラメータ設定	識別面を適切に設定できるようパラメータに気を配る必要がある	識別面に関するパラメータを考えなくてよい
計算コスト	学習時に識別面の計算コストがかかる。識別時の計算コストはほぼ一定	学習時の計算コストは基本的にゼロ。識別時の計算コストは学習データの量を反映して増えていく
必要な学習データの数	比較的少ない	比較的多い

06.5 対話エージェントへの適用

本Stepで見てきた識別器を対話エージェントの実装に利用してみましょう。

Step 04の04.9で特徴量をBoWからTF-IDFにすることで性能を向上させましたが、そのコードをもとにして、さらに発展させます。

以下がサンプルです。Step 04のリスト8から変更のあった部分のみを書いています。ここでは識別器としてSVMではなくRandom Forest（sklearn.ensemble.RandomForestClassifier）を利用することにしました（また、TF-IDFのngram_rangeの値が変わっています）。

リスト1 dialogue_agent.py

```
...略...

from sklearn.ensemble import RandomForestClassifier

...略...

class DialogueAgent:

...略...

    def train(self, texts, labels):
        pipeline = Pipeline([
            ('vectorizer', TfidfVectorizer(tokenizer=self._tokenize,
                                           ngram_range=(1, 2))),
            ('classifier', RandomForestClassifier(n_estimators=30)),
        ])

        pipeline.fit(texts, labels)

        self.pipeline = pipeline

...略...
```

この対話エージェントをStep 01の01.5と同様のスクリプトで評価すると、正解率が約62%に上がっていることがわかります〈16〉。上がり幅は小さいですが、確かに改善しました。

実行結果

```
0.6170212765957447
```

〈16〉このプログラムは内部で乱数を使用している箇所があり、結果にランダム性があります。読者の環境で実行したとき、厳密に同じ結果になるとは限らないことに注意してください。

Step 07 評価

機械学習システムの予測精度を様々な指標で定量評価。過学習について理解し発生を防ぐ

機械学習システムは、作って動いたら終わりではありません。性能評価は絶対に欠かせない要素です。作成した機械学習システムを定量的に評価することで、性能の把握や改善が可能になります。

ここまで様々な手法を解説してきましたが、そのどれを利用し、どう組み合わせるかの決定は、評価に基づいて行うことができます。また、既存のシステムに改良を加える場合に、かえって性能低下を起こしてはいないことを評価によって保証すれば、安心してシステムをアップデートできます〈1〉。

Step 01の01.5では作成した対話エージェントを正解率によって評価しましたが、本Stepでは正解率以外の評価指標を紹介します。また、なぜ評価に用いるテストデータは学習データと違っていなければならないのかなど、評価という行為をより詳しく見ていきます。

07.1 学習データとテストデータ、そして過学習と汎化

学習によって、識別器が学習データに対して過剰に適合してしまうことを、**過学習**（overfitting）といいます。

〈1〉 このような点では一般のソフトウェアにおけるテストに近いともいえますが、機械学習は本質的に統計的・確率的なものなので、True／Falseの厳密なアサーションを定義するといったことができません。正解率のような「スコア」によってシステムの良し悪しを判断することになります。

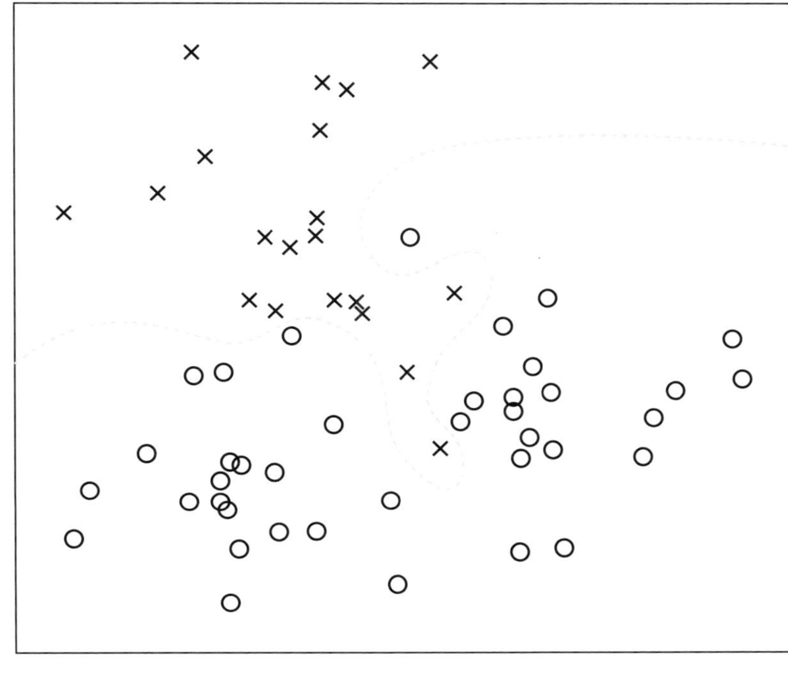

図1 過学習のイメージ

こうなると、学習データに含まれる特徴ベクトルは100%正しく識別することができますが、そこから少しずれたりすると途端に対応できなくなってしまいます。

例えば、以下のように特徴ベクトル▲がどちらのクラスかを予測することを考えましょう。ここでは、▲は×と同じクラスとするのが自然なのに、過学習した識別面に基づいて判断すると、○と同じクラスと予測されてしまいます。ノイズとして無視してよい学習データにも、過剰に適合した識別面になってしまっているからです。

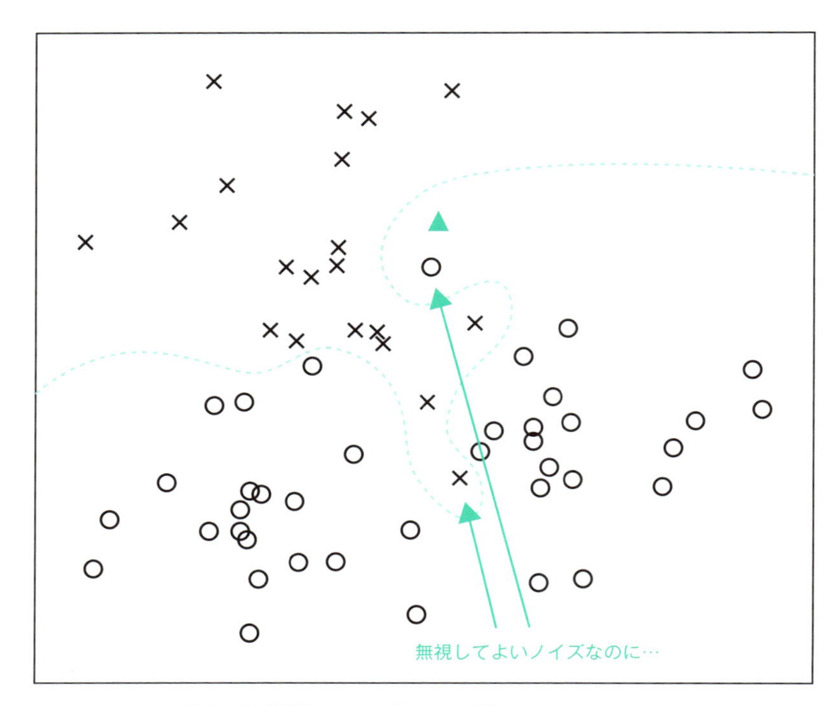

図2 過学習すると、望ましい結果が得られない

そうではなくて、図3のように、ある程度の「遊び」のある識別面を設定することを考えます。すると、学習データに含まれる特徴ベクトルを100%正しくは識別できませんが、一般のデータに対する予測の安定性は高まります。

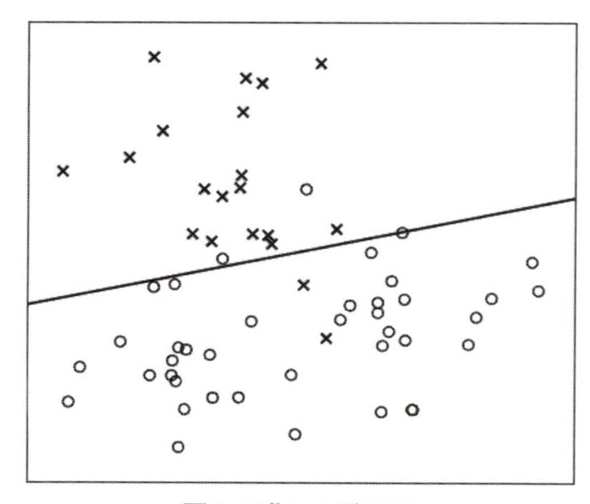

図3 汎化した識別面

学習データ以外に対しても安定して予測が行えるようになることを**汎化**（generalization）といい、機械学習システムが備えるべき性質の1つです〈2〉。

そして、学習と評価で同じデータを使うと、過学習したシステムを高く評価してしまうことになり、好ましくありません。システムがどれだけ汎化できているかを**汎化能力**（generalization performance）といい、「汎化能力が高い」などと表現します。汎化能力の高さを測るために、評価用のテストデータは学習データと違うものを使わなければならないのです。

> 高精度を達成した〜！と思ったら過学習だった、といったことはままあります。極端に良い結果が出てしまった場合、いちど過学習を疑って、システムとその評価を見直してみましょう。そして本当に高精度を達成できたなら、胸を張って自慢しましょう。

07.2 評価指標

Step 01の01.5では正解率を評価指標として利用しましたが、ここでは他の評価指標をいくつか紹介していきます。これらの評価指標は、scikit-learnでは`sklearn.metrics`モジュールにまとまっています〈3〉。

正解率（accuracy）

正解率とはStep 01の01.5で利用した指標のことです。以下の式で求められる値です。

$$\mathrm{Accuracy} = \frac{\text{予測結果が正解と一致したテストデータの件数}}{\text{テストデータの件数}}$$

Scikit-learnでは以下のようになります。

リスト1 accuracy.py

```
from sklearn.metrics import accuracy_score

y_true = [0, 1, 2, 0, 1, 2]
y_pred = [0, 2, 1, 0, 0, 1]

print(accuracy_score(y_true, y_pred))
```

〈2〉 汎化はStep 01の01.1でも説明しました。言葉を若干変えていますが、同じことをいっています。

〈3〉 http://scikit-learn.org/0.19/modules/model_evaluation.htmlなども参考になるでしょう。

実行結果

```
0.3333333333333333
```

Precision(適合率)とRecall(再現率)

正解クラスID y_trueが以下のようなテストデータがあるとします。

```
y_true = [0, 1, 0, 1, 0, 1]
```

これを正しく識別するために、識別器のパラメータ調整を頑張ってみるとしましょう。

極端な例として、予測結果をすべて0にするような識別器なら、正解が0のテストデータに対しては全問正解できますが、正解が0でないテストデータに対しては全問不正解です。そこで0と1の境目ギリギリを狙っていくと、正解が0でないデータに対する正解数は上がっていきますが、正解が0のデータに対する正解数はある程度下がるでしょう。

このように、「クラスID=0のものをなるべく多くクラスID=0として予測する」ことと、「クラスID=0でないものを、クラスID=0として予測してしまうことをなるべく少なくする」ことは、どちらも「識別の正しさ」なのですが、トレードオフの関係にあります。

以上を踏まえ、以下の用語を導入します〈4〉。

クラスID$=i$に対して、

- True Positive
  正解がクラスID$=i$のテストデータに対し、正しくクラスID$=i$と予測できたもの
- False Negative
  正解がクラスID$=i$のテストデータに対し、間違えてクラスID$\neq i$と予測してしまったもの
- False Positive
  正解がクラスID$\neq i$のテストデータに対し、間違えてクラスID$=i$と予測してしまったもの

これにより、以下の2つの評価指標が定義されます。

- Precision(適合率)

$$\text{Precision} = \frac{\text{True Positive の数}}{\text{True Positive の数} + \text{False Positive の数}}$$

- Recall(再現率)

$$\text{Recall} = \frac{\text{True Positive の数}}{\text{True Positive の数} + \text{False Negative の数}}$$

〈4〉 True Negativeも考えることができますが、ここでの説明には不要なので省略します。

以下のような例で計算してみましょう〈5〉。

```
y_true = [0, 1, 2, 0, 1, 2]
y_pred = [0, 2, 1, 0, 0, 1]
```

True Positive (TP), False Negative (FN), False Positive (FP) はそれぞれ、各クラスに対して以下のように求まります。

- クラスID＝0
  - TP：2
  - FP：1
  - FN：0

```
y_true = [0, 1, 2, 0, 1, 2]
y_pred = [0, 2, 1, 0, 0, 1]
          TP        TP FP
```

- クラスID＝1
  - TP：0
  - FP：2
  - FN：2

```
y_true = [0, 1, 2, 0, 1, 2]
y_pred = [0, 2, 1, 0, 0, 1]
             FN FP     FN FP
```

- クラスID＝2
  - TP：0
  - FP：1
  - FN：2

```
y_true = [0, 1, 2, 0, 1, 2]
y_pred = [0, 2, 1, 0, 0, 1]
             FP FN        FN
```

よって、各クラスについて、precision と recall は以下のようになります。

- クラスID＝0：
  - Precision：$\frac{2}{2+1} = 0.66\ldots$
  - Recall：$\frac{2}{2+0} = 1.0$
- クラスID＝1：
  - Precision：$\frac{0}{0+2} = 0$
  - Recall：$\frac{0}{0+2} = 0$

〈5〉 Scikit-learnの公式リファレンスにある例です。http://scikit-learn.org/0.19/modules/generated/sklearn.metrics.precision_score.html

- クラスID＝2：
- Precision： $\frac{0}{0+1}=0$
- Recall： $\frac{0}{0+2}=0$

これらはクラスごとに求まる値ですが、それらを平均することで最終的なスコアとすることができます。例えば以下のように計算できます。

$$\text{Precision}_{\text{all}} = \frac{0.66\ldots+0+0}{3} = 0.22\ldots$$

$$\text{Recall}_{\text{all}} = \frac{1.0+0+0}{3} = 0.33\ldots$$

以上の内容はscikit-learnを使って以下のように書けます。

リスト2 precision_recall.py

```
from sklearn.metrics import precision_score, recall_score

y_true = [0, 1, 2, 0, 1, 2]
y_pred = [0, 2, 1, 0, 0, 1]

print('Precision of each class:',
      precision_score(y_true, y_pred, average=None))
print('Averaged precision:',
      precision_score(y_true, y_pred, average='macro'))

print('Recall of each class:',
      recall_score(y_true, y_pred, average=None))
print('Averaged recall:',
      recall_score(y_true, y_pred, average='macro'))
```

実行結果

```
Precision of each class: [0.66666667 0.         0.        ]
Averaged precision: 0.2222222222222222
Recall of each class: [1. 0. 0.]
Averaged recall: 0.3333333333333333
```

`precision_score()`、`recall_score()`は`average=None`とするとクラスごとにprecision、recallを求めます。また`average`オプションを指定すると、全体の平均を求めます。`average`オプションの種類で平均のとり方をコントロールできますが、ここでは`average='macro'`を指定し、クラスごとにprecision、recall

を求めた後、それらの平均を求めています。上の説明のとおりの挙動です。averageに指定できる他のオプションについては、APIリファレンスを参照してください。

また、precisionとrecallは一方を上げれば一方が下がるという関係にありますが、両方を組み合わせた**F値**（**F-measure**）という指標があります。F値は、precisionとrecallのバランスを表した指標といえます。

● F値（F-measure）

$$\text{F-measure} = \frac{2 \cdot \text{Precision} \cdot \text{Recall}}{\text{Precision} + \text{Recall}}$$

Scikit-learnではsklearn.metrics.f1_scoreという関数で提供されています。

リスト3 f_measure.py

```
from sklearn.metrics import f1_score

y_true = [0, 1, 2, 0, 1, 2]
y_pred = [0, 2, 1, 0, 0, 1]

print(f1_score(y_true, y_pred, average='macro'))
```

実行結果

```
0.26666666666666666
```

そして、sklearn.metrics.classification_reportという、以上の指標をまとめて表形式で出力してくれる便利メソッドがあります。

リスト4 classification_report.py

```
from sklearn.metrics import classification_report

y_true = [0, 1, 2, 0, 1, 2]
y_pred = [0, 2, 1, 0, 0, 1]

print(classification_report(y_true, y_pred))
```

実行結果

```
             precision    recall  f1-score   support

          0       0.67      1.00      0.80         2
          1       0.00      0.00      0.00         2
```

```
           2       0.00      0.00      0.00         2

avg / total       0.22      0.33      0.27         6
```

Column

検索におけるprecision、recall

本書ではテキスト分類におけるprecision、recallの考え方を解説しましたが、文書検索という問題領域でもprecision、recallの考え方は登場します。

他の本やネットの資料でprecision、recallを調べると、しばしば文書検索の文脈で解説されています。結局は同じことをいっているのですが、表現や語彙が若干違って混乱するかもしれません。

07.3 評価の際の注意点

精度の下限

識別器の精度には限界があります。当てずっぽうに(ランダムに)予測結果を出力する識別器があるとして、その識別器が達成できる精度が、そのタスクにおける精度の最低値になります。

例えば、2つのクラスを分類するタスクにおいて、テストデータに各クラスのデータが均等に含まれていた場合、正解率の最低値は50%になります〈6〉。また、3つのクラスを分類するタスクであれば、正解率の最低値は33.33...%です。逆にいえば、2クラス分類のときは、適当に答えても正解率50%という数字は達成できてしまいます。

直感的にも当たり前のことですが、より多くのクラスを分類する問題のほうが難しく、正解率は低くなります。2クラス分類での正解率50%と1000クラス分類での正解率50%は違うのです。今扱っている問題がどの程度難しいのかを考えて、評価指標の値を解釈するようにしましょう。

したがって、評価指標の値は、同一のテストデータのもとで、いろいろなシステムを相対的に比較する場合において意味があります。性質の違うテストデータで評価した値同士を比べても意味がないので、注意してください。

〈6〉 仮に正解率45%の識別器があったとしても、その出力を反転させれば、正解率55%の識別器として使えます。結局、完全にランダムな場合の50%が最低値となります。

データ数の偏り

例として、テストデータの内訳が以下のように偏っている場合を考えてみましょう。

- クラスID＝0：99件
- クラスID＝1：1件

このとき、識別器がすべてのテストデータに対してクラスID＝0を返せば、それだけで正解率99%を達成できてしまいます。

テストデータには各クラスのデータがなるべく均等に含まれるようにするのが望ましいです。

また、問題の性質上クラスが偏ってしまう場合、評価の結果の解釈には注意しましょう。極端に高い精度が出た場合、テストデータの偏りを疑ってみてください。

3章

ニューラルネットワークの6ステップ

第3章は、深層学習（ディープラーニング）の基礎、その自然言語処理への適用に関する基礎解説です。最初は理解が難しいニューラルネットワークの構造を、わかりやすく丁寧に解説します。

Step 08 ニューラルネットワーク入門

多層パーセプトロンの概要と、深層学習ライブラリKerasによるシンプルな実装

08.1 単純パーセプトロン

ニューラルネットワーク（neural network）は、生物の脳細胞を模して設計された計算モデルです。生物の脳細胞を構成するニューロンは図1のような細胞で、樹状突起から受けた刺激（電気信号）に基づいて細胞体が何らかの計算を行い、軸索から結果（電気信号）を出力します。

また、軸索からの出力は他のニューロンの樹状突起への入力になります。あるニューロンの出力が別のニューロンの入力に接続され、刺激が伝播していくのです。各ニューロンが計算を行い、それが複数接続されることで、全体として複雑な計算を実行できます。

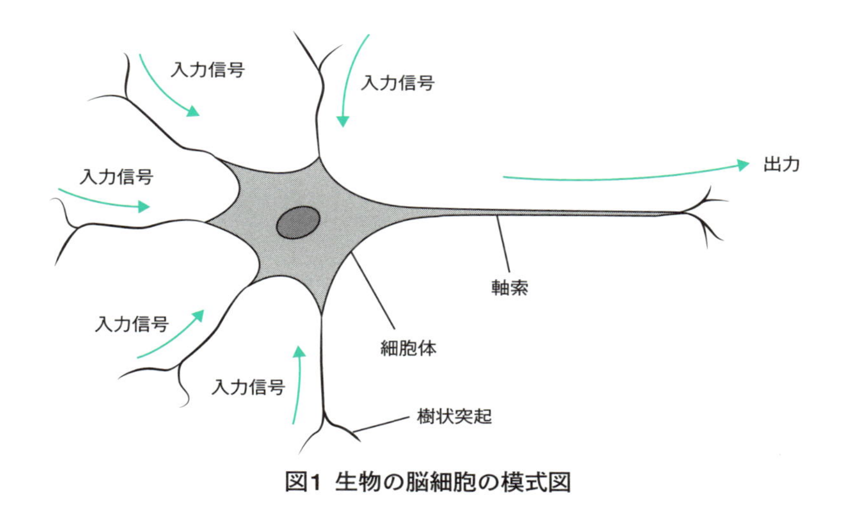

図1 生物の脳細胞の模式図

これを数学的なモデルに落とし込んだのが**パーセプトロン**（perceptron）です。図2に示したのは、ニューロン1個を模倣した「単純パーセプトロン」と呼ばれるモデルです。この図では、n個の入力$x_1, x_2, \ldots, x_n$とそれぞれに対応したn個の**重み**（weight）$w_1, w_2, \ldots, w_n$、それと固定値の入力**バイアス**（bias）bがあり、それらが足し合わされてから、何らかの関数fを通り、1つの値が出力されています。

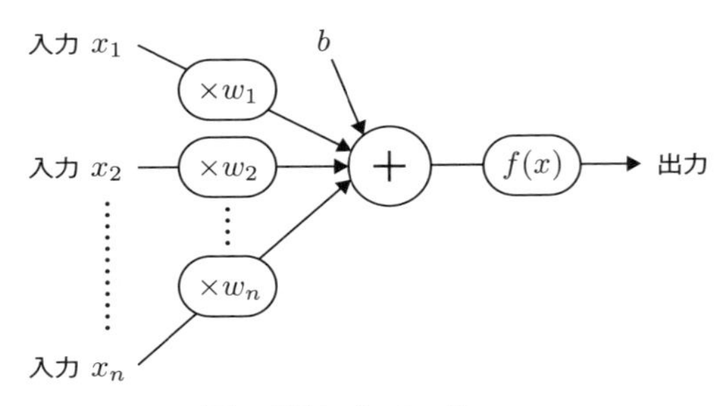

図2 単純パーセプトロン

「n個の入力$x_1, x_2, \ldots, x_n$」「重み$w_1, w_2, \ldots, w_n$」というように記号で表記していますが、実際には、これらの各要素は1.3とか-0.45といった、何らかの具体的な数値が代入されています。

例えば$n = 3$のとき（入力が3次元の特徴ベクトルのとき）、プログラム的には次のような感じです。あくまでPythonコードで表現した場合のイメージですので、wやbの値は適当です（関数fが少し複雑な内容ですが、これは「sigmoid」と呼ばれる関数です。08.3の「活性化関数（activation function）」で後述します〈1〉）。

リスト1 単純パーセプトロンのPythonコード（イメージ）

```
import math


def f(z):
    return 1.0 / (1.0 + math.exp(-z))  # Sigmoid


def perceptron(x):
    w = [-1.64, -0.98, 1.31]
    b = -0.05

    z = b + x[0] * w[0] + x[1] * w[1] + x[2] * w[2]
    output = f(z)

    return output
```

〈1〉 よりシンプルなfを使ったものに限定して「単純パーセプトロン」と称するのが歴史的には正しく、実際にそのように紹介する資料もありますが、本書では説明の都合上、この形式のモデル一般を「単純パーセプトロン」と称することにします。

```
x = [0.2, 0.3, -0.1]
print(perceptron(x))

x = [-0.2, -0.1, 0.9]
print(perceptron(x))
```

プログラマならこれを見て、リストで表現されたwとxの各要素の乗算の部分を、for文などでDRY〈2〉に書きたくなるでしょう。

しかし機械学習の世界では、これをNumPyを使ったベクトル演算で表現します。

リスト2 単純パーセプトロンのPythonコード（イメージ）・NumPy版

```
import numpy as np


def f(z):
    return 1.0 / (1.0 + np.exp(-z))  # Sigmoid


def perceptron(x):
    w = np.array([-1.64, -0.98, 1.31])
    b = -0.05

    z = b + np.dot(x, w)
    output = f(z)

    return output


x = np.array([0.2, 0.3, -0.1])
print(perceptron(x))

x = np.array([-0.2, -0.1, 0.9])
print(perceptron(x))
```

〈2〉 Don't Repeat Yourself

```
np.dot(x, w)
```

は、ベクトルの内積を表しています。
2つのベクトル

$$\mathbf{x} = (x_1, x_2, \ldots, x_n), \mathbf{w} = (w_1, w_2, \ldots, w_n)$$

の内積は

$$\mathbf{x} \cdot \mathbf{w} = x_1 \cdot w_1 + x_2 \cdot w_2 + \ldots + x_n \cdot w_n$$

となります。
1章の1.4.2の「ベクトルの内積」でも解説しています。

さて、上のコードにおけるxは、値が3個並んだリストですが、これは3次元のベクトルといえますね。n個の数値の入力は、n次元の特徴ベクトルの入力と言い換えることができます。したがって、単純パーセプトロンはn次元の特徴ベクトルを受け取り、1個の数値を出力する関数とみなせます。この出力値はsigmoidの出力ですが、これは0から1の値をとります。

さらに、出力の値が0に近いときはクラスID＝0、1に近いときはクラスID＝1と解釈することで、入力した特徴ベクトルを2クラスに分類する識別器とみることができます。例えば上のコードを実行してみると以下のような結果になりますが、この考えのもとでは、1つ目の入力はクラスID＝0、2つ目の入力はクラスID＝1と解釈できます。

単純パーセプトロンの実行結果例

```
0.3093841557917043
0.8256347143825868
```

そして単純パーセプトロンを識別器と見た場合、重み（上のコードにおけるwとb。バイアスbもまとめて「重み」と呼ぶことがあります）の適切な値を求めることが「学習」になります。この具体的な方法については後ほど述べます。本項と次項のサンプルコードでは、説明のためにw、bの値を適当に与えていますが、本来は学習によって求まるパラメータです。そういう意味で、本項と次項のコードはあくまで説明用の擬似コードのようなものと考えてください。

パーセプトロンでは、数値を入力し、数値計算で出力を求めました。元々パーセプトロンが模倣しようとしていた脳の神経細胞では、電気信号（電位の伝達）が入出力を作っています。

08.2 多層パーセプトロン

脳の神経細胞では、ある細胞の出力が次の細胞の入力になっていると書きました。パーセプトロンも同様に、単純パーセプトロンの出力を別の単純パーセプトロンの入力にすることで、多数のパーセプトロンがつながった構造を作ることができます。これを**多層パーセプトロン**(multi-layer perceptron、MLP)といいます。図を見たほうがわかりやすいでしょう(図3)。重みの表記は省略しました。

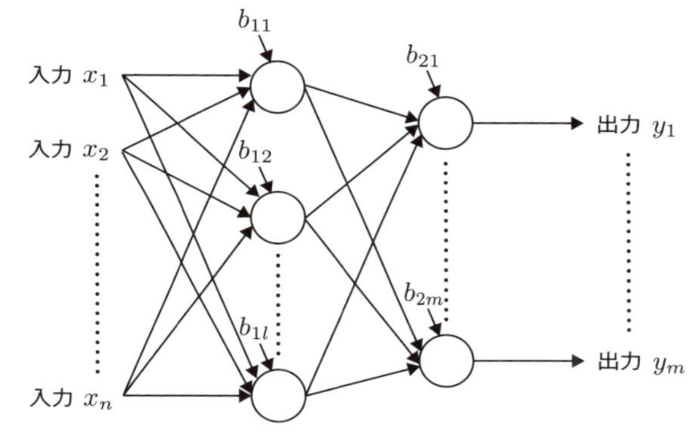

図3 多層パーセプトロン

分解して考えてみましょう。

まず、複数の単純パーセプトロンを縦に並べた構造が見えます。1個の単純パーセプトロンは数値を1つ出力するので、複数並べると、全体として1つのベクトルを出力するものとみなせます。このまとまりを**層**(**レイヤー**、**layer**)といいます(図4)。各層は、ベクトルを入力しベクトルを出力する関数となります。また、この文脈では層の中の単純パーセプトロンを**ユニット**(unit)と呼んだりもします。単純パーセプトロンが10個並んでできた層のことを「ユニット数10の層」といったりします。

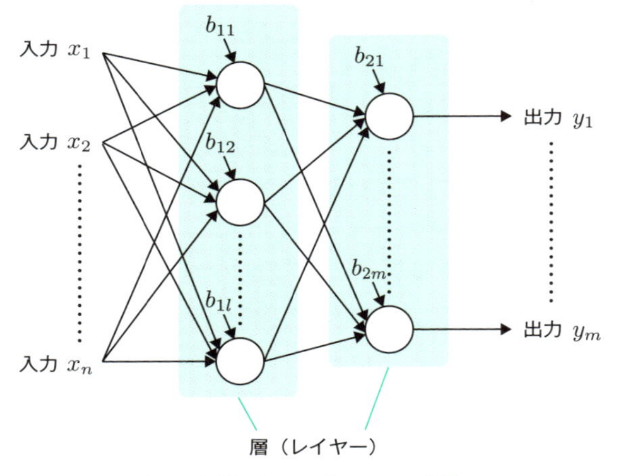

図4 多層パーセプトロンの「層」

後は、層を複数重ねていくことができます。個別の単純パーセプトロンのことは忘れてしまって、層を1つの単位として捉えると、以下のような図で表現することもできます。各層はベクトルを入力され、ベクトルを出力します。

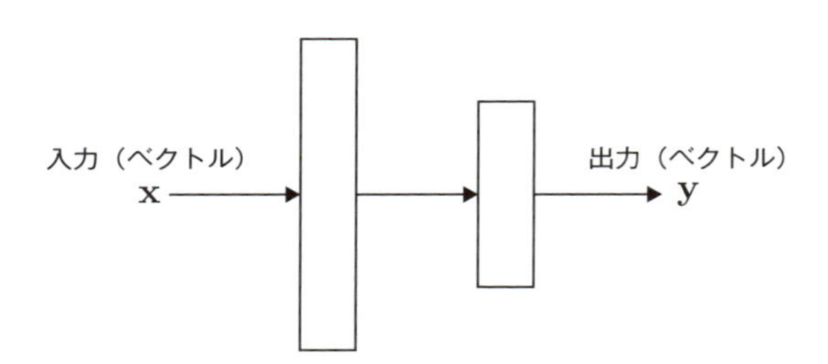

図5 層の単位で表現した多層パーセプトロン

ここで、各層の構成要素はあくまで前項で解説した単純パーセプトロンだということを忘れず、混乱しないようにしてください。ニューラルネットワークの学習では、このように小さな部品が集まって大きな部品を構成する、という構造がよく表れます。わかりやすくするために、しばしば小さな部品のことは隠して（抽象化して）表現されるので、今どの抽象度で図が書かれているのかを意識して読むとよいでしょう。このあたりは、関数やクラスによる抽象化、構造化といった操作に慣れたプログラマには馴染みやすい感覚かと思います。

また、入力のベクトルを**入力層**（input layer）、最後の層を**出力層**（output layer）や**最終層**、入力層と出力層の間のすべての層を**隠れ層**（hidden layer）や**中間層**と呼びます。

図5では入力ベクトル$\mathbf{x}$が「入力層」ですが、この図では「層」として表現されていません。中間層、出力層は「入力に重みを掛け、活性化関数を適用する」操作を指していますが、入力層は単純に入力されるベクトルのことを指しており、他の「層」とは趣が異なります。

本書の解説は、入力ベクトル$\mathbf{x}$（入力層）を層として数えない方針で書かれています。これは後述するコラム「層の数え方」とも関連します。

ところで、多層パーセプトロンの特別なケースとして、最終層のユニット数が1の場合を考えてみます。この場合、単純パーセプトロンのときと同様、出力値が0に近いときはクラスID＝0、1に近いときはクラスID＝1と解釈するすることで、この多層パーセプトロンを2クラス識別器と見ることができます。

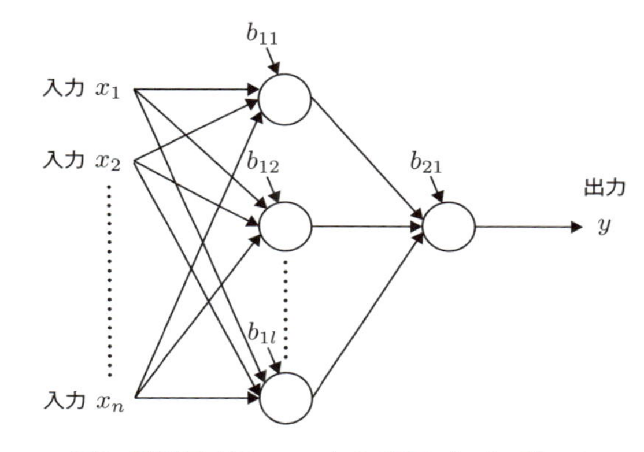

図6 最終層が1ユニットの多層パーセプトロン

では、「多層」パーセプトロンと呼べる最小限の層の数、2層からなるモデルをPythonコードで表現してみましょう。例えば、入力は3次元のベクトルで、それに続く層のユニット数は2、最終出力は1個としてみます。図にすると図7のような多層パーセプトロンです。出力層が1ユニットなので、前述のとおり、2クラス識別器として機能します。

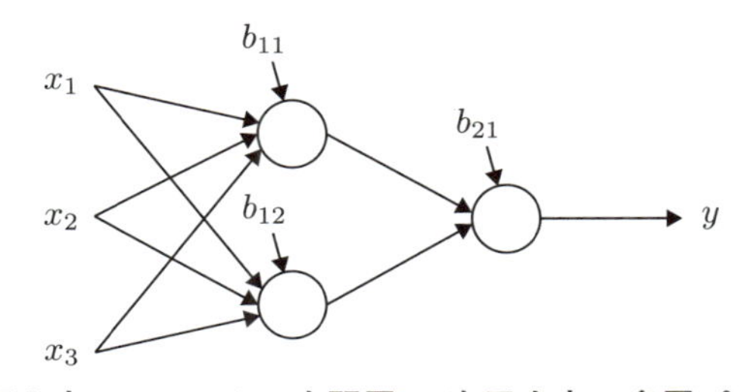

図7 3次元入力、2ユニットの中間層、1次元出力の多層パーセプトロン

最初の層のコードは以下のようになります。

リスト3 最初の層のPythonコード(イメージ)

```
def f_1(z):
    return max(z, 0)  # ReLU


def layer_1(x):
    # 1つ目のパーセプトロン
    w_11 = [-0.423, -0.795, 1.223]
    b_11 = 0.546
    z_11 = b_11 + x[0] * w_11[0] + x[1] * w_11[1] + x[2] * w_11[2]
    output_11 = f_1(z_11)

    # 2つ目のパーセプトロン
    w_12 = [1.402, 0.885, -1.701]
    b_12 = 0.774
    z_12 = b_12 + x[0] * w_12[0] + x[1] * w_12[1] + x[2] * w_12[2]
    output_12 = f_1(z_12)

    return [output_11, output_12]


x = [0.2, 0.4, -0.1]
out_1 = layer_1(x)
print(out_1)
```

添字(w_12の"12"など)がいきなり増えましたが、例えばw_12は「1層目の中の2個目のパーセプトロンの重み」という意味です。また、関数f_1の中身が前項の単純パーセプトロンのfから変わりましたが、これも08.3の「活性化関数(activation function)」で後述します。

ここではいったん説明のために愚直に書き下しましたが、ここも前項の単純パーセプトロンと同様、DRYに書き直したいですね。NumPyの行列演算を使って書き直してみます。

リスト4 最初の層のPythonコード(イメージ)・NumPy版

```
import numpy as np


def f_1(z):
    return np.maximum(z, 0)  # ReLU


def layer_1(x):
    W_1 = np.array([
        [-0.423, -0.795, 1.223],
```

```
        [1.402, 0.885, -1.701],
    ])
    b_1 = np.array([0.546, 0.774])

    z_1 = b_1 + np.dot(W_1, x)
    output_1 = f_1(z_1)

    return output_1


x = np.array([0.2, 0.4, -0.1])
out_1 = layer_1(x)
```

W_1は2次元配列ですが、その各行が1個の単純パーセプトロンの重み(リスト3のw_11、w_12＝1次元配列)になっていることに注目です。W_1は単純パーセプトロンの重み(値が横に並んだ1次元配列)を縦に並べたものともいえます(図8)。

```
W_1 = np.array([        w_11
    [-0.423, -0.795, 1.223],
    [1.402, 0.885, -1.701],
])                      w_12
```

図8 W_1はw_11とw_12を縦に並べたもの

複数の単純パーセプトロンの重みを1つの2次元配列W_1で表現してしまうことで、1つの層の出力をnp.dot(W_1, x)でまとめて計算できてしまいます。この結果は1次元配列となって、各パーセプトロンの重み(1次元)と入力x(1次元)の乗算を個別に行って並べたのと同じ結果が得られるのです。

```
np.dot(W_1, x)
```

は、行列W_1とベクトルxの積を表しています(1次元配列＝ベクトル、2次元配列＝行列)。

行列$\mathbf{W}$がn個のベクトル$\mathbf{w}_1, \mathbf{w}_2, \ldots, \mathbf{w}_n$を並べたものであるとき($\mathbf{W} = [\mathbf{w}_1, \mathbf{w}_2, \ldots, \mathbf{w}_n]$)、行列$\mathbf{W}$とベクトル$\mathbf{x}$の積は

$$\mathbf{W}\mathbf{x} = [\mathbf{w}_1 \cdot \mathbf{x}, \mathbf{w}_2 \cdot \mathbf{x}, \ldots, \mathbf{w}_n \cdot \mathbf{x}]$$

となり、$\mathbf{W}$を構成する各$\mathbf{w}$と$\mathbf{x}$の内積に分解できます。

1章の1.4.2の「行列の積とベクトルの内積」でも解説しています。

out_1は2次元ベクトル(要素数2の1次元配列)として得られます。このコードの一連の処理で、ベクトル(x)を入力してベクトル(out_1)を出力する層(layer_1)が実装できたことになります。

同様に次の層を足して、out_1を入力してみます。

リスト5 次の層のPythonコード（イメージ）

```
def f_2(z):
    return 1.0 / (1.0 + np.exp(-z))  # Sigmoid


def layer_2(x):
    W_2 = np.array([
        [1.567, -1.645],
    ])
    b_2 = np.array([0.255])

    z_2 = b_2 + np.dot(W_2, x)
    output_2 = f_2(z_2)
    return output_2


out_2 = layer_2(out_1)
print(out_2)
```

この層は単純パーセプトロン1個からなる層です。そのため、W_2の列方向の長さは1しかありませんが、あくまでその層のパーセプトロンの重みを並べた2次元配列であることに注意してください。

```
W_2 = np.array([
    [1.567, -1.645],
])              w_21
```

図9 W_2もW_1と同様の形式

以上のコードで、多層パーセプトロンの最終的な出力out_2が得られました。

```
[0.09041578]
```

ここまで、単純パーセプトロンを複数の層として重ねて、多層パーセプトロンを構成する方法を概説しました。単純パーセプトロンよりも多層パーセプトロンのほうが高性能な識別器となります。単純パーセプトロンは線形分離可能な問題にしか適用できないのに対し、多層パーセプトロンは線形分離不可能な問題にも対応可能です〈3〉（参考文献[12]）。

〈3〉 線形分離可能性についてはStep 06の06.2の「ハードマージンSVM、ソフトマージンSVM」で解説しました。

08.3 Deep Learningライブラリ Keras

前項では多層パーセプトロンのサンプルコード(のようなもの)を書きました。

ところで、その中に登場したlayer_1、layer_2もDRYに書きたいと思いませんか。1つの汎用的なlayer関数として定義できれば、もっと層を増やすことも、1層あたりのユニット数を変えることも簡単にできます。

この「layerを重ねて全体を構築する」という操作は、まさにニューラルネットワークの基本なので、すでにライブラリ化されて世の中に多くの実装があります。以降では、ライブラリを使ってニューラルネットワークを実装していきます。

本書では、数あるライブラリの中からKeras〈4〉を選択しました。ただし、どのライブラリもニューラルネットワークの操作を抽象化したものという点で同じですし、結果として似たような書き味のものが多いので、他のライブラリを使う場合でも本書の知識が役に立つはずです。

Kerasのインストール

公式ドキュメントに従いインストールしてください。なお、本書はKeras==2.1.6の環境で執筆しました。

Kerasによる多層パーセプトロンの実装

さて、前項のサンプルコードと同様の多層パーセプトロンを、Kerasで実装したのが以下のコードです。

リスト6 Kerasによる多層パーセプトロンの実装

```
from keras.layers import Dense
from keras.models import Sequential

model = Sequential()

model.add(Dense(units=2, activation='relu', input_dim=3))
model.add(Dense(units=1, activation='sigmoid'))
model.compile(loss='binary_crossentropy', optimizer='adam')
```

サンプルコードではぼかしていた事柄が、はっきりとコード上に表れてきました。1つずつ解説していきます。

〈4〉 https://keras.io/

層

このサンプルコードでkeras.layers.Denseクラスのインスタンスで表されているのが、多層パーセプトロンの「層」です。

1つ目の層の定義が以下です。キーワード引数からわかるとおり、この層の入力は3次元で、ユニット数は2です。activationは次ページで説明します。

```
model.add(Dense(units=2, activation='relu', input_dim=3))
```

2つ目の層の定義も同様ですが、input_dimは省略できます。前の層のユニット数unitsが2なので、自動的にこの層の入力は2次元と決まるからです。

```
model.add(Dense(units=1, activation='sigmoid'))
```

Column

層の数え方

ここで定義したような多層パーセプトロンは、「何層の」多層パーセプトロンでしょうか?

model.add(Dense(...))が2回呼ばれているので、「2層」というのが1つの数え方です。本書でもそのように数えています。

一方で、Wは層と層の間の重みと考えると、各Wにかけられる前のベクトルとかけられた後のベクトルが「層」ということになります。リスト4、リスト5の変数名でいえば、以下の3つです。

1. x
2. out_1
3. out_2

したがって、「3層」の多層パーセプトロンとなります。この考え方では、xが入力層、out_1が中間層(隠れ層)、out_2が出力層となり、「入力層」も「層」としてカウントする数え方といえます。

これらはどちらも正しく、数え方の流儀の違いです。「○○層パーセプトロン」という表記を見たら、どちらの数え方なのか注意しましょう。

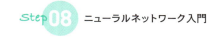

Kerasにおける各層の重み

リスト6では多層パーセプトロンの形（層の数や各層のユニット数など）は定義しましたが、それらの重みには触れませんでした。

Kerasで層をインスタンス化すると、その重みは暗黙的に乱数で初期化されます。乱数で初期化された重みに意味はないので、それを多層パーセプトロンが識別器として機能するよう更新する操作が「学習」になります。

> 乱数で初期化するといっても、まったくデタラメな値で初期化するのではなく、何らかのルールに従って生成された乱数が使われます。実は初期化のための乱数の生成ルールの選び方によって、学習時の効率（学習が早く終わるなど）に影響があることがわかっています（参考文献[13]、参考文献[14]）。このあたりには本書では10.3で軽く言及しますが、より深く知りたい方は調べてみてください。

Keras（または他の多くの深層学習ライブラリ）を使ったコーディングにおいては、重みの初期化に限らず様々な場面で、具体的な重みが隠蔽・抽象化されて、「層」の単位でコードを書くことになります。

重みにアクセスしたい場合は、.get_weights()、.set_weights()メソッドを利用します。

リスト7 keras.layers.Dense.get_weights()の例

```
print(model.layers[0].get_weights())
```

実行結果例（乱数を使っているので、結果の再現性はない）

```
[array([[-0.7075949 , -0.08095408],
       [-0.75410366,  1.0045465 ],
       [ 1.0026529 , -0.9306052 ]], dtype=float32), array([0.33881223, 0.05142746], dtype=float32)]
```

この例における.get_weights()の返り値は2要素のリストで、0番目がW、1番目がbとなっています（KerasではWの形が図8のものと縦横逆になります）。

活性化関数（activation function）

活性化関数はkeras.layers.Denseのキーワード引数activationで指定するものです。

```
model.add(Dense(units=2, activation='relu', input_dim=3))
model.add(Dense(units=1, activation='sigmoid'))
```

これは図2で$f(x)$と表していた関数のことです。前項のリスト3〜5のサンプルコードにはf、f_1、f_2といった名前の関数として登場していました。

パーセプトロンではまず入力と重みがかけ合わされ、それらがすべて足し合わされます。その結果に関数fで変換をかけて最終的な出力としますが、この変換をかける関数fが**活性化関数**（activation function）です。

パーセプトロンの実装でよく使われる活性化関数にはそれぞれ名前がついています。メジャーな活性化関数には以下の4つがあります。

● ReLU（Rectified Linear Unit）

`activation='relu'`

中間層で使われる活性化関数として、まずはこれだけ押さえておけばよいでしょう。後述のsigmoidやtanhも使えますが、reluのほうが、精度や収束しやすさの面で優れた性能を備えていることが知られています。近年ではほとんどのケースにreluやその発展形が使われます。

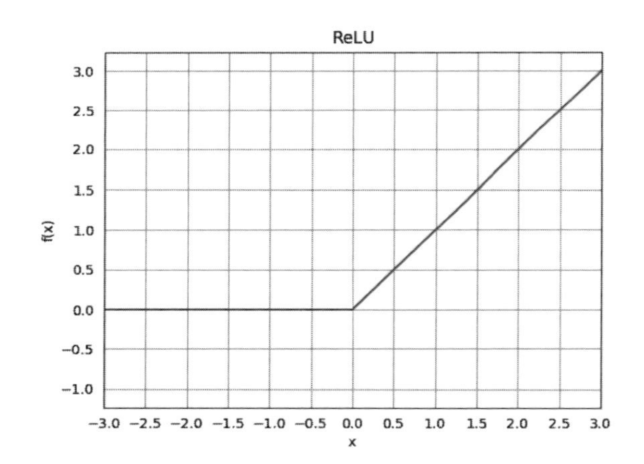

● Sigmoid

activation='sigmoid'

2クラス識別器としての多層パーセプトロンの最終層に使われます。出力が0と1の間に収まるので2クラス識別に使いやすく、また出力値を確率のようにみなせる利点があります。

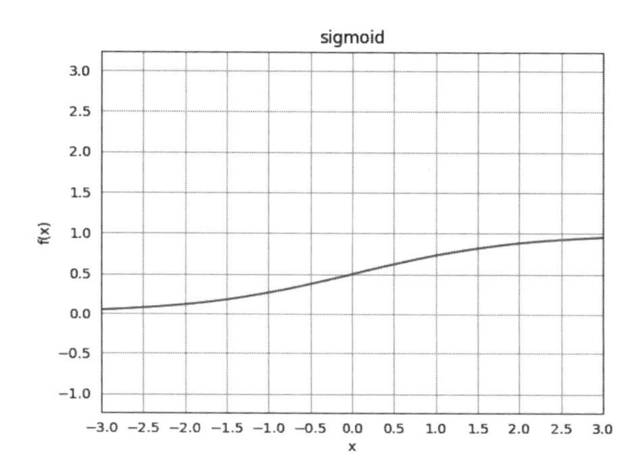

● Hyperbolic tangent

activation='tanh'

Sigmoidと同様に2クラス識別器としての多層パーセプトロンの最終層に使われます。出力値の範囲が−1と1の間のため、「値が−1に近い場合はクラスID＝0とする」と読み替えます。多くの場合、sigmoidよりも高い性能が出ます（参考文献[15]）。

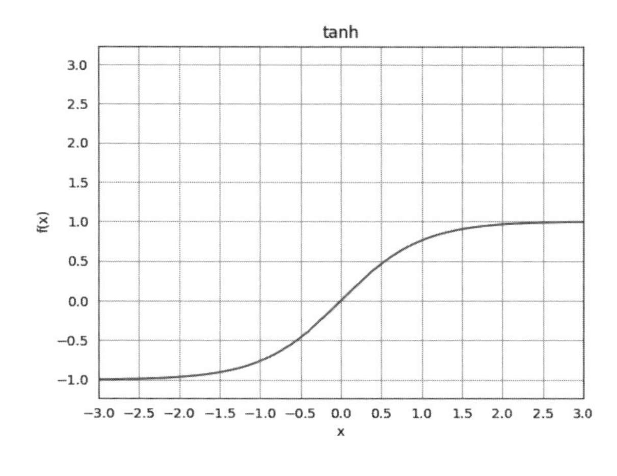

● Softmax

`activation='softmax'`

Step 09の09.1の「多クラス識別時の活性化関数」で詳しく紹介します。

これらのほかにもKerasで利用可能な活性化関数はhttps://keras.io/ja/activations/にまとめられています。

損失関数（loss function）

損失関数はmodel.compile()のloss引数で指定するものです。

```
model.compile(loss='binary_crossentropy', optimizer='adam')
```

識別器の学習では、教師データとして特徴ベクトルと正解ラベルのペア（サンプルコード中のX、y）が与えられます〈5〉。そして、Xを入力した際の出力がyに近くなるように、識別器（ここでは多層パーセプトロン）のパラメータ（重み）が調整されます。このとき、識別器の出力と教師データがどのような意味において近いことが望ましいか（遠いことが望ましくないか）を定義するのが、**損失関数**（**loss function**）です。

識別器は損失関数が定義する「望ましさ」に向かって学習されるので、損失関数を適切に選択することは望ましい識別器を得るために重要です。とはいえ、一般的によく使われる損失関数というのはある程度限られていて、解いている問題に応じて自ずと決まってきます。本書の範囲では、それらを紹介するにとどめたいと思います。

今回のサンプルは、出力が1次元で、その値が0と1のどちらに近いかで2クラスを識別する2クラス識別器でした。それに対しては、binary_crossentropyという損失関数がマッチします。

最適化手法（optimizer）

最適化手法はmodel.compile()のoptimizer引数で指定するものです。

```
model.compile(loss='binary_crossentropy', optimizer='adam')
```

多層パーセプトロンの学習は、損失関数によって定義された望ましさに向けて、パラメータを調整することだと述べました。これはパラメータの**最適化**（**optimization**）と呼ばれ、そのための手法（最適化手法、最適化アルゴリズム）をoptimizerで指定します。実装はKerasから提供されており、それを利用できます。

最適化手法にもいくつか種類があり、それぞれに特性があります。また実際には、最も良い性能を発揮す

〈5〉 教師あり学習。

るものを探すために試行錯誤が必要になることも多々ありますが、ここではいったんAdamという最適化手法を指定しています。

Kerasで利用可能な最適化手法はhttps://keras.io/ja/optimizers/にまとめられています。

08.4 多層パーセプトロンの学習

前項までのサンプルコードには登場しませんでしたが、本Stepまでに紹介した各種識別器と同様に、パーセプトロンも教師データを与えて学習することで識別器としての性能を獲得します。

Kerasを使って構築した多層パーセプトロンは、`.fit()`によって学習を実行できます。引数には、scikit-learnの各種識別器クラスの学習と同様、特徴ベクトルXとそれに対応する教師データ（正解クラスID）yを与えます。

リスト8 Kerasで構築した多層パーセプトロンの学習

```
import numpy as np

X = np.array([
    [0.3, 0.2, -0.7],    # 3 dims
    [-0.2, -0.1, 1.0],
    ...,
])
y = np.array([
    0,
    1,
    ...
])

model.fit(X, y, batch_size=32, epochs=100)
```

エポック数、バッチサイズ

`.fit()`にはepochs、batch_sizeという引数もあります。

上述したとおり、パーセプトロンの学習とは重みの調整ですが、これは重みの値を少しずつ望ましい方向に更新していくことによって行われます（これが08.3の「最適化手法（Optimizer）」で述べた最適化のプロセスです）。Step 10の10.2で詳しく説明します。つまり、最も望ましい重みの値に一発で変更されるわけではなく、ある種の繰り返し的な処理によってじわじわと重みが最適化されていくのです。

この学習の過程をもう少し詳しく述べると、以下のようになります。

1. 特徴ベクトル群Xのうちbatch_size個をパーセプトロンに入力し、計算を進めていって最終出力、すなわち予測結果を得る
2. 予測結果と教師データyを比較し、loss functionによって損失を求める
3. 損失を小さくするように重みを更新する

この1.〜3.を繰り返します。

1回につきbatch_size個の学習データを使い、何回か繰り返してすべての学習データを使い切ると、それが「**1エポック**(epoch)」という単位になります。例えば1,000件の学習データがあって、batch_size = 10と設定した場合、100回の繰り返し(つまり、100回の重み更新)で学習データを全件使い切るので、1エポック=100回です。

epochsは、この繰り返し処理を何エポック行うかを指定するパラメータです。すべての学習データを1回ずつ使うと1エポックですので、学習データを何回使うかという視点で繰り返し回数を指定するパラメータとなります。

> 細かい話ですが、Kerasの.fit()における繰り返し回数は、正確にはinitial_epochとepochsの組み合わせで決まります。initial_epochからスタートしたカウントが1エポックごとに+1され、epochsに達したときに繰り返しが終了します。initial_epochはデフォルトで0なので、通常はこのことを意識せずにepochsだけ指定して利用します。

Column

パーセプトロンの学習——誤差逆伝播法

上述した学習過程の中で、「誤差を小さくするように重みを更新する」のがパーセプトロンの学習のキモになります。これを実現する具体的な手法は**誤差逆伝播法**(back propagation、BP)と呼ばれ、パーセプトロンやその周辺のニューラルネットワーク技術全般を支える学習手法であり、非常に重要です。ニューラルネットワーク周辺の技術を理論的に理解する上で避けて通ることはできません。

しかし本書ではあえてこの部分の理論的な解説をスキップしています。Kerasに限らず各種ライブラリを利用すれば、この処理は.fit()に隠蔽されてしまうからです(複雑な処理、理論の隠蔽はまさにソフトウェアエンジニアリングの定番、ライブラリ化の恩恵ですね)。一方で.fit()におけるepochsやbatch_sizeなど、ある程度の理解がないと指定の仕方がわからないオプションもあるため、それらについてはなるべく定性的な説明にとどめ、「最低限使える」レベルの解説を心がけています。

繰り返しになりますが、誤差逆伝播法はこの分野を理論的に理解するためには必修科目ですので、一般的な深層学習の書籍には必ず解説が載っています。理論面も気になる方は、ぜひそちらも目を通してください。

学習率（learning rate）

パーセプトロンの学習では「ある種の繰り返し的な処理によってじわじわと重みが最適化されていく」と書きましたが、1回の重みの更新でどの程度重みの値を増減させるかを決めるパラメータが**学習率**（**learning rate**）です。

学習率が大きすぎると、重みの変化が大きすぎて、更新のたびに最適値の周辺を行ったり来たりして、いつまでも最適値に落ち着かないことになります。逆に小さすぎると、なかなか最適値にたどり着かず、学習に時間がかかってしまったり、場合によっては永遠に最適値に辿り着けなかったりします。

これに対する単純な対処の1つは、はじめは大きな学習率を使って大雑把に重みを最適値に近づけ、その後で小さな学習率に切り替えて、より正確に最適値を目指すという方法です。このように学習率を動的に変化させるのは常套テクニックであり、上述の最適化手法（optimizer）は、学習の進行に合わせて学習率を適切に変化させる手法ともいえます。

これらの最適化手法は、学習の進行に合わせて学習率を調整してくれますが、学習率の初期値はパラメータとして与えます。リスト6ではoptimizer='adam'とだけ指定していましたが、この場合はデフォルト値が使われます。

```
model.compile(loss='binary_crossentropy', optimizer='adam')
```

optimizer引数への'adam'という指定は、keras.optimizers.Adamクラスのインスタンスを指定することの略記法です。自分でAdamクラスのインスタンス化を行うことで、コンストラクタ引数で学習率の指定などを行えます。

```
from keras.optimizers import Adam
model.compile(loss='binary_crossentropy', optimizer=Adam(lr=0.001))
```

08.5 ニューラルネットワークとは?

前項まででKerasによる多層パーセプトロンの実装を例にとり、各種の技術要素やパラメータを解説してきました。一通り単純パーセプトロン、多層パーセプトロンを紹介したところで、本Step冒頭の説明にいったん立ち戻ってみます。

ニューラルネットワークは、生物の脳細胞を模して設計された計算モデルです。そして、ここまで説明した単純、多層パーセプトロンはニューラルネットワークと呼ばれる分野・モデルの一部です。また、本書では今後、これらを発展させた種々のモデルを導入していきますが、それらもニューラルネットワークと呼ばれます。

パーセプトロンは当初、生物の脳細胞を模して設計されましたが、コンピュータに知的な処理をさせることを目的とした研究の流れの中では、脳細胞の模倣へのこだわりは捨てられ発展してきました(生物の脳を理解するためにコンピュータで模倣することを目的とした研究分野もあります)。近年のこの分野の発展は、もはや生物の脳の仕組みとは関係なく進んでおり、前述の説明は怪しくなってきています(逆に生物学的な知見との関連性が再発見されたりもしていますが、それはまた別の話です。参考文献[12])。

本書では今後、そのような文脈で発展してきた、(パーセプトロンを含む)一連の技術・モデルを指して「ニューラルネットワーク」と呼びます。これらは、多層パーセプトロンのように、重みをパラメータとして持つ結合によって結ばれる複数個のユニットによって構成されるシステムです。本書で紹介するのは、近年ホットなそのうちの一部の分野です。

Column

KerasとTensorFlow、GPU

KerasはバックエンドにデフォルトでTensorFlowを利用しています。すなわち、KerasはTensorFlowのラッパーライブラリなのです〈6〉。

TensorFlowはGoogleが開発した有名な深層学習ライブラリです。多機能ですが抽象度の低い書き方をしなければならない部分も多いため、より使い勝手の良いKerasを本書では利用しています。

また、TensorFlowはCPU版とGPU版が存在します。GPUが搭載されたマシンで実行する場合はGPU版のインストールを試してみるとよいでしょう(CUDAなどのインストールも必要になるので少し大変ですが)。

一般的にニューラルネットワークの計算はGPUを利用することで高速化できます。上で見たように、ニューラルネットワークの計算は、その大半がベクトル・行列演算として表せます。そしてGPUはベクトル・行列演算を特に高速に実行できるので、ニューラルネットワークの計算と相性が良いのです。ニューラルネットワークの研究ではGPUの利用は不可欠なものになっています。

〈6〉 TensorFlowではなくTheanoをバックエンドに選択することもできます。

Step 09 ニューラルネットワークによる識別器

多層パーセプトロンを他クラス識別器として利用し、対話エージェントを実装してみる

09.1 多クラス識別器となる多層パーセプトロン

One-hot表現

Step 08で導入した多層パーセプトロンは、出力が1次元ベクトル（つまり数値1個）の2クラス識別器でした。一方、Step 06の06.1で紹介した識別器は、任意の数のクラスに対応可能な多クラス識別器でした。多層パーセプトロンも多クラス識別器として使ってみましょう。

図1のように最終層のユニットが複数ある多層パーセプトロンを考えます。この最終層のユニット数をクラス数と同じにし、クラスID＝iのときにはiのユニットが1、それ以外のユニットが0を出力するよう学習すれば、この多層パーセプトロンを多クラス識別器として扱えます。

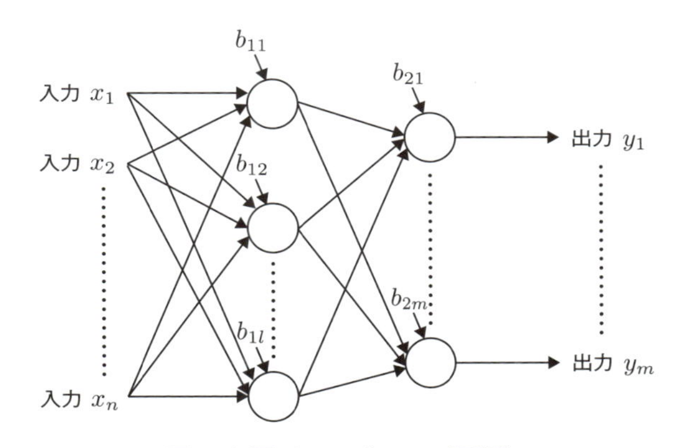

図1 多層パーセプトロン（再掲）

Kerasで書いてみましょう。100次元の特徴ベクトルを入力とし、10クラス識別をする例です。

リスト1 多クラス識別器としての多層パーセプトロンの例〈1〉

```
import numpy as np
from keras.layers import Dense
from keras.models import Sequential

model = Sequential()
model.add(Dense(32, input_dim=100, activation='relu'))
model.add(Dense(10, activation='softmax'))
model.compile(loss='categorical_crossentropy', optimizer='adam')

X = np.array([
    [...],  # 100 dims
    [...],
    ...
])
y = np.array([
    [1, 0, 0, 0, 0, 0, 0, 0, 0, 0],  # Class ID is 0
    [0, 1, 0, 0, 0, 0, 0, 0, 0, 0],  # Class ID is 1
    ...
])

model.fit(X, y, epochs=100)
```

基本的にはStep 08のリスト6と同じですが、予測すべきクラスが10個に増え、教師データyの形式が変わりました。クラスIDに対応した次元が1でそれ以外が0の10次元ベクトルになっています。ここでは多層パーセプトロンの出力が10次元ベクトルで、クラスIDに対応した次元が1、それ以外が0となるよう学習させたいので、yの形をそれに合わせているのです。このようなyの表し方を**one-hot表現**（one-hot encoding）といいます。

Step 06の06.1で紹介したscikit-learnの各種識別器は、例えば10クラス識別の場合ではyとして0〜9のクラスIDを直接指定していましたが、今回はそうではないので注意してください。

問題設定に合わせて各層のユニット数も変わりました。また、以下の変化がありました。

- 最終層の活性化関数が`softmax`になった
- 損失関数が`categorical_crossentropy`になった

ちなみに、中間層のユニット数は32としましたが、これは自明な値ではありません。実際のアプリケーショ

〈1〉 コード中の`100 dims`というコメントは「100次元」という意味です。

ンにおいては、良いパフォーマンスを得るために試行錯誤すべきパラメータです。ここではいったん32とおきました。

多クラス識別時の活性化関数

最終層のユニット数が2以上の多層パーセプトロンを使って多クラス識別をするときには、最終層の活性化関数としてsoftmaxがよく使われます。softmaxには以下のような、多クラス識別に適した性質があります。

- 出力が0と1の間に収まる
  各ユニットからの出力が0と1の間に収まるため、「クラスIDを表す次元が1でそれ以外が0」という設定にマッチします。
- 活性化関数を適用した層のすべての出力の和が1
  relu、sigmoidなどのStep 08の08.3の「活性化関数(activation function)」で紹介した活性化関数は、各ユニットの出力に個別に変換をかけますが、softmaxは対象の層のユニットすべての出力値を考慮して、各ユニットの値を変換します。softmaxにより変換された後の最終出力値は、その層のユニットすべての値を足すと1になるように調整されます。
- Softmaxを適用した層の各ユニットの出力値の、大きい値と小さい値の差が開く
  1つの層の各ユニットの出力値の中で、大きいものと小さいものの相対的な比が、softmaxを通すことで大きく開くようになります。つまり、元々大きかった値は1により近く、小さかった値は0により近くなるよう変換されます。
  2次元ベクトルをsoftmaxに入力した例を以下に示します。大小の差がある値が、softmaxを通すと、0と1の間に収まった上で、より大小の比が大きくなるよう、0か1に寄ります。

```
>>> softmax([[-1, 1]])
array([[ 0.11920292,  0.88079708]])
>>> softmax([[10, 20]])
array([[  4.53978687e-05,   9.99954602e-01]])
```

大きな値を持つユニット(出力の次元)が1つに限定されやすくなるため、多クラス識別において有用な性質です。

また、教師データとして与えるyの値は0か1のどちらかですが、softmaxの出力値は「0か1に近い値」となります。したがって、厳密には、「i番目のユニットの出力が最も大きければ、クラスID＝iと予測したこととする」という扱いになります。

さらに、softmaxの「出力の和が1」という性質により、その出力を確率と捉えることも可能になります。例

えば、最終層の活性化関数をsoftmaxにした多層パーセプトロンが[0.9, 0.01, ...]を出力したとします。すると、「0次元目が最大値なので予測結果がクラスID＝0である」というだけの解釈に加えて、「クラスID＝0である確率が90%、クラスID＝1である確率が1%、……」という解釈も可能になるわけです。

Column

2クラス分類と多クラス分類

本項ではNクラス分類のために最終層がNユニットの多層パーセプトロンを使っています。しかし、前項では2クラス分類のために、最終層が**1**ユニットの多層パーセプトロンを利用しました。本項の流れに従えば、2クラス分類のためには最終層が**2**ユニットの多層パーセプトロンを使うのが自然に思えます。

まず、本項の流れのとおり、最終層が2ユニットの多層パーセプトロンを2クラス分類器として使うことは可能です。ただし、2クラス分類の場合は特殊で、1つの出力で2クラス分類の結果を表現することができるため（0か1か、正か負か、など）、前項では最終層が1ユニットの多層パーセプトロンを2クラス分類器として紹介しました。

とすると逆に、2クラス分類のときは1ユニットの出力で2クラスを表現できたのだから、Nユニットあれば2^Nクラスの状態を表現できるのではないかと思われるかもしれません。逆にいうと、Nクラス分類のためには最終層のユニット数は$\log_2 N$で十分ではないかということです。2進法の考え方ですね。例えば、3ユニット用意して、000はID=0、001はID=1、010はID=2、…、111はID=7とすれば、8$(=2^3)$クラスを表現できるはずです。

数値表現としてはそのとおりなのですが、そのような表し方をするとニューラルネットワークの学習がうまくいきません。上の3ユニットで8クラスを表現しようとする場合の例を考えてみると、例えば2個目のユニットはID=2, 3, 6, 7のときに1を出力しますが（010=2, 011=3, 110=6, 111=7）、特に関連のない4つのクラスに対して同一のニューロンを反応させるよう学習するのは、直感的にも不自然でしょう。

結局、最終層のニューロン1個はクラス1つと一対一で対応させ、学習と予測を行う必要があるのです。また、こうすることでsoftmaxが使え、各出力を確率と解釈するといった利点も活かせるようになります。

多クラス識別時の損失関数

多クラス識別のために「i番目のユニットの出力が1でそれ以外が0なら、クラスID＝iと予測する」という設定を用いた場合、損失関数にはcategorical_crossentropyを用います。

クラスIDのリストを教師データとして使う

ここまで、多層パーセプトロンで多クラス識別をするために、「i番目のユニットの出力が1でそれ以外が0なら、クラスID＝iと予測する」という設定をし、そのために教師データyをone-hot表現で表すのだと説明しました。ただし、Kerasには、scikit-learnの各種識別器クラスの`fit`に入力したのと同様、クラスIDを並べただけのyの表現形式にも対応できるAPIが用意されています。本質的な解説ではありませんが、便利道具として紹介しておきます。

1. yを`keras.utils.to_categorical`でone-hot表現に変換する

非one-hot表現で用意されたyがある場合、`keras.utils.to_categorical`でone-hot表現に変換することができます。

```
import numpy as np
from keras.utils import to_categorical

y = np.array([0, 1, 2, 3, 4])
y_one_hot = to_categorical(y, 5)

print(y_one_hot)
```

実行結果

```
[[1. 0. 0. 0. 0.]
 [0. 1. 0. 0. 0.]
 [0. 0. 1. 0. 0.]
 [0. 0. 0. 1. 0.]
 [0. 0. 0. 0. 1.]]
```

2. 損失関数を`sparse_categorical_crossentropy`にして非one-hot表現のyに対応する

損失関数を`sparse_categorical_crossentropy`に設定すると、one-hot表現を出力する多層パーセプトロンの学習の教師データとして、非one-hot表現を受け取れるようになります。

```
import numpy as np
from keras.layers import Dense
from keras.models import Sequential

model = Sequential()
model.add(Dense(32, input_dim=100, activation='relu'))
model.add(Dense(10, activation='softmax'))
```

```
model.compile(loss='sparse_categorical_crossentropy', optimizer='adam')

X = np.array([
    [...],  # 100 dims
    [...],
    ...
])
y = np.array([
    0,
    1,
    ...
])

model.fit(X, y, epochs=100)
```

ここで多層パーセプトロンmodelの定義はリスト1と変わっておらず、それゆえ問題の定義も本質的には変わっていません。あくまで、one-hot表現のパーセプトロンの出力と非one-hot表現の教師データの橋渡しをする便利道具としてsparse_categorical_crossentropyがあるだけです。

09.2 対話エージェントへの適用

多クラス識別器として多層パーセプトロンを利用できるようになったので、Step 01で作成した対話エージェントの識別器として使ってみましょう。

実装例

以下が実装例となります。大枠はStep 01のリスト17と変わっていませんが、識別器がsklearn.svm.SVCからkeras.models.Sequentialを使った多層パーセプトロンに変わりました。具体的には、DialogueAgent#train、DialogueAgent#predictの実装が変わっています。

また、Step 02の02.6やStep 04の04.9で前処理の追加やTF-IDFへの変更を行って対話エージェントを改善しましたが、これらの変更も取り入れています。

リスト2 多層パーセプトロンを識別器として利用した対話エージェント

```
import unicodedata
from os.path import dirname, join, normpath

import MeCab
```

```
import neologdn
import numpy as np
import pandas as pd
from keras.layers import Dense
from keras.models import Sequential
from keras.utils import to_categorical
from sklearn.feature_extraction.text import TfidfVectorizer


class DialogueAgent:
    def __init__(self):
        self.tagger = MeCab.Tagger()

    def _tokenize(self, text):
        text = unicodedata.normalize('NFKC', text)
        text = neologdn.normalize(text)
        text = text.lower()

        node = self.tagger.parseToNode(text)
        result = []
        while node:
            features = node.feature.split(',')

            if features[0] != 'BOS/EOS':
                if features[0] not in ['助詞', '助動詞']:
                    token = features[6] \
                            if features[6] != '*' \
                            else node.surface
                    result.append(token)

            node = node.next

        return result

    def train(self, texts, labels):
        vectorizer = TfidfVectorizer(tokenizer=self._tokenize,
                                     ngram_range=(1, 2))
        tfidf = vectorizer.fit_transform(texts)

        # (1)
        feature_dim = len(vectorizer.get_feature_names())
        n_labels = max(labels) + 1

        # (2)
        mlp = Sequential()
```

```
        mlp.add(Dense(units=32,
                      input_dim=feature_dim,
                      activation='relu'))
        mlp.add(Dense(units=n_labels, activation='softmax'))
        mlp.compile(loss='categorical_crossentropy',
                    optimizer='adam')

        # (3)
        labels_onehot = to_categorical(labels, n_labels)
        mlp.fit(tfidf, labels_onehot, epochs=100)

        self.vectorizer = vectorizer
        self.mlp = mlp

    def predict(self, texts):
        tfidf = self.vectorizer.transform(texts)
        predictions = self.mlp.predict(tfidf)
        predicted_labels = np.argmax(predictions, axis=1)  # (4)
        return predicted_labels


if __name__ == '__main__':
    BASE_DIR = normpath(dirname(__file__))

    training_data = pd.read_csv(join(BASE_DIR, './training_data.csv'))

    dialogue_agent = DialogueAgent()
    dialogue_agent.train(training_data['text'], training_data['label'])

    with open(join(BASE_DIR, './replies.csv')) as f:
        replies = f.read().split('\n')

    input_text = '名前を教えてよ'
    predictions = dialogue_agent.predict([input_text])
    predicted_class_id = predictions[0]

    print(replies[predicted_class_id])
```

1. sklearn.svm.SVCを使ったときはtfidf、labelsの次元数を明示的に扱う必要はありませんでしたが、多層パーセプトロンはモデルの構築時に入出力を含めた各層のユニット数を指定する必要があります。そのため、入力次元数=入力する特徴ベクトルの次元数をfeature_dims、出力次元数=ラベル数をn_labelsで明示的に表現しています。
2. **Kerasで多層パーセプトロンを構築します。09.1で解説したとおりの内容です。**

3. `labels`がクラスIDのリストとして用意されるので、09.1の「クラスIDのリストを教師データとして使う」で説明したとおり、学習時はone-hot表現に変換して`.fit()`に入力しています。
4. 09.1で解説したとおり、出力はone-hot表現(正確には0と1ではありませんが)なので、このうち最も値の大きい次元のインデックスを予測結果のクラスIDとします。ここでは`np.argmax()`でそれを行っています。

> リスト2では09.1の「クラスIDのリストを教師データとして使う」で説明した方法のうち、1つ目(`to_categorical`を使う)を採用しましたが、2つ目の方法(損失関数として`sparse_categorical_crossentropy`を使う)でももちろん実装可能です。試してみましょう。

Kerasのscikit-learn API

Kerasはscikit-learnとは独立したライブラリなので、異なるAPI体系を持っています。しかしscikit-learnは機械学習を利用したシステムの構築に幅広く利用されているため、そこにKerasをscikit-learnと親和した形で組み込めると便利です。これを実現するためのラッパークラスがKerasから提供されています。Kerasの`keras.models.Sequential`で構築したモデルをラップして、scikit-learnと同様のAPIでアクセスできるようになります。

リスト3 Kerasのscikit-learn APIラッパーを使ったサンプル

```
import numpy as np
from keras.layers import Dense
from keras.models import Sequential
from keras.wrappers.scikit_learn import KerasClassifier


def build_mlp(input_dim=100, hidden_units=32, output_dim=10):  # (1)
    model = Sequential()
    model.add(Dense(units=hidden_units,
                    input_dim=input_dim,
                    activation='relu'))
    model.add(Dense(units=output_dim,
                    activation='softmax'))
    model.compile(loss='categorical_crossentropy',
                  optimizer='adam')

    return model


X = np.array([
    [...],  # 100 dims
```

```
    [...],
    ...
])
y = np.array([  # (3)
    0,
    1,
    ...
])

input_dim = X.shape[1]
n_labels = max(y) + 1

classifier = KerasClassifier(build_fn=build_mlp,  # (2)
                             input_dim=input_dim,
                             hidden_units=32,
                             output_dim=n_labels)

classifier.fit(X, y, epochs=100)
```

1. **まず、Kerasでモデルを構築して返す関数を定義します。**
2. **Scikit-learnの識別器クラスと同様のAPIを提供するのが`keras.wrappers.scikit_learn.KerasClassifier`です。KerasClassifierをインスタンス化する際に、上記の関数を`build_fn`引数に渡すことで、そのモデルをラップした識別器インスタンスが得られます。**
3. **Scikit-learnの識別器クラスを使う場合と同様、教師データ`y`はクラスIDのリストとなります。**

Scikit-learnの識別器クラスは`.fit()`で教師データのクラスIDのリストを受け取り、`.predict()`で予測クラスIDのリストを返しますが、`keras.wrappers.scikit_learn.KerasClassifier`の`.fit()`、`.predict()`も同様の動作をします。つまり、Kerasで定義した多層パーセプトロンモデルはone-hot表現で動作しますが、それをラップした`KerasClassifier`は、`fit()`時は`to_categorical`相当の処理を行い、`predict()`時は`np.argmax`相当の処理を行ってくれるのです（リスト2では`to_categorical`も`np.argmax`も自分で書いていました）。`.fit()`については上記の3.で確認でき、`.predict()`については下記の例で確認できます。

リスト4 `keras.wrappers.scikit_learn.KerasClassifier.predict`の結果は、one-hot表現ではなくクラスIDのリスト

```
print(classifier.predict(some_feature))
```

実行結果例〈2〉

```
[1 5 7 2 6 7 5 8 5 4]
```

その他の詳細はhttps://keras.io/ja/scikit-learn-api/を参照してください。

sklearn.pipeline.Pipelineへの組み込み

Scikit-learn APIラッパーによってscikit-learnの識別器クラスと同様のAPIを利用できるようになったので、sklearn.pipeline.Pipelineに組み込むことも当然可能です。対話エージェントの実装をpipelineを利用したものに書き換えてみましょう（Step 01のリスト19と同様）。

リスト5 Kerasとsklearn.pipeline.Pipelineを利用した対話エージェント

```
import unicodedata
from os.path import dirname, join, normpath

import MeCab
import neologdn
import pandas as pd
from keras.layers import Dense
from keras.models import Sequential
from keras.wrappers.scikit_learn import KerasClassifier
from sklearn.feature_extraction.text import TfidfVectorizer
from sklearn.pipeline import Pipeline


class DialogueAgent:
    def __init__(self):
        self.tagger = MeCab.Tagger()

    def _tokenize(self, text):
        text = unicodedata.normalize('NFKC', text)
        text = neologdn.normalize(text)
        text = text.lower()

        node = self.tagger.parseToNode(text)
        result = []
        while node:
            features = node.feature.split(',')
```

〈2〉 上記のコードを読者が実行したとき、全く同じ結果が再現するとは限りません。ニューラルネットワークの重みの初期化におけるランダム性や、その他様々な要因によります。

```
            if features[0] != 'BOS/EOS':
                if features[0] not in ['助詞', '助動詞']:
                    token = features[6] \
                            if features[6] != '*' \
                            else node.surface
                    result.append(token)

            node = node.next

        return result

    def _build_mlp(self, input_dim, hidden_units, output_dim):
        mlp = Sequential()
        mlp.add(Dense(units=hidden_units,
                      input_dim=input_dim,
                      activation='relu'))
        mlp.add(Dense(units=output_dim, activation='softmax'))
        mlp.compile(loss='categorical_crossentropy',
                    optimizer='adam')

        return mlp

    def train(self, texts, labels):  # (1)
        vectorizer = TfidfVectorizer(tokenizer=self._tokenize,
                                     ngram_range=(1, 2))
        vectorizer.fit(texts)

        feature_dim = len(vectorizer.get_feature_names())
        n_labels = max(labels) + 1

        classifier = KerasClassifier(build_fn=self._build_mlp,
                                     input_dim=feature_dim,
                                     hidden_units=32,
                                     output_dim=n_labels)

        pipeline = Pipeline([
            ('vectorizer', vectorizer),
            ('classifier', classifier),
        ])

        pipeline.fit(texts, labels, classifier__epochs=100)

        self.pipeline = pipeline

    def predict(self, texts):
```

```
        return self.pipeline.predict(texts)  # (2)


if __name__ == '__main__':
    BASE_DIR = normpath(dirname(__file__))

    training_data = pd.read_csv(join(BASE_DIR, './training_data.csv'))

    dialogue_agent = DialogueAgent()
    dialogue_agent.train(training_data['text'], training_data['label'])

    with open(join(BASE_DIR, './replies.csv')) as f:
        replies = f.read().split('\n')

    input_text = '名前を教えてよ'
    predictions = dialogue_agent.predict([input_text])
    predicted_class_id = predictions[0]

    print(replies[predicted_class_id])
```

1. keras.wrappers.scikit_learn.KerasClassifierとsklearn.pipeline.Pipelineを組み合わせて、scikit-learn的な書き方でpipelineにまとめています。ただしKerasClassifierのインスタンス化時に入出力の次元を知る必要があるため、その前で一度vectorizer.fit()を呼ぶ必要が生じ、Step 01のリスト19と比べると冗長になってしまっているのが残念な点です。
2. 予測がこの1行で完結するのはpipelineに隠蔽したメリットといえるでしょう。また、学習時と予測時の間で取り回すべきインスタンス変数もself.pipeline 1個に抑えられています。

評価

この対話エージェントをStep 01の01.5と同様のスクリプトで評価すると、正解率が約66%に上がっていることがわかります〈3〉。

実行結果

```
0.6595744680851063
```

〈3〉 上記のコードを読者が実行したとき、全く同じ結果が再現するとは限りません。ニューラルネットワークの重みの初期化におけるランダム性や、その他様々な要因によります。

応用課題

上記のサンプルコードは中間層のユニット数や学習時のepoch数が固定されていますが、実際のアプリケーションにおいては、これらのパラメータは最適値を探して都度変更するため、引数で与えられるようにしておくのが便利です。上記のコードを改変し、これらのパラメータを引数で与えられるようにして、より柔軟なプログラムにしてみましょう。

本Stepではニューラルネットワーク入門として、単純パーセプトロンからスタートし、多層パーセプトロンを説明しました。多層パーセプトロンはニューラルネットワークの基礎となるモデルです。

この後、より発展的な内容に移っていきます。

Step 10 ニューラルネットワークの詳細と改善

層を深くする難しさと重みの最適化手法、ニューラルネットワークのチューニング方法を知る

10.1 Deep Neural Networks

層を深くしたときの課題

Step 08の08.2で、単純パーセプトロンから発展して多層(2層〈1〉)パーセプトロンを導入しました。そして、単純パーセプトロンでは解けない問題(線形分離不可能な問題)を、多層パーセプトロンなら解くことができると解説しました。このようなモデルの自然な拡張は、層の数を増やす、すなわちニューラルネットワークを深く(deepに)することでしょう。

一般に、学習データが十分な数あれば、層の数を増やすことで性能の向上が期待できます。なぜなら、多層化することでニューラルネットワーク内の調整可能なパラメータ=重みの数が増え、識別器としての柔軟性が増すからです。深層学習の文脈では、これを「ニューラルネットワークの表現力が上がる」などと言い表します。

ニューラルネットワークを深く(deepに)するというところから、Deep Learningという語が生まれました。層の数がいくつ以上ならdeepと呼べるかに関して厳密な定義はありませんが、Step 09で解説した2層のニューラルネットワークはdeepとは言わず、3層以上をdeepと呼ぶのが1つの境界です(近年はどんどん層の数の多いモデルが提案され、3、4層程度ではdeepと呼ばなくなってきましたが……)。

さて、多層パーセプトロンの層を増やす実装は簡単です。例えばリスト1は、Kerasで4層パーセプトロンを実装した例です。層(`keras.layers.Dense`のインスタンス)を`model.add`するだけで層を追加できます。

〈1〉 再度注意ですが、数え方の流儀によって3層と呼ぶこともあります(Step 08のコラム「層の数え方」)。

リスト1 4層パーセプトロンのKeras実装例

```
from keras.layers import Dense
from keras.models import Sequential

model = Sequential()
model.add(Dense(32, input_dim=100, activation='relu'))
model.add(Dense(32, input_dim=100, activation='relu'))
model.add(Dense(32, input_dim=100, activation='relu'))
model.add(Dense(10, activation='softmax'))
model.compile(loss='categorical_crossentropy', optimizer='adam')
```

ただし、このように層の数を増やしていくと、下記のような問題が発現してきます。

- 過学習しやすくなる
  ニューラルネットワークの表現力が高まることにより、学習データに過剰に適合する「過学習」が起こりやすくなります。大量の学習データを用意するのが、過学習を避けるための1つの手段です。逆に、学習データの数が十分でない場合、闇雲に層を増やしても精度は上がりません。
  一般的に、学習データの数が多いほど、適切な層の数は多くなります。逆に、学習データの数が少ない(数百、数千、数万程度)の場合は、2、3層のニューラルネットワークで十分、むしろそれが最も性能が出るということもよくあります。
- 学習がうまく進まない(適切な重みを得るのが難しくなる)
  層の数が増えると、学習によって各層の重みを適切な値に設定することの難易度が上がります。これについては、後で10.1の「Batch normalization」でも解説します。
- 計算量の増大
  学習時も予測時も、層の数が増えれば必要な計算量は増えます。過学習を避けるために学習データの量を増やす必要もあるので、なおさらです。
  近年Deep Learningが隆盛した原因の1つが、膨大な計算量を扱えるだけのコンピュータの発達であったと言われています。これには単なるCPUクロックの向上だけでなく、GPUをニューラルネットワークの計算に利用する技術の登場なども含まれます(参考:Step 08のコラム「KerasとTensorFlow、GPU」)。また、本書の範囲外ですが、膨大な計算量を扱えるコンピュータに頼るだけでなく、計算量を抑えつつ高精度を達成するようなニューラルネットワークを設計するための研究も盛んです。

特に層数の多いニューラルネットワークを組んだときに問題になるこれらの事象に対する処方箋として、いくつかの手法を以下で紹介します。

ニューラルネットワークは層の数を増やしていくと性能向上が期待されるのですが、層の数の増加に伴い様々な困難も発生し、期待したような性能を得られないことも多々あります。その困難を克服し、ディープにすることによる性能向上の恩恵を受けられるようにしたところに1つの飛躍があり、「Deep Learning」という名前で呼ばれています。

Early stopping

層の数が多いと、ニューラルネットワークの表現力が高いため、学習データへ過剰に適合してしまう、すなわち過学習しやすくなります。Step 08の08.4の「エポック数、バッチサイズ」でも述べたとおり、ニューラルネットワークの学習はある種の繰り返し処理によって少しずつ進んでいきますが、学習が進んで学習データへの適合の度合いが上がっていくと、ある時点からテストデータに対する精度が下がり始めます。これがニューラルネットワークにおける過学習です。これを避けるため、学習を進めながら逐次テストデータで性能を評価し、テストデータに対する精度が下がり始めたら、そこで学習を切り上げます。これを**early stopping**といいます。

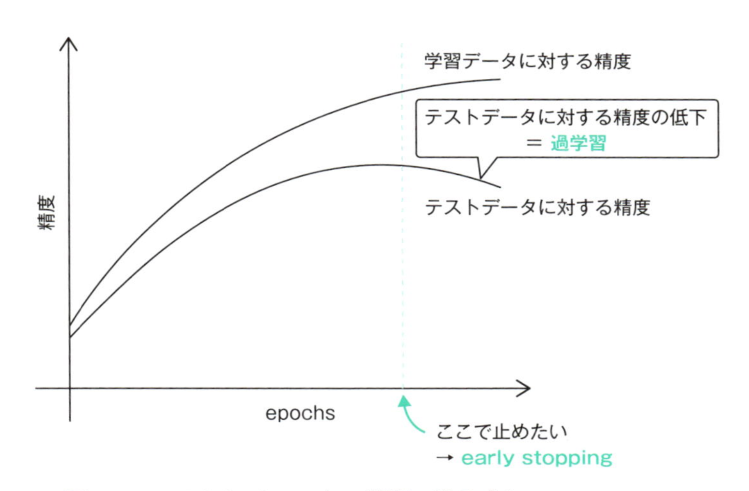

図1 ニューラルネットワークの学習の進み方とearly stopping

この「early stoppingのためのテストデータ」には、最終的な評価に利用するテストデータとは別のものを用意し、**バリデーションデータ**(validation data)と呼びます。Step 07の07.1ではデータセットを「学習データ」と「テストデータ」に分けましたが、この学習データをさらに2つに分けて、一方を「学習データ」、もう一方を「バリデーションデータ」とします(バリデーションデータという語は、early stopping以外の文脈でも登場します。学習の段階で評価値を得るために利用する、最終的な評価のためのテストデータとも学習データとも違う別のデータ群です)。

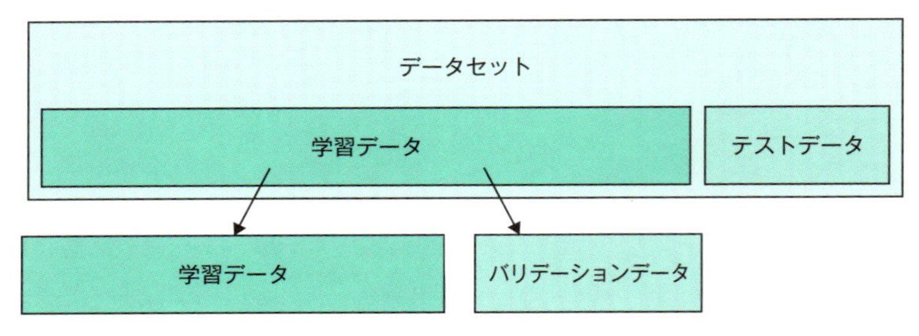

図2 学習データとバリデーションデータに分ける

Kerasでは以下のようにしてearly stoppingを実現できます。

```
from keras.callbacks import EarlyStopping

...略...

model.fit(X, y,
          epochs=100,
          validation_split=0.1,
          callbacks=[EarlyStopping(min_delta=0.0, patience=1)])
```

Kerasにはコールバックという仕組みがあり、early stoppingはこれを利用して実装されています。`fit()`のキーワード引数`callbacks`にコールバックのlistを指定すると、それらのコールバックが学習中に逐次呼び出されます。Kerasではいくつか実装済みのコールバックを利用でき、early stoppingを実現するコールバックもその中の1つです〈2〉。具体的には、`keras.callbacks.EarlyStopping`のインスタンスをコールバックとして指定することで、early stoppingを実現します。

この例では`keras.callbacks.EarlyStopping`のコンストラクタ引数`min_delta`と`patience`を設定しています。これらのパラメータの役割について、マニュアルから以下に転記しておきます〈3〉。

- min_delta：監視する値について改善として判定される最小変化値。つまり、min_deltaよりも絶対値の変化が小さければ改善していないとみなします。
- patience：ここで指定したエポック数の間（監視する値に）改善がないと、訓練が停止します。

`fit()`のキーワード引数`validation_split`を設定することで、Xとyを内部で自動的に学習データとバリデーションデータに分けてくれます。`validation_split`の値は、その際のバリデーションデータの割合で

〈2〉 コールバックそのものの仕様や、early stopping以外のコールバックの実装などが気になった方は、APIリファレンスを参照してください（https://keras.io/ja/callbacks/）。Kerasに習熟してきたらいろいろ試してみるとよいでしょう。

〈3〉 https://keras.io/ja/callbacks/#earlystoppingより。（2019/02/24時点）

す。この例では0.1(10%)を指定しています。

Kerasは、early stoppingによる中断がなくても、epochs回目のepochで学習を終了します。epochsの値が小さいとearly stoppingが効くまでもなく学習が切り上げられてしまうので、early stoppingを設定する際は、epochsには余裕を持って大きめの値を設定しておきましょう。上記の例では100としましたが、この値は問題設定によって変わります。実際に試しながら、early stoppingが効く程度に大きい値を見つけてください。

Dropout

Dropoutも、過学習を抑えて性能を上げることを目的とした手法の1つです。学習時に一部のユニットを一定の割合でランダムに無視します。予測時には全ユニットを使います。

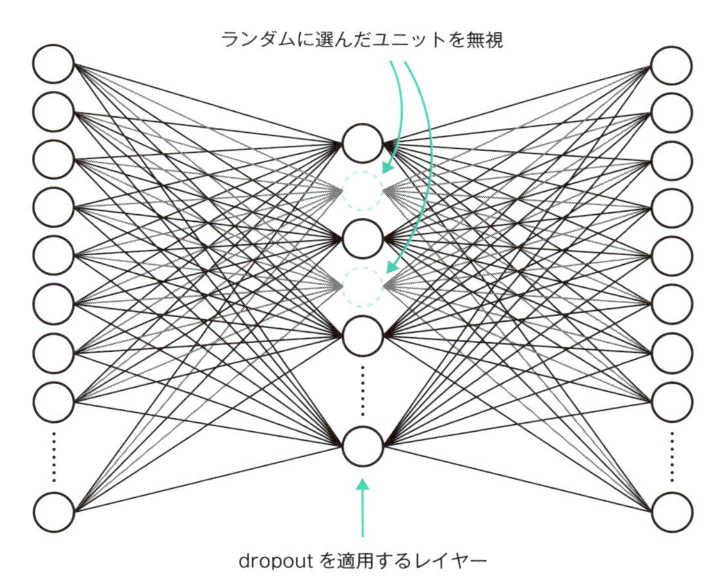

図3 学習時にはランダムに選んだユニットを無視

これにより、ユニット数の少ないニューラルネットワークを複数個学習させ、それらの結果を足し合わせて予測を行うのと似た状況が作られます。1回の学習で有効になるユニットの数が少ない=表現力が抑えられているので過学習しづらく、また複数のニューラルネットワークの足し合わせに似た予測の仕方は、アンサンブル学習(Step 06の06.3)と同様の効果を発揮し、性能向上に寄与すると言われています(参考文献[16])。

Kerasでは以下のようにしてdropoutを実装できます。

```
from keras.layers import Dense, Dropout

...略...

model = Sequential()
model.add(Dense(64, input_dim=n_dims, activation='relu'))
model.add(Dropout(0.5))
model.add(Dense(64, activation='relu'))
model.add(Dropout(0.5))
model.add(Dense(32, activation='relu'))
model.add(Dropout(0.5))
model.add(Dense(n_classes, activation='softmax'))
model.compile(loss='categorical_crossentropy', optimizer='adam')
```

通常の多層パーセプトロンの層（keras.layers.Dense）の後ろに、keras.layers.Dropoutのインスタンスを層として追加しました。

Kerasではdropoutはkeras.layers.Dropoutクラスとして実装されており、このクラスのインスタンスをモデルに追加するだけで、ニューラルネットワークに組み込んで利用できます。コンストラクタ引数はユニットを無視する割合です。上の例では0.5（50%）に設定してありますが、問題によっては異なる値を設定したほうが性能が良くなる可能性もあります。

Batch normalization

ニューラルネットワークをdeepにしていくと現れる別の問題として、学習の進みづらさ・不安定さがあります。

Step 08の08.4の「エポック数、バッチサイズ」では多層パーセプトロンの学習について軽く触れ、「重みの値を少しずつ望ましい方向に更新していくことが学習である」と述べました。

さて、層数の多いニューラルネットワークを学習するときのことを考えてみましょう。学習の過程でニューラルネットワークの重みが更新されていきます。手前の層の重みが更新されると、手前の層の出力が全体的に変化します。すると、手前の層の出力は後ろの層の入力なので、後ろの層にとっては、学習中に学習データが変化し続けるような状態になります。こうなると、後ろの層はコロコロ変わる入力データに惑わされ、重みをどの値に近づけていってよいかわからなくなってしまいます。

せっかく学習を進めているのに、手前の層の重みの更新のせいで、後ろの層の重みの更新が妨げられるという、なんとも困った事態に陥ります。この現象を**内部共変量シフト**（internal covariate shift）と呼びます〈4〉。

Batch normalizationは内部共変量シフトを避け、deepなニューラルネットワークでも安定した学習を行うための手法です。Kerasでは以下のようにしてbatch normalizationを実装できます。

〈4〉 このあたりは発展的な内容です。

リスト2 batch_normalization.py

```
from keras.layers import Dense
from keras.layers.normalization import BatchNormalization

...略...

model = Sequential()
model.add(Dense(64, input_dim=n_dims, activation='relu'))
model.add(BatchNormalization())
model.add(Dense(64, activation='relu'))
model.add(BatchNormalization())
model.add(Dense(32, activation='relu'))
model.add(BatchNormalization())
model.add(Dense(n_classes, activation='softmax'))
model.compile(loss='categorical_crossentropy', optimizer='adam')
```

keras.layers.normalization.BatchNormalizationがbatch normalizationを実装したクラスです。Dropout同様、このインスタンスは層として追加できます。

また、batch normalizationは活性化関数の前に挿入する使い方も存在します。

リスト3 batch_normalization_before_activation.py

```
from keras.layers import Activation, Dense
from keras.layers.normalization import BatchNormalization

...略...

model = Sequential()
model.add(Dense(64, input_dim=n_dims))
model.add(BatchNormalization())
model.add(Activation('relu'))
model.add(Dense(64))
model.add(BatchNormalization())
model.add(Activation('relu'))
model.add(Dense(32))
model.add(BatchNormalization())
model.add(Activation('relu'))
model.add(Dense(n_classes, activation='softmax'))
model.compile(loss='categorical_crossentropy', optimizer='adam')
```

今までのコードでは、活性化関数はkeras.layers.Denseのコンストラクタに指定し、Denseに活性化関数を含めていました。ここではkeras.layers.Activationに分離し、それらの間にkeras.layers.normalization.BatchNormalizationを挟んでいます。

10.2 ニューラルネットワークの学習

ニューラルネットワークの学習時に指定する重要なパラメータbatch_size、optimizerについて理解するため、これらの周辺知識を紹介します。

勾配降下法

「ニューラルネットワークの学習は、ニューラルネットワークの出力と正解データの誤差を小さくするように、ある種の繰り返し的な処理によって、じわじわと重みを最適化していくことである」とStep 08の08.4の「エポック数、バッチサイズ」で述べました。この最適化手法には、**勾配降下法**(gradient descent)や**確率的勾配降下法**(stochastic gradient descent、SGD)といった名前がついています(これらの違いについてはこの後の「確率的勾配降下法とミニバッチ法」で後述します)。

重みの値を初期値からどう動かすと誤差がどう増減するかは求めることができます。したがって、誤差を小さくするための重み更新の方向がわかるので、そちらに重みの値を動かすと少し誤差が改善します。これを繰り返していくと、最終的に誤差を最も小さくする重みの値にたどり着ける、という考え方です。

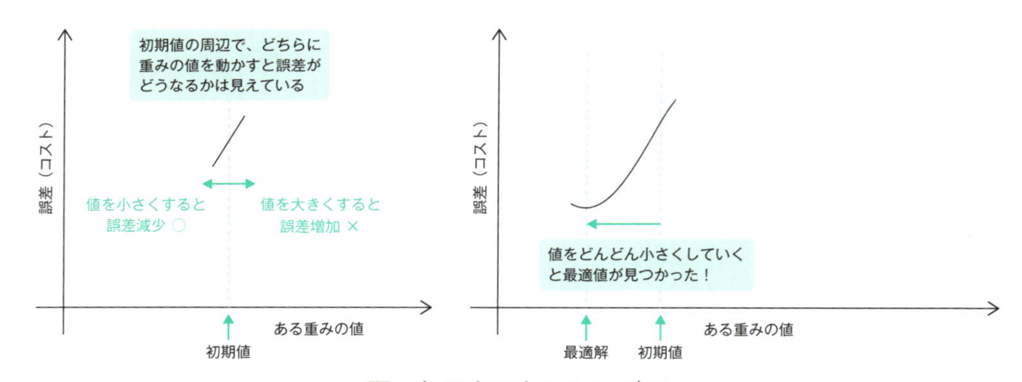

図4 勾配降下法のイメージ図

> 数学的には、誤差を表す関数(誤差関数、error function)を、重みで微分することで傾きを求め、傾きの逆方向に重みの値を更新します。誤差関数はニューラルネットワークのすべての重みの関数として表されます。そして、誤差関数をそれぞれの重みについて偏微分すれば、それぞれの重みの値をどちらの方向へ更新すべきかがわかります。

大域最適解と局所最適解

「重みを少しずつ良い方向に更新することで、ニューラルネットワークの出力の誤差を小さくしていく」勾配降下法には問題点があります。それは、「短期的には誤差を増すように見える方向に重みを更新していくと、実は山を越えた後で、より誤差を小さくできる重みの最適値が得られる」ような場合に、その最適値を得る可能性を潰してしまうことです。この誤差の山を越えることをせずに、現在の重みの値の周辺だけを見て決めてしまった重みの最適値のことを**局所最適解**（local optimum）といいます。逆に、あらゆる可能な重みの値の中で、最も誤差を小さくできる値を**大域最適解**（global optimum）といいます。

図4の例も、実は値を大きくする方向に重みを更新していったら、実はもっと誤差を小さくする重みの値を見つけることができたのに、というケースがあるかもしれません。

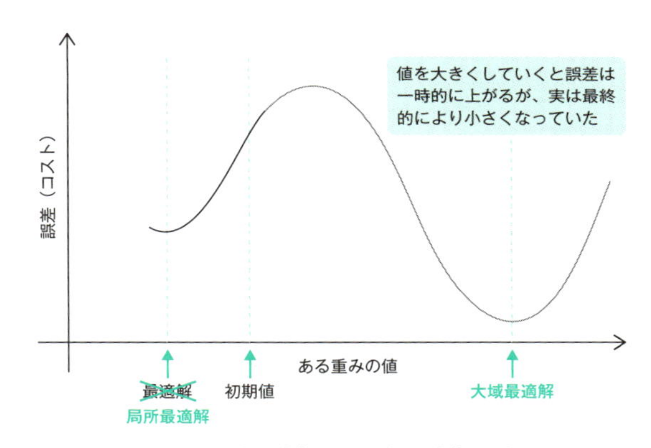

図5 局所最適解と大域最適解の例

局所最適解に陥ることは、ニューラルネットワークの学習において回避すべき問題の1つです。しかし、ニューラルネットワークの最適化は複雑で、真の大域最適解を直接求めることはできません。できるのは、局所最適解を避け、できるだけ大域最適解に近づけるように、重み更新の手法を改善することです。

確率的勾配降下法とミニバッチ法

Step 08の08.4の「エポック数、バッチサイズ」で、バッチサイズというパラメータを簡単に紹介しました。

一方、勾配降下法による学習では、バッチサイズ分の個数の学習データを一度に投入し、それに対して誤差を計算し、重みの更新を行います。この「一度に投入されるバッチサイズ分の個数の学習データ」を**ミニバッチ**（mini batch）といいます。つまり、1つのミニバッチの投入時には、そのミニバッチに含まれる学習データの平均に対して、重みの更新=ニューラルネットワークの最適化が行われることになります。

バッチサイズというパラメータは何に影響するのでしょうか。例えば「ミニバッチのサイズ=全学習データの数」というケースを考えてみましょう。つまり、一度に全データを投入し、全データの平均に対して重みの更新を行います。これは「勾配降下法」と呼ばれます。この場合、学習データをすべて投入して計算をしてからでないと重み更新が行われないので、全体の計算に対して重みの更新が行われる頻度がとても低くなり、学習が進みづらくなってしまいます。また、学習データ中に似たデータが含まれていた場合、重複した計算を行うことになり無駄が生じてしまいます。さらに、上述のとおり局所最適解に陥りやすいというデメリットもあります。

逆に「ミニバッチのサイズ＝1」というケースを考えてみましょう。つまり、一度に1個だけ学習データを投入し、それに対して重みの更新を行う場合です。これは「確率的勾配降下法」と呼ばれます（重みの更新のたびに1個の学習データをランダムに選択して投入するのが「確率的」の意味するところです）。この場合、学習データの中に似たデータが含まれていても、重複した計算が発生する無駄を回避でき、効率が良くなります。また、学習データの選択にランダム性があるので、重みの更新方向がブレやすく、局所最適解に陥りにくいというメリットもあります（図5の例では、学習データ全体としては重みの値を小さくすると誤差が小さくなりますが、学習データ1個で誤差を計算した場合、その1個の選び方によっては重みの値を「大きくすると」誤差が小さくなるケースも存在します。そのような学習データが選ばれたときには重みは大きくなるよう更新されるので、「誤差の山」を超えて右側の大域最適解にたどり着く可能性が生まれます）。

確率的勾配降下法は、局所最適解に陥りやすい勾配降下法のデメリットの克服を意図したものです。一方で、学習データ中にノイズとなるようなデータがあると、それに対する重みの更新も行われてしまうため、重みの更新のブレが悪い方向に作用して、学習が安定しなくなります。

これらの中間をとり、ある程度の個数のデータ（例えば、Kerasのデフォルトでは32）をまとめてミニバッチにすることで、バランスを取るようにしたのが「ミニバッチ法」です。最適な両者のバランス、すなわちバッチサイズの値は問題によって変わるため、性能を追求するにはいろいろな値を試す必要があります。

10.3 ニューラルネットワークのチューニング

ニューラルネットワーク（多層パーセプトロン）には、設計者が決められる（決めなければならない）パラメータが数多くあります。層を増やすこと以外にも、ニューラルネットワークの性能を上げるために調整できるところはたくさんあります。このあたりは発展的な内容を含み、それらを使いこなすには、理論の背景まで理解しなければなりません。その解説は他書に譲り、ここでは自分で調べるためのフックとなるキーワードを列挙する程度にとどめます。

● バッチサイズ

まずは学習時のバッチサイズを変えてみましょう。Kerasではデフォルトが32です。デフォルトの32から1/2倍（16）にしたり2倍（64）にしたりして様子を見たり、さらに1/2倍（8, 4, ...）、2倍していきましょう（128, 256, ...）。また、最小の1を設定したり、大きめの512を設定したりします。

ここでは設定する値の候補として2のべき乗を挙げていますが、そうである必然性はありません。慣習といってしまってよいでしょう〈5〉。実際、ハイパーパラメータ探索(Step 14で後述)で最適なバッチサイズを求めると、2のべき乗以外の値が求まり得ます。ただ、(底が2でなくとも)べき乗で値を変えていくこと自体は、小さい値は密に、大きい値は疎に探索することになり、値の探索として好ましいやり方といえます(例えば、2と4の違いは、192と194の違いより大きい)。Step 14の14.3の「対数一様分布」も参考にしてください。

● Optimizer

広く知られたoptimizerをざっと挙げるだけでも、以下のようなものがあります。

- SGD〈6〉
- RMSprop
- Adam
- Adagrad
- Adadelta

よく使われるのはAdamですが、他のoptimizerも試してみるとよいでしょう。Adamが最も後発ですが、すべての問題に対してAdamが最適というわけではありません。問題によっては、最も基礎的なSGDが、学習率の設定さえ適切なら最高性能を出すということもあり得ます。

Optimizerの選択によっては、後述の学習率や、各optimizerに固有のパラメータもチューニングの対象になり得ます。Step 08の08.4の「学習率(learning rate)」で述べたとおり、他のoptimizerは、SGDにおける学習率を動的に変更し、性能を上げることを意図したものです。

なお、Kerasではそれぞれ対応したクラスが`keras.optimizers`モジュールで提供されています。

● 学習率

Kerasでoptimizerとして Adamを利用すると、学習率の初期値はデフォルトで`0.001`です。とりあえずこのパラメータを1/10倍したり10倍したりして様子を見てみましょう。1/10の累乗(...0.1, 0.01, 0.001, 0.0001, 0.00001, ...)も試してみましょう。

● 活性化関数

広く使われる活性化関数はReLUですが、これを切り替えるのも1つの選択肢です。ただし、Step 08の08.3の「活性化関数(activation function)」で述べたとおり、sigmoidやtanhはあまり使われません。ReLUの改良版であるSeLUやLeaky ReLUなどを検討してみてください。

Kerasでは基本的には活性化関数は、層の`activation`引数に文字列で指定するか、初期化時に文字列で指定した`keras.layers.Activation`のインスタンスを使いますが、Leaky ReLUなどの一部の活性化関数は、特別に`keras.layers.LeakyReLU`のようなクラスで用意されています。詳しくはAPIリファレンスを参照してください。

〈5〉 2のべき乗に揃えるとコンピュータで扱うときの効率が良くなるという理由づけはできるかもしれませんが、それがどの程度支配的な影響を持つかは疑問です。やはり、プログラマにとって馴染みのある数字であるというのも、これらの数字が選ばれる理由の1つなのでしょう。

〈6〉 SGDは確率的勾配降下法(stochastic gradient descent)のことです。

リスト4 activation_selu.py

```
from keras.layers import Dense
from keras.models import Sequential

model = Sequential()
model.add(Dense(64, input_dim=n_dims, activation='selu'))
model.add(Dense(64, activation='selu'))
model.add(Dense(n_classes, activation='softmax'))
model.compile(loss='categorical_crossentropy', optimizer='adam')
```

リスト5 activation_leakyrelu.py

```
from keras.layers import Dense, LeakyReLU
from keras.models import Sequential

model = Sequential()
model.add(Dense(64, input_dim=n_dims, activation=LeakyReLU(0.3)))
model.add(Dense(64, activation=LeakyReLU(0.3)))
model.add(Dense(n_classes, activation='softmax'))
model.compile(loss='categorical_crossentropy', optimizer='adam')
```

● 正則化

過学習を避けるための手法として**正則化**(regularization)があります。正則化とは、ニューラルネットワークの重みの絶対値が大きくなりすぎないよう制約をかけることを指します。Kerasでは、レイヤークラスの引数kernel_regularizerにkeras.regularizersモジュールで提供される関数の返り値を指定します。

リスト6 regularization.py

```
from keras import regularizers
from keras.layers import Dense
from keras.models import Sequential

model = Sequential()
model.add(Dense(64, input_dim=n_dims,
                activation='relu',
                kernel_regularizer=regularizers.l2(0.1)))
model.add(Dense(64,
                activation='relu',
                kernel_regularizer=regularizers.l2(0.1)))
model.add(Dense(n_classes,
                activation='softmax',
```

```
                kernel_regularizer=regularizers.l2(0.1)))
model.compile(loss='categorical_crossentropy', optimizer='adam')
```

正則化をSGDなどで実現するためのテクニックには**weight decay**という名前がついており、フレームワークによってはregularizationではなくweight decayという名前で機能を提供しています。

●重みの初期化

Step 08の08.3の「Kerasにおける各層の重み」では、「ニューラルネットワークの重みは乱数で初期化される」と書きました。この乱数の分布は、指定することができます。Kerasでは、レイヤークラスの引数`kernel_initializer`に`keras.initializers`モジュールで提供される関数の返り値を指定します。

リスト7 initialization.py

```
from keras import initializers
from keras.layers import Dense
from keras.models import Sequential

model = Sequential()
model.add(Dense(64, input_dim=n_dims,
                activation='relu',
                kernel_initializer=initializers.glorot_normal()))
model.add(Dense(64,
                activation='relu',
                kernel_initializer=initializers.glorot_normal()))
model.add(Dense(n_classes,
                activation='softmax',
                kernel_initializer=initializers.glorot_normal()))
model.compile(loss='categorical_crossentropy', optimizer='adam')
```

Column

現実の問題解決におけるトレードオフ――どこまで性能を追い求めるべきか？

機械学習に限らず、この世のほとんどの問題について言えることですが、性能が高くなるにつれて、投入するコストに対する性能向上の見返りは少なくなってきます。作業を始めてからすぐの頃は、前処理を変えたり識別器を変えたりすることで簡単に10%も性能が上がっていたのに、最後のほうになってくると、0.1%の性能向上のために大量のパラメータについて試行錯誤しなければならなくなってきます。

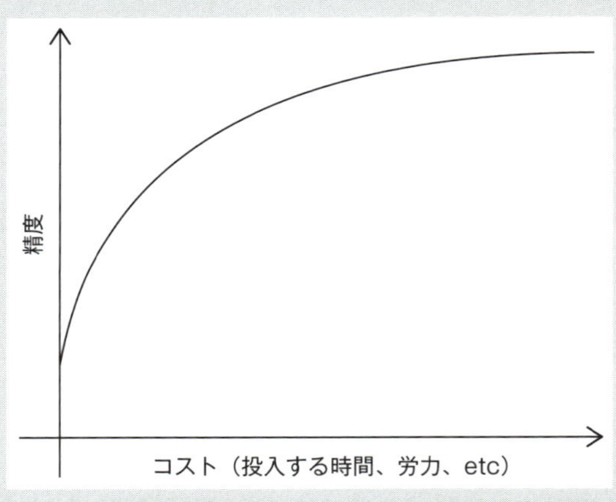

図6 投入したコストと精度向上のイメージ図

Kaggleなどのコンペティションや研究のような世界では、0.1%の性能向上を追い求めるインセンティブがあります。僅かな性能差で1位と2位が決まってしまいます。これらは、固定されたデータセットを使って、多数の参加者が横並びで競争し、ある評価指標のもとでの成績に基づいて厳密に順位がつけられる世界です。

一方で、ビジネスにおける問題解決では事情が異なります。手に入るデータセットは日々変わり、そのために最適なパラメータは変化し続けるでしょう。また、0.1%の性能差は、ほとんどの場合、追い求めるべきKPIではないでしょう。そのような世界で、今手に入るデータセットに最適化された、最後の0.1%の性能向上を、コストを払って追い求めるべきかについては、よく考える必要があります。

Step 11 Word Embeddings

ニューラルネットワークの面白い応用の1つ、「単語の分散表現」＝単語の意味を表現するベクトル

11.1 Word embeddingsとは?

本Stepでは、自然言語処理の興味深い領域の1つである**word embeddings**を扱います。Word embeddingsは、単語を実数値の特徴ベクトルに変換する手法全般のことを指します。

本書ではここまでStep 04の内容を中心にして、いくつかの特徴抽出手法を解説してきましたが、これらの手法は(Step 04の04.7のアドホックな特徴量を除けば)基本的にはBoWの亜種だといえます。BoWは「(複数の単語の集合である)文の特徴量」ですが、同様の特徴抽出を1単語に対して行うことを考えてみると、「語彙数に等しい次元数で、表現したい単語に対応する要素は1、それ以外は0のベクトル」が得られます。これは「one-hot表現」と呼ばれます〈1〉。

これに対して、word embeddingsは、(設計者が設定した)特定の次元数で、すべての次元の値が何らかの実数値となるベクトルを生成します。そして、word embeddingsによって得られたこのベクトルを、単語の**分散表現**(distributed representation)と呼びます。

ある単語(例えば「東京」)という単語をBoW(one-hot表現)とword embeddingsで特徴ベクトル(分散表現)化すると、以下のようなイメージになります。

〈1〉 One-hot表現はStep 09のリスト1にも登場しました。表現したい対象を、対応する次元のみが1、それ以外が0のベクトルで表す方法を一般にone-hot表現といいます。

One-hot 表現

[0, 0, 0, 0, 0, 0, 0, 0, 0, 0, 1, 0, 0, ……,0, 0, 0, 0, 0, 0]

分散表現

[-0.433, -1.104, -0.191, -1.942, ……,-2.642]

図1 One-hot表現と分散表現の比較

ここまでの説明をまとめると、次の表のようになります。

表1 One-hot表現とword embeddingsの比較

	One-hot表現	Word embeddings(distributed representation)
ベクトルの次元数	語彙数。実用上、数万〜数百万にのぼることも	設計者が決めた固定値。実際には数百程度が指定される
ベクトルの値	特定の次元のみが1で、その他は0	すべての次元が実数値をとる

Word embeddingsで得られるのは、単語の特徴ベクトルです。ある単語をword embeddingsでベクトル化したら、当然デタラメな数値列が出てくるわけではなく、元の単語の特徴が反映されたベクトルになっています。ただし、one-hot表現(やBoW)のように、元の単語との対応関係がわかりやすいベクトルにはならず、ぱっと見ただけでは、よくわからない実数値が並んだベクトルにしか見えません。

次項では、word embeddingsによって得られる単語の分散表現を扱うコードを実際に動かしてみて、分散表現がどういったベクトルなのかを見ていきます。

11.2 Word embeddingsに触れてみる

実際にword embeddingsを使って、その性質を確かめてみましょう。ここではGensimというライブラリを利用します。

Gensimのインストール

公式ドキュメントに従いインストールしてください。基本的にpipでインストールすれば大丈夫でしょう。

```
$ pip install gensim
```

なお、本書の執筆にあたっては、gensim==3.5.0を利用しました。

Analogy task

いきなりですが、以下のサンプルコードを実行してみましょう。Word embeddingsの面白い性質の1つが見えてきます。

```
import gensim.downloader as api

model = api.load('glove-wiki-gigaword-50')  # (1)

tokyo = model['tokyo']  # (2)
japan = model['japan']
france = model['france']

v = tokyo - japan + france  # (3)

print('tokyo - japan + france = ',
      model.wv.similar_by_vector(v, topn=1)[0])  # (4)
```

1. **gensim.downloaderを利用し、すでに準備されているword embeddingsモデルをダウンロードする。**
2. **各単語のword embeddingsを得る。例えば、コード中のtokyo変数は、"tokyo"という単語に対応する特徴ベクトル。**
3. **"tokyo", "japan", "france"に対応する特徴ベクトルを足し引きして、ベクトルを得る。**
4. **3.で得たベクトルと最も近い特徴ベクトルを持つ単語を探す。**

実行結果

```
tokyo - japan + france =  ('paris', 0.9174968004226685)
```

tokyo − japan + france = parisという式が現れました。なんとなく意味は通っていそうですが、これはいったい何なのでしょうか。

2.ではtokyo、japan、franceの各単語に対応する特徴ベクトル（分散表現）を取得しています。modelは、単語をキーにしてベクトルを取得できるdictのように振る舞います〈2〉。このdictには大量の単語と、それぞれに対応した分散表現が格納されています。

ここで利用したモデルでは、各単語の分散表現は50次元の特徴ベクトルとして得られます。例えばmodel['tokyo']では以下のようになります。

〈2〉 実際の実装はgensim.models.keyedvectors.KeyedVectorsクラスです。str（単語）からnp.ndarray（分散表現）へのマッピングを表現するクラスです。詳細はhttps://radimrehurek.com/gensim/models/keyedvectors.htmlなどを読むとよいでしょう。

```
>>> model['tokyo']
array([-0.31168   ,  0.19471   ,  0.19075   ,  0.68413   ,  0.29163   ,
       -0.8988    ,  0.22633   ,  0.17832   , -1.4774    , -0.091882  ,
        0.089789  , -0.94473   , -0.19385   ,  0.58078   ,  0.20208   ,
        0.9924    , -1.0311    ,  0.42467   , -1.142     ,  0.71974   ,
        2.1561    , -0.14197   , -0.92983   , -0.28101   , -0.011046  ,
       -1.6787    ,  0.44449   ,  0.54703   , -0.71357   , -0.67743   ,
        2.3393    ,  0.28577   ,  1.4062    , -0.0078203, -0.15283   ,
       -1.1147    ,  0.2415    , -0.65908   , -0.044945  ,  0.046839  ,
       -1.1396    , -0.44836   ,  0.91807   , -0.74048   ,  1.0508    ,
        0.052699  ,  0.13431   ,  0.62261   ,  0.61384   , -0.097283  ],
      dtype=float32)
>>> model['tokyo'].shape
(50,)
```

3.は、純粋にベクトルの加算と減算です。tokyo、japan、franceの各単語に対応する特徴ベクトルを足し引きして、結果のベクトルをvに保存しています。

4.はvに最も近いベクトルを、modelに格納された分散表現から探し出し、それに対応した単語を表示しています。ここでは単語「paris」の分散表現が探し出されました。数値はvと「paris」の分散表現の類似度です。

すなわち、純然たるベクトルの計算として、

「tokyo」の分散表現−「japan」の分散表現+「france」の分散表現 ≈「paris」の分散表現

が成り立っている、ということになります。

一方で、「意味の足し算、引き算」というものがあると仮定すると、tokyo − japan + france = parisというのは自然と理解できるでしょう。「Tokyo（東京=日本の首都）」から「Japan（日本）」を引くと「首都」という意味になり、それに「France（フランス）」を足すと、「フランスの首都」という意味になる、そして「フランスの首都」は「Paris（パリ）」である、という具合です。

驚くべきは、抽象的な「意味の足し算、引き算」という考え方を、具体的な数値の計算である「ベクトルの足し算、引き算」で（近似的に）表現できてしまっている点です。より正確にいえば、単語の意味の足し引きをベクトルの足し引きで表現できるような、ある種のベクトル（=分散表現）を求めることができているということです。

ここで利用したモデル（GloVe、後述）では、単語からベクトルを得るために、ニューラルネットワークを利用しています。単語（のone-hot表現）を入力すると分散表現を出力するニューラルネットワークを学習によって得るのですが、ここではGensimによって提供されている学習済みのモデルを1.で読み込んで利用しています。

> Gensimが提供している学習済みモデルは、こちらのリポジトリから確認できます。
> https://github.com/RaRe-Technologies/gensim-data
> word2vec-google-news-300やglove-wiki-gigaword-50以外にも様々なモデルが提供されています。

ここで紹介したjapan − tokyo + france の例は、「JapanにとってのTokyoは、Franceにとっての何?」という問題を解いているともいえます。このような「AにとってのXは、Bにとっての何?」という問題に答えるタスクは、analogy taskと呼ばれる自然言語処理の一分野です。

この例題の答えとして得られるjapan − tokyo + france = parisは、franceを右辺に持っていくとjapan − tokyo = paris − franceとなり、analogy taskの答えをそのまま表現できています。ベクトルを空間中の矢印として表すと、よりイメージしやすいでしょう（図2）。

> Step 04の04.8と、高校数学を思い出してください。Step 04の04.8では、ベクトルはベクトル空間中の点と書きましたが、(0, 0)からの矢印ともみなせます。また、2つのベクトルの差は、一方からもう一方への矢印に相当します。

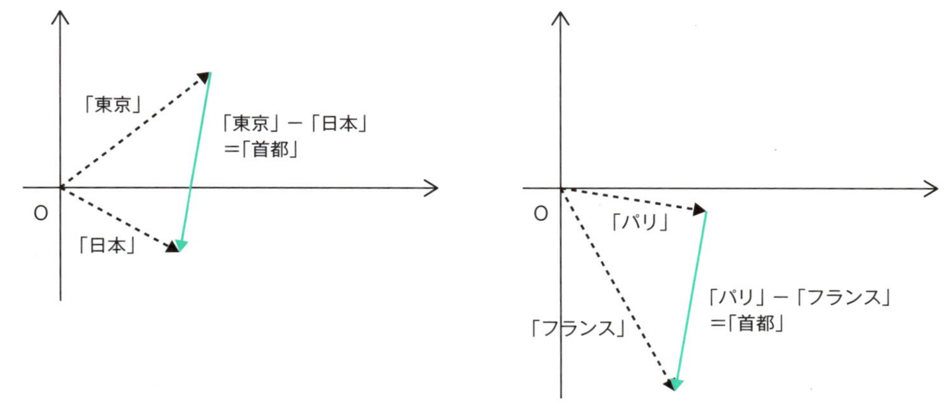

図2 Analogy task（「東京」-「日本」≒「パリ」-「フランス」）

応用課題

japan − tokyo + franceの例以外にも、意味の足し算、引き算の例を自分で考えて試してみましょう。

類義語

次は、以下のようなサンプルコードを実行してみましょう。

```
import gensim.downloader as api

model = api.load('glove-wiki-gigaword-50')  # (1)

tokyo = model['tokyo']  # (2)
print(model.wv.similar_by_vector(tokyo))
```

実行結果

```
[('tokyo', 1.0), ('osaka', 0.8219321966171265), ('seoul', 0.8158921003341675), ('japan',
0.8078721165657043), ('shanghai', 0.7954350113868713), ('japanese', 0.7557870745658875), ('yen',
0.731688916683197), ('singapore', 0.7233644127845764), ('beijing', 0.7195608019828796),
('taipei', 0.7153447270393372)]
```

このコードは、ベクトル空間の中で、"tokyo"の分散表現の周辺に配置される分散表現を検索しています。数字は類似度です〈3〉。

1位は"tokyo"自身なので置いておくとして、2位以下を見てみると、意味的に"tokyo"に近い単語が並んでいるのがわかります。単語の分散表現には、単語同士の意味の近さが、それぞれに対応する分散表現同士のベクトル空間中での近さに反映されるという性質があるので、単語の類義語検索としても利用できるのです。

応用課題

上記の例以外にも、類義語検索の例を自分で考えて試してみましょう。

Word embeddingsの性質

Word embeddingsによって得られる分散表現には、以下のような性質があることを見てきました。

- ベクトルの足し算、引き算で意味の足し算、引き算を表現できる

〈3〉 Cosine類似度と呼ばれる類似度です。

● 意味が近い単語の分散表現は、ベクトル空間の中で近くに分布する

これらの性質から、word embeddingsによって得られる単語の分散表現は、「単語の意味を表現したベクトル」である、と言うことができます。

Step 04の04.8を思い出してください。ベクトルは、ベクトル空間の中の点とみなすことができます。この捉え方によれば、word embeddingsによって得られた例えば50次元の分散表現は、50次元ベクトル空間の中の点です。すると、word embeddingsは、単語をこの50次元ベクトル空間の中の点としてマッピングする手法であるといえます。このマッピングの操作のことを、「単語を埋め込む(embedする)」と言い表します。

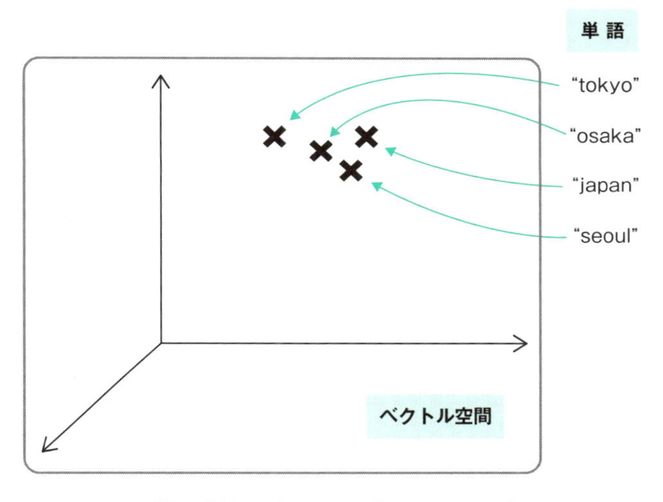

図3 単語の埋め込み(embedding)

Column

意味を表現するベクトル空間

ここでさらに考えを進めていくと、このベクトル空間は「意味」を表現する空間と捉えることができます。つまり、意味の似た単語同士が近くに分布するということは、それらの単語が分布する領域そのものが、意味に対応していると考えられます。

私たちの自然言語では、意味は離散的なシンボルである「単語」によって表現するしかないわけですが、単語を埋め込んだベクトル空間には意味がなめらかに分布していると考えると面白いですね。

Word embeddingsの種類

Word embeddingsは手法の総称であると述べましたが、ここではその中の代表的な手法を紹介します。

● Word2Vec

Word2Vecは2013年にTomas Mikolovらが発表し話題になりました（参考文献[17]）。「文章中のある単語からその周囲の数単語を予測する」あるいは「文章中のある単語をその周囲の数単語から予測する」というタスクをニューラルネットワークに解かせると、そのニューラルネットワークが単語の分散表現を獲得する、という仕組みになっています〈4〉。

● GloVe

Word2Vecの翌年発表された手法です（参考文献[18]）。Word2Vecは文章中の連続する数単語に着目して分散表現を得る手法でしたが、それでは学習データ全体の統計情報を使うことができません〈5〉。GloVeは、学習データ全体における単語の共起頻度情報（どの単語とどの単語が同時に使われやすいか）を利用したword embeddingとなっています。

● fastText

まず文字n-gram（Step 04の04.5）の分散表現を得て、それらを足し合わせて単語の分散表現とします。文字n-gramベースなので、単語の活用や表記ゆれに強い、未知語に強い、などの特徴があります。

Facebook AI Researchから発表されました（参考文献[19]）。

11.3 学習済みモデルの利用と日本語対応

前項ではword embeddingsの入り口として、Gensimから簡単に利用できるモデルを使いました。`gensim.downloader`を利用してPythonコードから簡単にロードできるよう整備されているのはありがたいですが、残念ながら執筆時点では日本語の単語が含まれたモデルはGensimからは提供されていません。

一方で、Gensim以外の組織や個人から、日本語で学習したword embeddingsのモデルが配布されており、それらを利用することができます（もちろん日本語以外のモデルも、いろいろな組織や個人から配布されています）。

例えば、https://github.com/Kyubyong/wordvectorsから日本語Word2Vecのモデルをダウンロードして使ってみましょう〈6〉。`ja.zip`をダウンロードして解凍すると`ja/ja.bin`が得られるので、以下のようなコードで利用できます。

〈4〉 といっても、この説明だけだと、何を言っているのかわからないかもしれません。より詳しくはStep 16の参考文献などを参考に調べてみてください。

〈5〉 LSA（Step 05の05.2）

〈6〉 このページでは、日本語に限らず各国語の学習済みモデルが提供されています。

リスト1 ダウンロードした日本語Word2Vecモデルによるanalogy taskの例

```
from gensim.models import Word2Vec

model = Word2Vec.load('./ja/ja.bin')

tokyo = model['東京']
france = model['フランス']
japan = model['日本']

print(model.wv.similar_by_vector(tokyo - japan + france))
```

実行結果

```
[('パリ', 0.5090547800064087), ('東京', 0.482392281293869), ('ルーアン', 0.4618484675884247), ('アムステルダム', 0.4602998197078705), ('ウィーン', 0.4559346139431), ('クラクフ', 0.4543962776660919), ('ブリュッセル', 0.4534413516521454), ('サンクトペテルブルク', 0.45139598846435547), ('ストラスブール', 0.4500630497932434), ('リヨン', 0.44288453459739685)]
```

ほかにも以下のような組織が、日本語で学習したword embeddingsのモデルを公開してくれています。

公開されている学習済みword embeddingsモデルの例

- 東北大学 乾・岡崎研究室「日本語Wikipedia エンティティベクトル」
  http://www.cl.ecei.tohoku.ac.jp/~m-suzuki/jawiki_vector/
- 株式会社白ヤギコーポレーション
  http://aial.shiroyagi.co.jp/2017/02/japanese-word2vec-model-builder/
- 株式会社ビズリーチ「HR領域のワードベクトル」
  https://www.bizreach.co.jp/technology/research/word2vec/
- 朝日新聞単語ベクトル
  http://www.asahi.com/shimbun/medialab/word_embedding/
- 株式会社ホットリンク「hottoSNS-w2v: 日本語大規模SNS+Webコーパスによる単語分散表現モデル」
  https://github.com/hottolink/hottoSNS-w2v

これらのリンクは執筆時点のものであり、変更、削除される可能性があるので、実際に利用する際は「日本語 word embeddings」などで検索してページを見つけるのがよいでしょう。このようなキーワードで検索すると、上記のほかにも様々なモデルが見つかります。

これらはWeb上のリソースなので、URLやファイル名なども変わる可能性があります。本書の記述は参考程度に、「Webで公開されている学習済みモデルをダウンロードして利用することができる」という点を押さえておいてください。

また、Gensimのモデルの保存の仕方によって、読み込み方が変わります。ダウンロードしたモデルがどのタイプなのかは気をつけてください（それぞれ試せば、どれかが成功しますが）。上記のモデルも、それぞれ読み込み方が違います。

リスト2 gensim.models.Word2Vecでの読み込み例

```
from gensim.models import Word2Vec

model = Word2Vec.load('path/to/model')
```

リスト3 gensim.models.KeyedVectorsでの読み込み例

```
from gensim.models import KeyedVectors

model = KeyedVectors.load_word2vec_format('path/to/model', binary=True)
# binary=False も
```

gensim.models.Word2Vecで保存されたモデルには、学習によって得られた分散表現のデータだけでなく、学習時の状態も保存されているので、必要に応じて学習を再開できます。

> Version 1がリリースされていくらか落ち着きましたが、GensimのAPIはよく変わります。最新のGensimを利用する場合は本書のサンプルコードを鵜呑みにせず、公式ドキュメントを参照するようにしてください。

Column

ライセンスや利用規約に注意

配布されている学習済みモデルを利用するときには、そのモデルのライセンスや利用規約に注意しましょう。ソフトウェアエンジニアなら、利用するライブラリのライセンスを気にするのは当然ですが、同様の感覚を機械学習の学習済みモデルに対しても持ってください。

11.4 識別タスクにおけるword embeddings

分散表現を特徴量として利用

さて、分散表現はそれ自体が面白い性質を持ったベクトルであることを見てきましたが、単語の意味を表現したベクトルならば、それを特徴量として利用できると考えるのは自然でしょう。

以下のようなスクリプトで、この考えを簡単に試してみます。Step 01の01.5と同様のデータを使った識別タスクです。文を特徴量に変換する必要がありますが、わかち書きで得られた各単語の分散表現を単純に足し合わせたものを、文の特徴量として使うことにします。

Word embeddingsのモデルとしては、11.3で紹介したモデルのうち、白ヤギコーポレーションが公開しているWord2Vecモデルを利用します。

リスト4 simple_we_classification.py

```
import numpy as np
import pandas as pd
from gensim.models import Word2Vec
from sklearn.metrics import accuracy_score
from sklearn.svm import SVC

from tokenizer import tokenize

model = Word2Vec.load(
    './latest-ja-word2vec-gensim-model/word2vec.gensim.model')  # (1)


def calc_text_feature(text):
    """
    単語の分散表現をもとにして、textの特徴量を求める。
    textをtokenizeし、各tokenの分散表現を求めたあと、
    すべての分散表現の合計をtextの特徴量とする。
    """
    tokens = tokenize(text)  # (2)

    word_vectors = np.empty((0, model.wv.vector_size))  # (3)
    for token in tokens:
        try:
            word_vector = model[token]  # (4)
            word_vectors = np.vstack((word_vectors, word_vector))  # (5)
        except KeyError:  # (6)
```

```
            pass

    if word_vectors.shape[0] == 0:  # (7)
        return np.zeros(model.wv.vector_size)
    return np.sum(word_vectors, axis=0)  # (8)


# 評価
training_data = pd.read_csv('training_data.csv')
test_data = pd.read_csv('test_data.csv')

X_train = np.array([calc_text_feature(text) for text in training_data['text']])
y_train = np.array(training_data['label'])

X_test = np.array([calc_text_feature(text) for text in test_data['text']])
y_test = np.array(test_data['label'])

svc = SVC()
svc.fit(X_train, y_train)
y_pred = svc.predict(X_test)
print(accuracy_score(y_test, y_pred))
```

1. **前項と同様に学習済みモデルを読み込む。**
2. **Step 01のリスト7と同様のわかち書き関数**`tokenize`**。適宜前処理を入れる。**
3. **各tokenの分散表現を格納するnumpy配列**`word_vectors`**。**
4. **tokenの分散表現**`word_vector`**を得る。**
5. **tokenの分散表現を**`word_vectors`**に追加していく。**
6. **対象とするtoken(単語)が**`model`**に含まれていない場合、**`model[token]`**は**`KeyError`**を送出する。ここでは、この例外を補足して単純に**`pass`**するようにした。これはつまり、**`model`**に存在しないtoken(単語)が現れても、単純に無視するということ。**
7. **もし、すべてのtokenに対して分散表現が見つからなかったら、textの特徴量としてゼロベクトルを返す。**
8. **textの特徴量として、得られた分散表現の和を返す。**

コードの後半は`sklearn.svm.SVC`による学習とaccuracyによる評価です。

実行結果

```
0.40425531914893614
```

TF-IDFを使った場合の性能(参考:Step 04の04.9)と比べて、大きく性能を下げる結果になってしまいました。

多クラス分類タスクにおいて、word embeddingsを単純に足して得られた文レベルの特徴量では、TF-IDF(BoW)に及びません。意味を表現する手法としては洗練されているように見えたword embeddingsですが、それを単純に使うだけでは、至極単純な手法であるBoW、TF-IDFに勝てないというのは面白いところです。

Column

文特徴量としてのfastText

fastTextは、単語の分散表現を平均するだけで文の特徴量として利用できるよう設計されており、単純な平均でも良い性能を得ることができます(参考文献[20])。fastTextにも、公開されている学習済みモデルがあります。試してみましょう。

次のStepからは、以上のような点を改善しつつ、word embeddingsを活用して、性能の良い識別器を構成してみます。

形態素解析器・前処理の統一

前出のword embeddingsによる特徴抽出には、考慮すべき問題がもう1つあります。

利用するword embeddingsのモデルが学習されたときに用いられたわかち書きの方法(形態素解析器・辞書の種類など)や前処理と、なるべく同じものを、利用時にも再現するのが望ましいです。

単語からその分散表現を参照するときは、単語をキーとした完全一致検索になります。したがって、例えばword embeddingsモデル構築時に、アルファベットをすべて小文字化するような前処理が行われていた場合、利用時にも同じ処理を行わないと、その単語がせっかく`model`に含まれていても`model[token]`で見つけられず、`KeyError`になってしまいます。

公開されているモデルを利用するときには、モデルの配布ページに、学習時にどのような処理が行われたかについて解説が掲載されていれば参照しましょう。コードが公開されていれば最高です。そして利用時にはそのとおりの処理を実装します。

情報が見つからなければ、`model`に登録されている単語を眺めて前処理を推測するなどします。もしくは作者に問い合わせてみるのも手です。

Step 12 Convolutional Neural Networks

単語の分散表現列を入力とした畳み込みニューラルネットワーク（CNN）を構築する

Step 08とStep 10では、識別器として多層パーセプトロンを紹介しました。文を入力とした識別タスクにおいて、多層パーセプトロンの入力はTF-IDFなどの文レベルの特徴量でした。

一方、同様のタスクにおいて、Step 11で紹介した単語の分散表現を特徴量として使う場合、文ごとに平均をとるなどの方法でまとめ上げ、文レベルの特徴量に仕立て上げる必要がありました。しかし、単純に平均をとるだけでは、TF-IDFなどの特徴量に及ばない結果となるのでした（Step 11の11.4）。

これに対し本Stepでは、別のタイプのニューラルネットワークとして、**convolutional neural network**（**CNN、畳み込みニューラルネットワーク**）を導入します。

CNNに対しては分散表現の列（sequence）が入力となります。単純に平均をとって得られるベクトル1個を入力にするのではなく、文から得られた単語の分散表現「列」をそのまま入力として扱えるところがCNNの面白さの1つです。

以下、単語の分散表現の列を入力して識別を行うCNNについて考えていきます。

12.1 Convolutional layer

1つの文章（ここでは例えば「あなたの名前を教えてよ」）をわかち書きし、各単語に対して分散表現を求めます。この一連の分散表現がCNNへの入力となります。

これらの分散表現のベクトルを縦向きにし、元の文章のとおりに横1列に並べると、次の図のようになります。

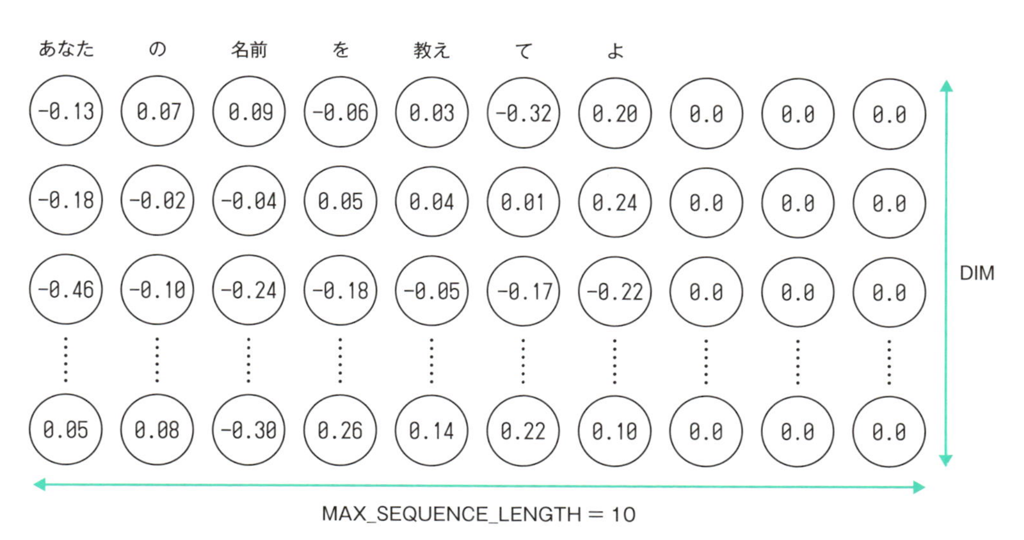

図1 文を構成する各単語の分散表現を並べる

横の長さはあらかじめ決めた長さMAX_SEQUENCE_LENGTHとします。ここではMAX_SEQUENCE_LENGTH = 10としました。足りない分はゼロベクトルで埋めます。はみ出した分は無視します。今回の例では、分散表現ベクトルが7個なので、MAX_SEQUENCE_LENGTH = 10に満たない分をゼロベクトルで埋めています。MAX_SEQUENCE_LENGTHの値は、ニューラルネットワークの設計者(つまりあなた)が決定します。解こうとするタスクにおける文章の長さに応じて、適当な値を選びます。前述のとおりはみ出した部分は無視されてしまうので、入力される文章の、意味のある部分がそぎ落とされない程度には長く設定する必要があります。一方、長すぎると無駄なゼロベクトルばかりになってしまいメモリや計算資源の無駄になってしまいます。

また当然ながら、縦の長さは分散表現の次元数になります。ここではDIMと書いておきます。

ここからの説明では、分散表現を横に並べたものを、数字を省略して以下のように丸で書きます。実際は上図のように分散表現の実数値が入っていることに留意してください。

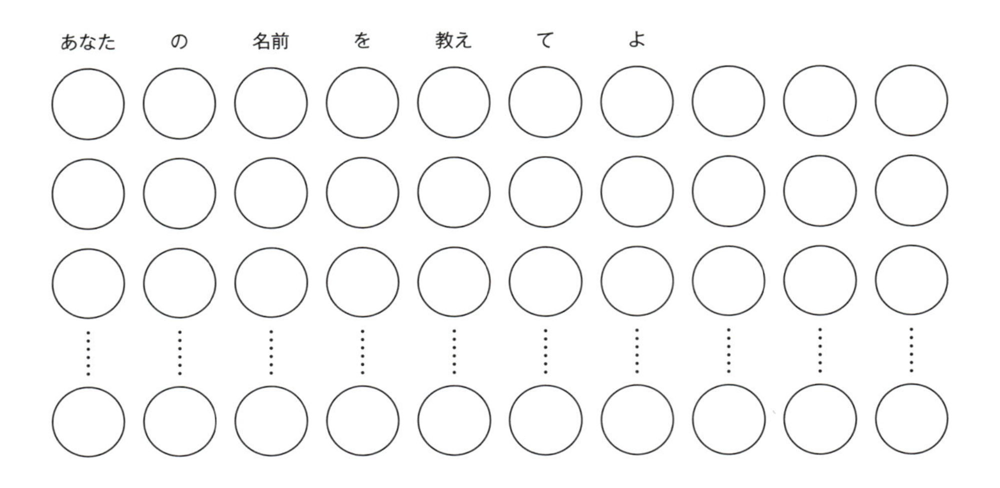
あなた
の
名前
を
教え
て
よ

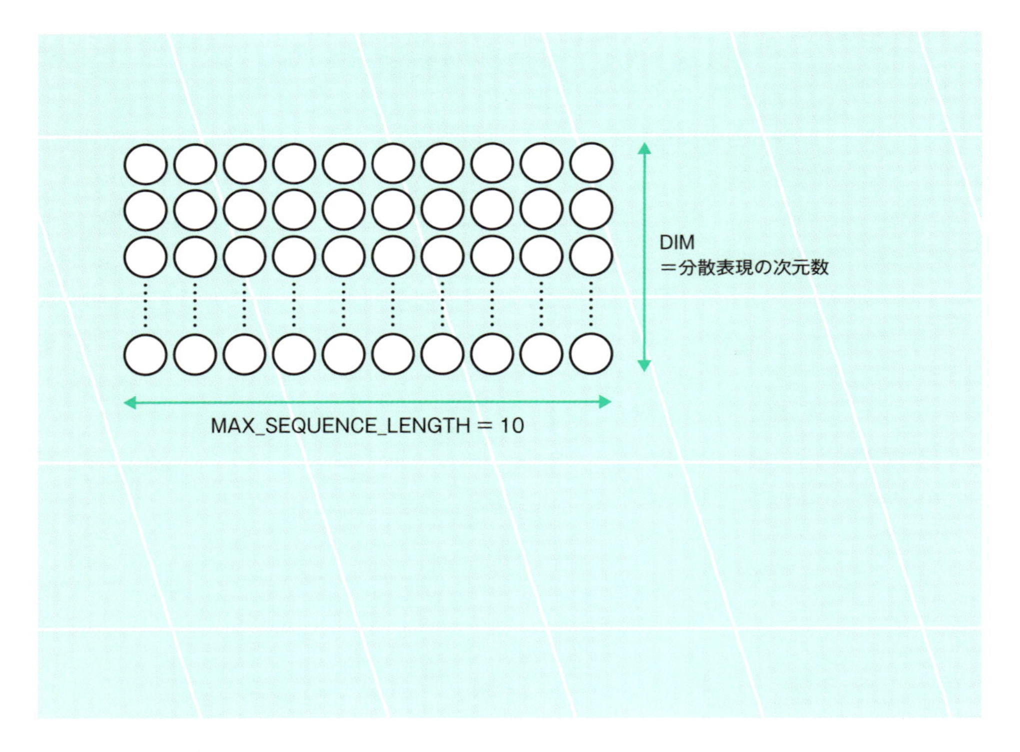
DIM
＝分散表現の次元数
MAX_SEQUENCE_LENGTH = 10

さて、それぞれの丸をニューラルネットワークのニューロンであると考えて、次の層を計算していきます。ただし、多層パーセプトロン（Step 08の08.2）とは違い、2次元的に並んだニューロンの中で、最も左の、縦`DIM`、横`kernel_size`の領域を対象にします。ここでは例として`kernel_size = 2`としました。`kernel_size`の値は、ニューラルネットワークの設計者が決定します。

この領域のDIM × kernel_size個のニューロンから、次の層の1個のニューロンに接続します。この「接続」は、多層パーセプトロンのときと同じです。ニューロンの値と、ある重みをかけ合わせ、それらをすべて足し合わせ、バイアスを足し、活性化関数を適用する、という操作を表していたことを思い出してください（Step 08の08.1）。それぞれの接続が、異なる重みw_{ij}を持っています。

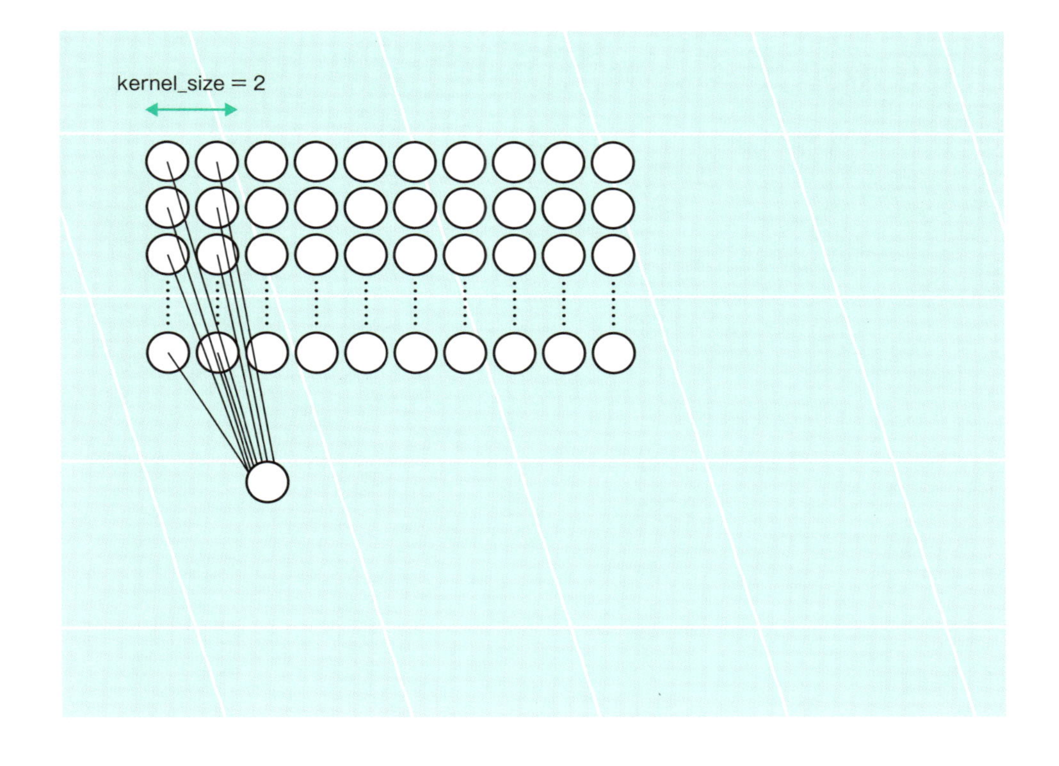

次は、違う重みを使って同様の操作を行い、別のニューロンへの接続を作ります。

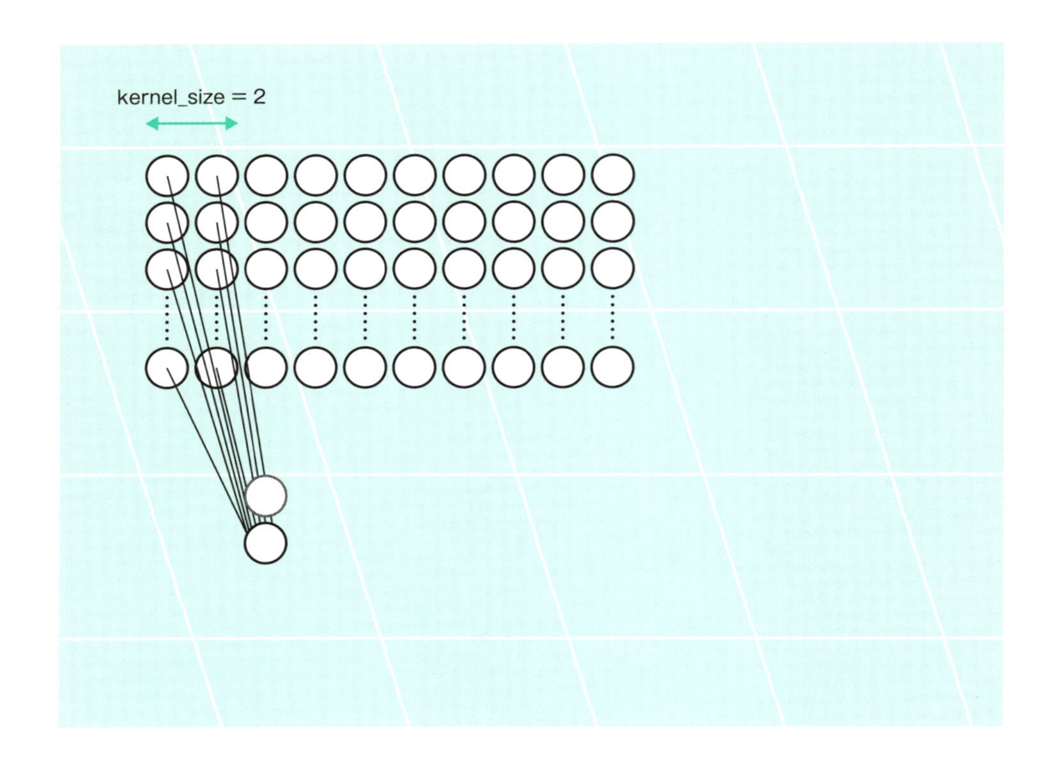

これをfilters回、繰り返します。すべて違う重みです。filtersの値は、ニューラルネットワークの設計者が決定します。

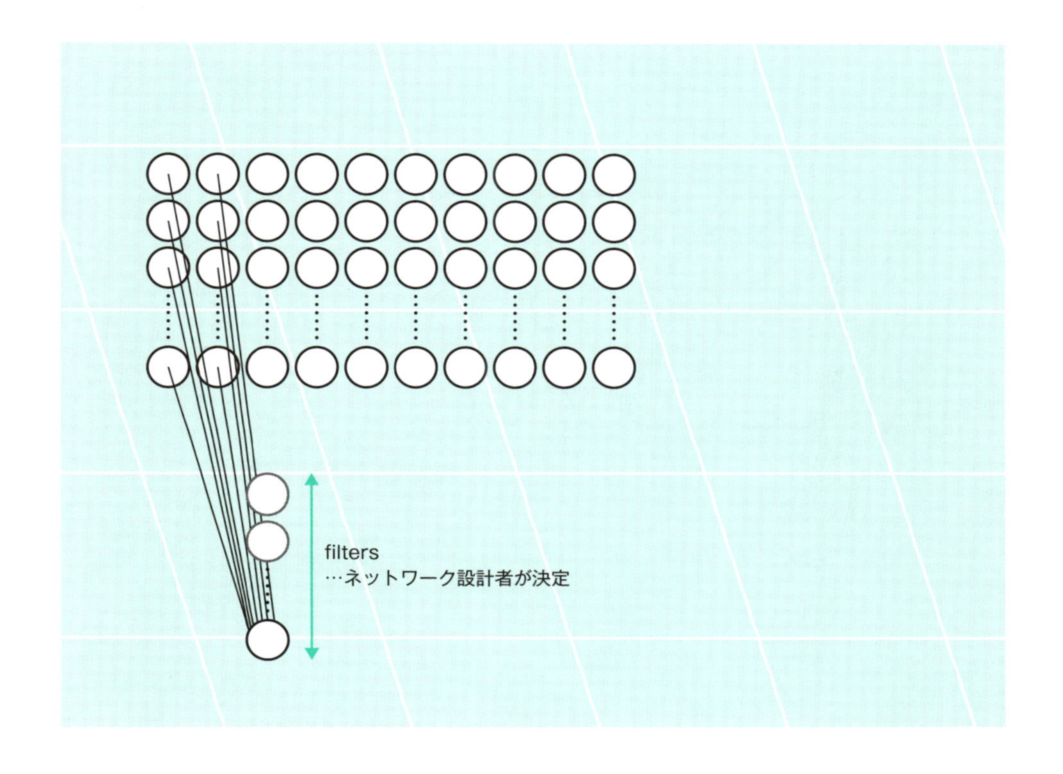

ここまでの操作をまとめてみると、作られた接続は多層パーセプトロンのときとよく似ています。前の層の接続元ニューロンが、横に幅を持っているという点だけが違います（Step 08の図3を斜めから見た図に似ているでしょう）。

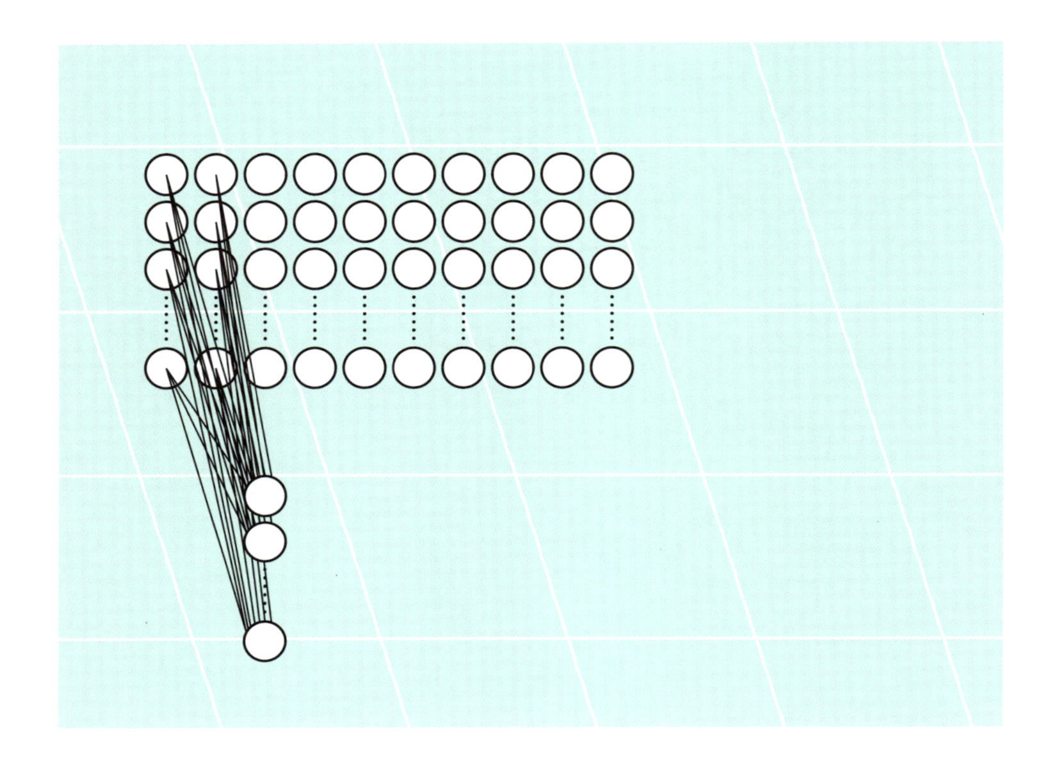

さて、ここまでの操作を1つのまとまりとして見ると、DIM × kernel_size個のニューロンと、DIM × kernel_size × filters個の重みとfilters個のバイアスから、filters個のニューロンの値を求める処理といえます。

この単位の操作を、下の図のように点線で表現します。大文字の**W**は、ここで使った「DIM × kernel_size × filters個の重みとfilters個のバイアス」のことをまとめて表したものです。また、この**W**を**カーネル**（kernel）と呼びます〈1〉。

この図は、前の層のDIM × kernel_size個のニューロンに、重みとバイアス**W**（カーネル）を掛け・足して、活性化関数を適用することで、次の層のfilters個のニューロンを得る、という操作を表しています。

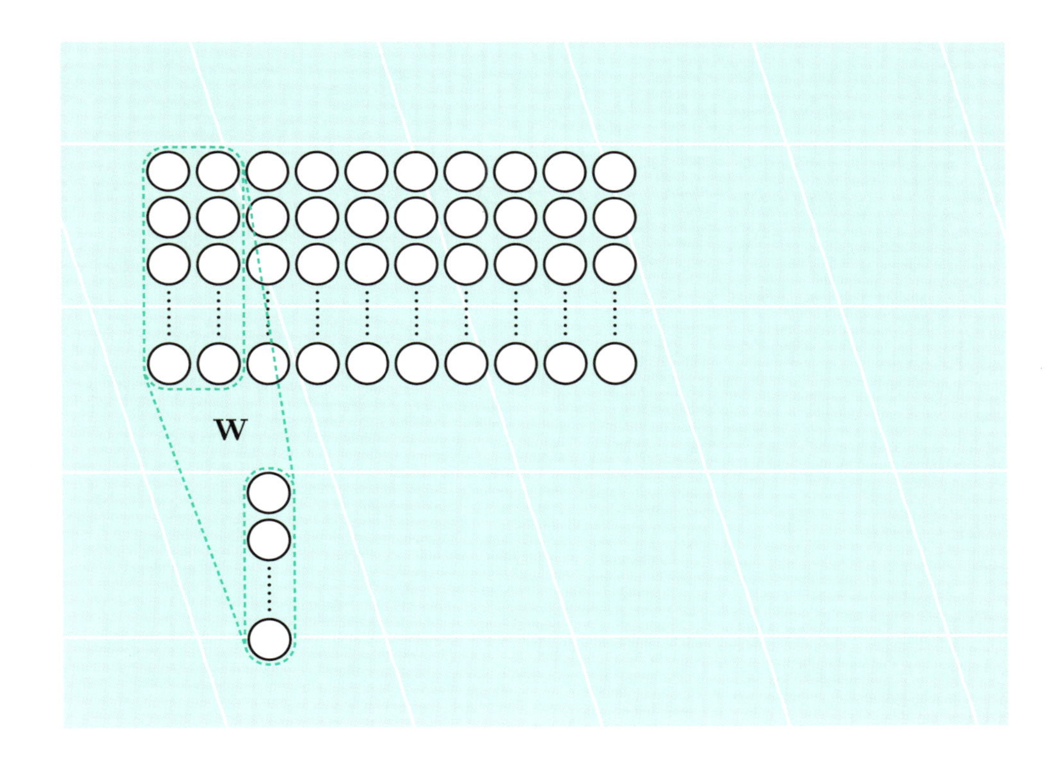

〈1〉 Step06の06.2の「SVM（Support Vector Machine）」で紹介した「カーネル」と混同しないよう気をつけてください。

さて、次が重要なのですが、前の層で対象とするニューロンを右にstride個ずらして、上と同じ操作を行います。ここでは例として`stride=1`としました。`stride`の値は、ニューラルネットワークの設計者が決定します。

そして、ここで使われる各接続の重みとバイアス**W**は、上の操作のときに使ったものとまったく同じです。

この、スライドさせながら同じ重みを入力ベクトル列にかけていく操作を指して、**convolution**（**畳み込み**）と呼びます。

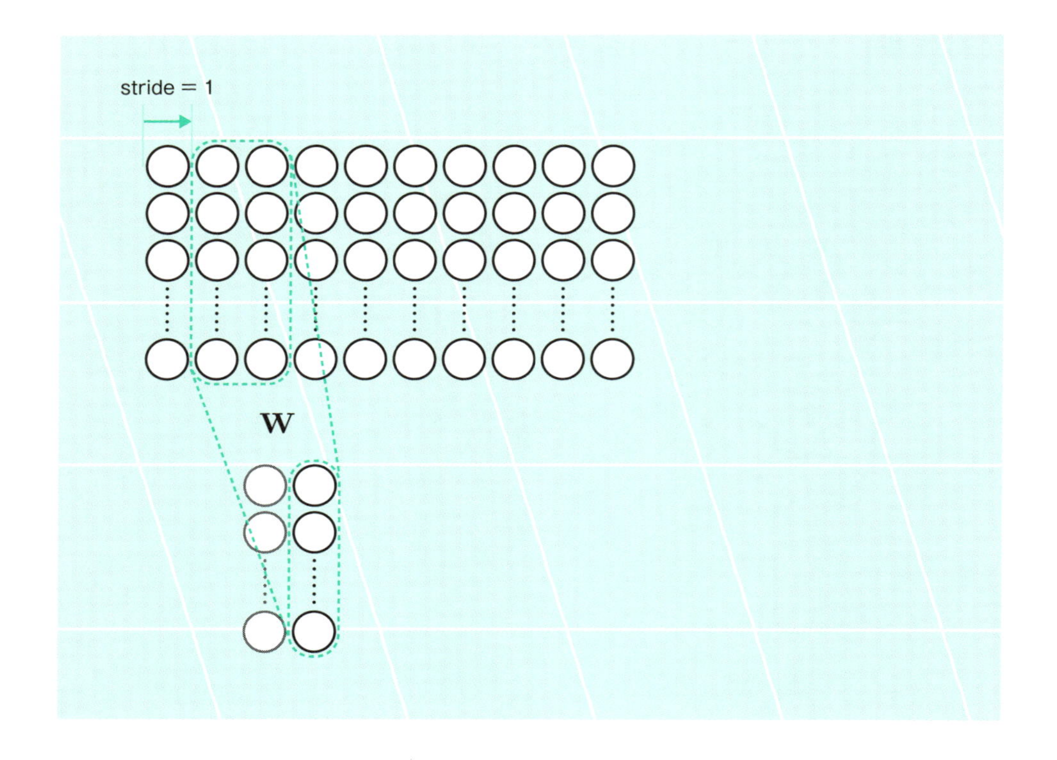

後は、これを繰り返していきます。何度も書きますが、どの繰り返しにおいても、使われる各接続の重みとバイアス**W**は、一番左で使ったものとまったく同じです。

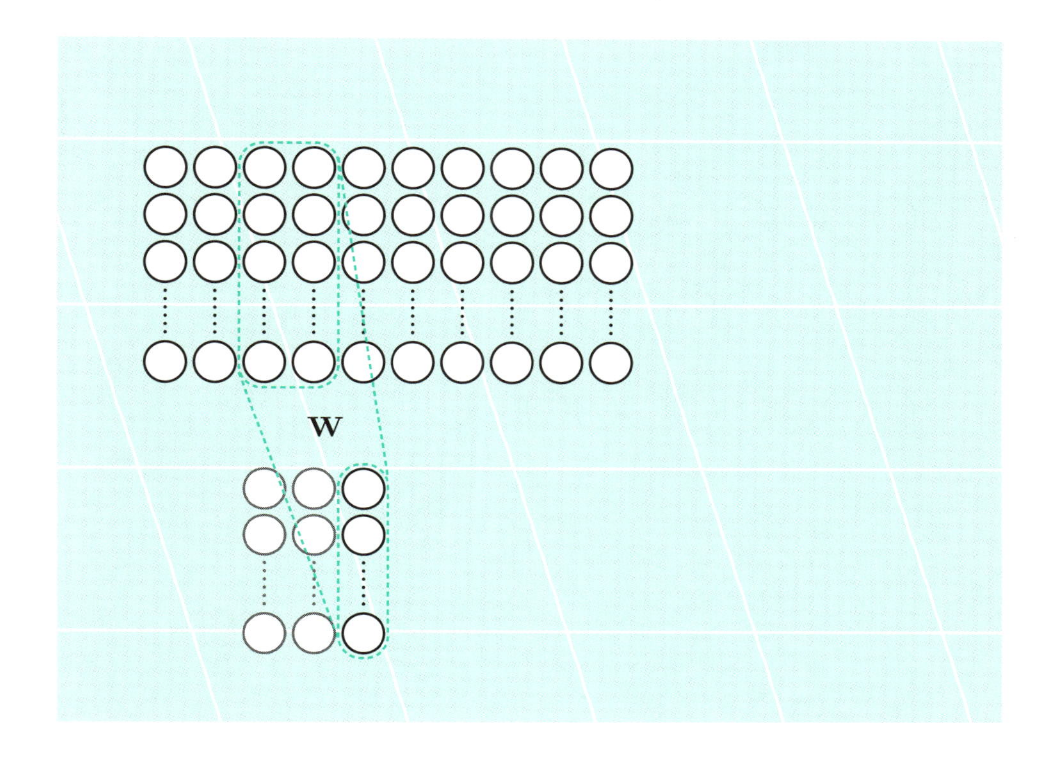

一番右までスライドしたら終わりです。

次の層も、高さと幅を持った2次元的な配置のニューロンとして得られます。横の幅は $\lfloor \frac{\text{MAX\_SEQUENCE\_LENGTH} - \text{kernel\_size}}{\text{stride}} + 1 \rfloor$〈2〉となります〈3〉。

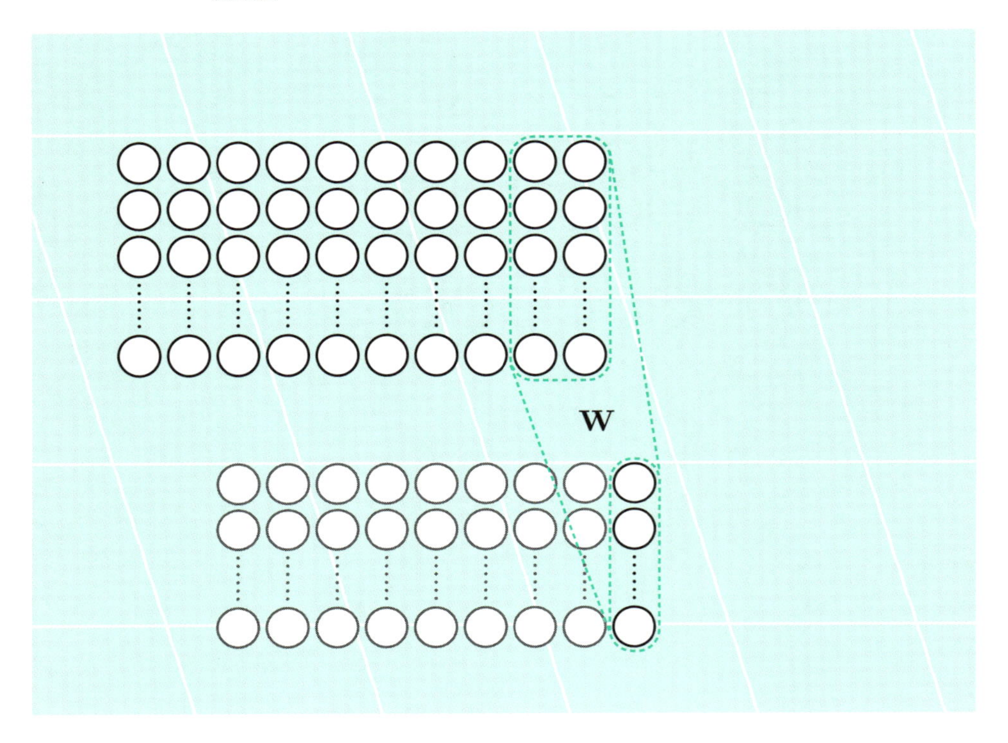

〈2〉 $\lfloor x \rfloor$はxより小さい最大の整数（floor function、床関数）です。ライブラリによっては、床関数でなく天井関数となるものもあります。

〈3〉 計算してみましょう。

以上の操作をまとめます。

縦DIM、横MAX_SEQUENCE_LENGTHの2次元的に配置されたニューロンに対し、縦DIM、横kernel_sizeの領域を対象とした結合によって、次の層の、縦filters個の1列分のニューロンの値を求め、それをstrideの間隔でスライドさせながら同様の処理を行っていく。

この操作によって、2次元に配置された層から、2次元に配置された次の層が得られます。これを**convolutional layer（畳み込み層）**と呼びます。

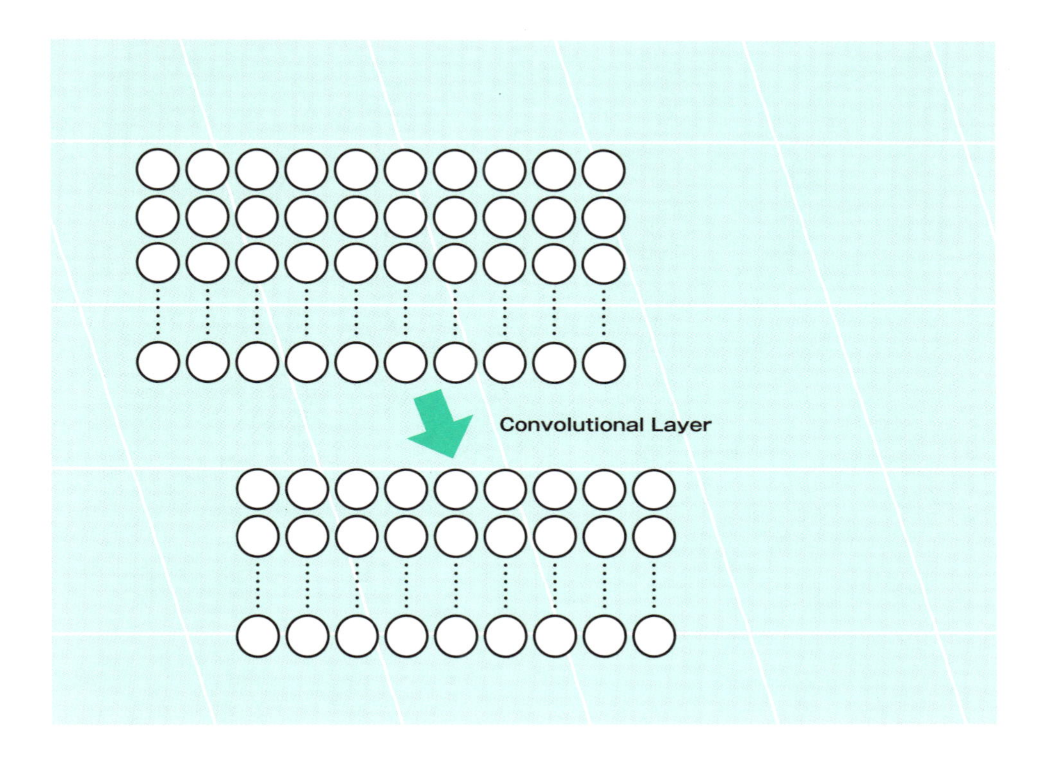

また、このconvolutional layerは、より詳細に書くと「1D convolutional layer」です。1Dというのは、convolutionの際にスライドさせる方向が横向きの一方向のみであることを表しています。

Column

画像データを扱うときのconvolutional layer——2D convolution

本項で解説したconvolutional layerは「1D」でした。2D convolutional layerも存在します。2D convolutional layerは、下図のようになります。

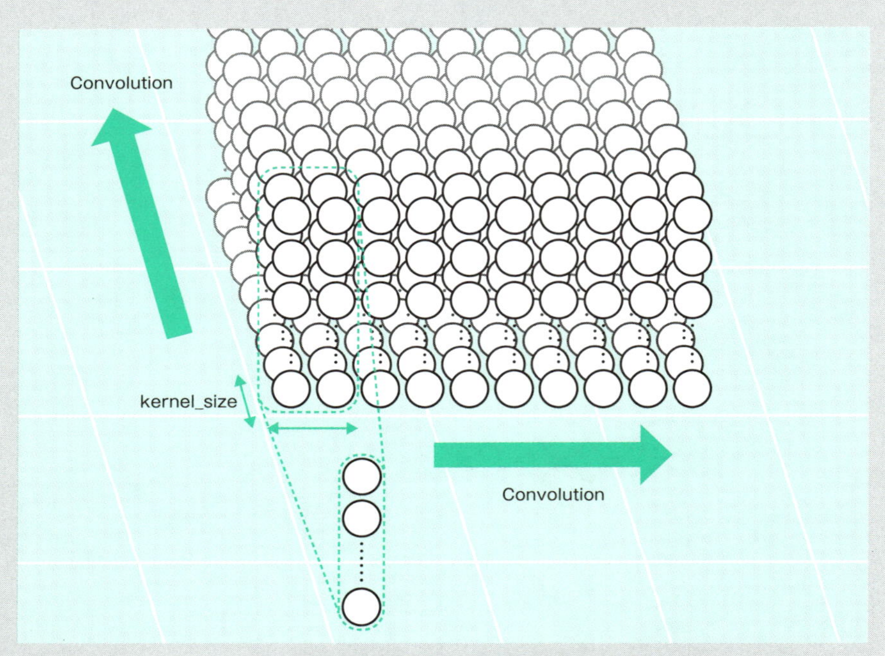

図2 2D Convolutional layer

1D convolutional layerと比べて、入力となるニューロンの配置が3次元になりました。それに伴い、カーネルの次元も1つ増え、convolutionの際に横方向に加えて奥方向にもスライドさせるようになります。スライドする方向が2つなので、"2D" convolution ですね。

2D convolutional layerは、主に画像データを扱うニューラルネットワークで用いられます。自然言語処理では対象が文(=単語の1次元的な連なり)なので1次元ですが、画像(=ピクセルの2次元的な配列)は2次元なので、2D convolutional layerを使うのです。

画像を扱う場合、上図における入力層の縦方向は、各ピクセルに対応するデータです。典型的にはRGBの画素値(3次元)ですし、何らかの特徴抽出を挟むと考えれば、特徴ベクトルになります。本文で解説した1D convolutionでは、縦方向は単語ごとの特徴ベクトルでしたが、これと対応しています。

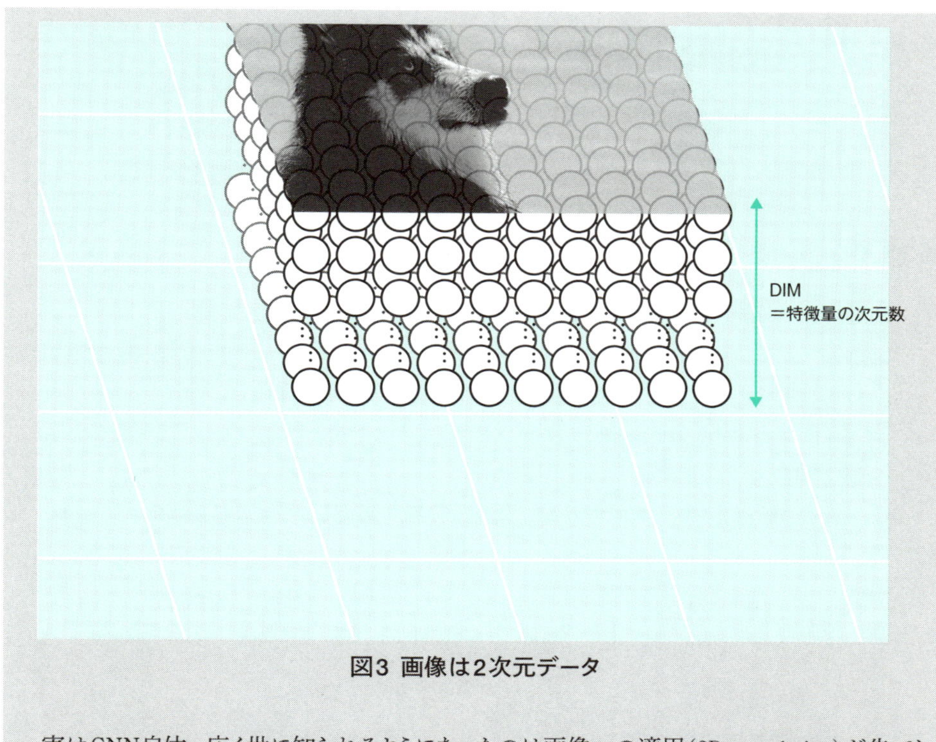

図3 画像は2次元データ

実はCNN自体、広く世に知られるようになったのは画像への適用(2D convolution)が先でした。2012年に深層学習のブレイクスルーが起こった、という話を聞いたことがある方も多いでしょう。このときは、画像データに関する問題でCNNが顕著な成果を挙げ、世界的に有名になりました。

この分野の詳細に興味がある方は、画像を対象としたCNNを扱っている書籍で勉強してみてください。

このconvolutional layerを中心に据えたニューラルネットワークが「convolutional neural networks(CNN)」と呼ばれます。

12.2 Pooling layer

Convolutional layerの後には、通常、**pooling**（プーリング）という操作を行います。

Max pooling

よく使われるpoolingの一種、**max pooling**を例にとって解説します。

下の図のように、2次元的に並んだニューロン（例えばconvolutional layerの出力。図中の数値は例）に対し、幅`pool_size`の領域に、各行ごと（各列が特徴ベクトルであったことを思い出せば、すなわち、ベクトルの各次元ごと）にmax ()を掛け、その出力を次の層のニューロンの値とします。max ()は、与えられた複数の値の中から最大のものを返す関数です。

`pool_size`の値は、ニューラルネットワークの設計者が決定します。ここでは`pool_size = 5`としました。

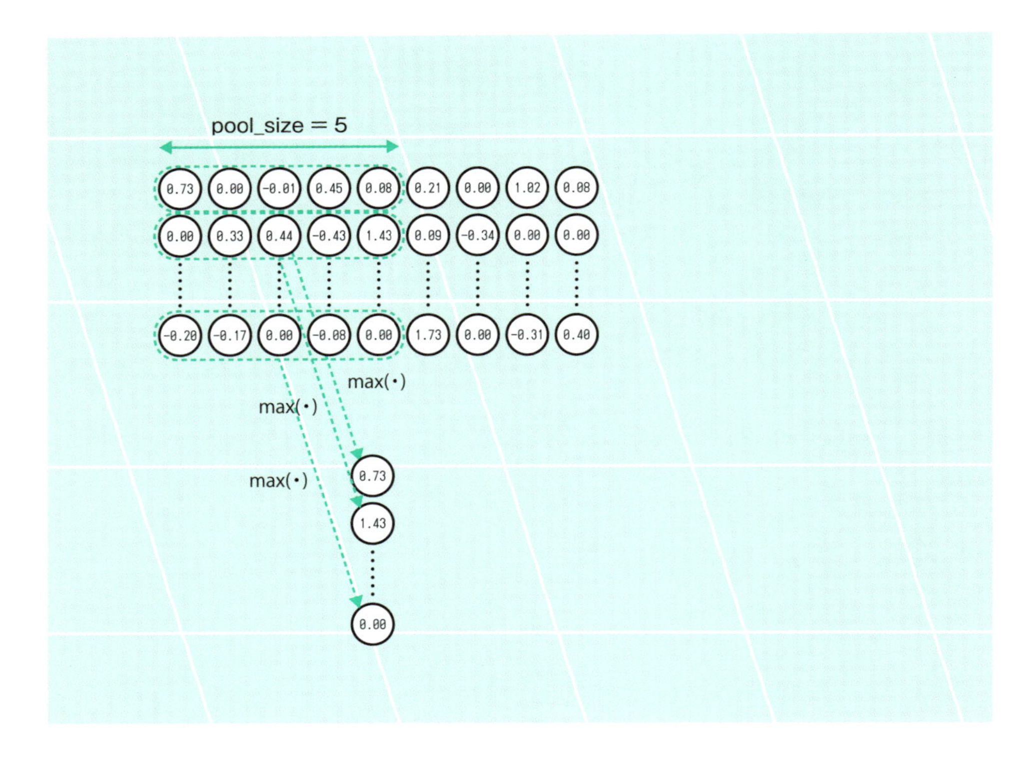

この操作を、`stride`ずつスライドさせながら繰り返します。ここでは例として`stride=1`としました。`stride`の値は、ニューラルネットワークの設計者が決定します。

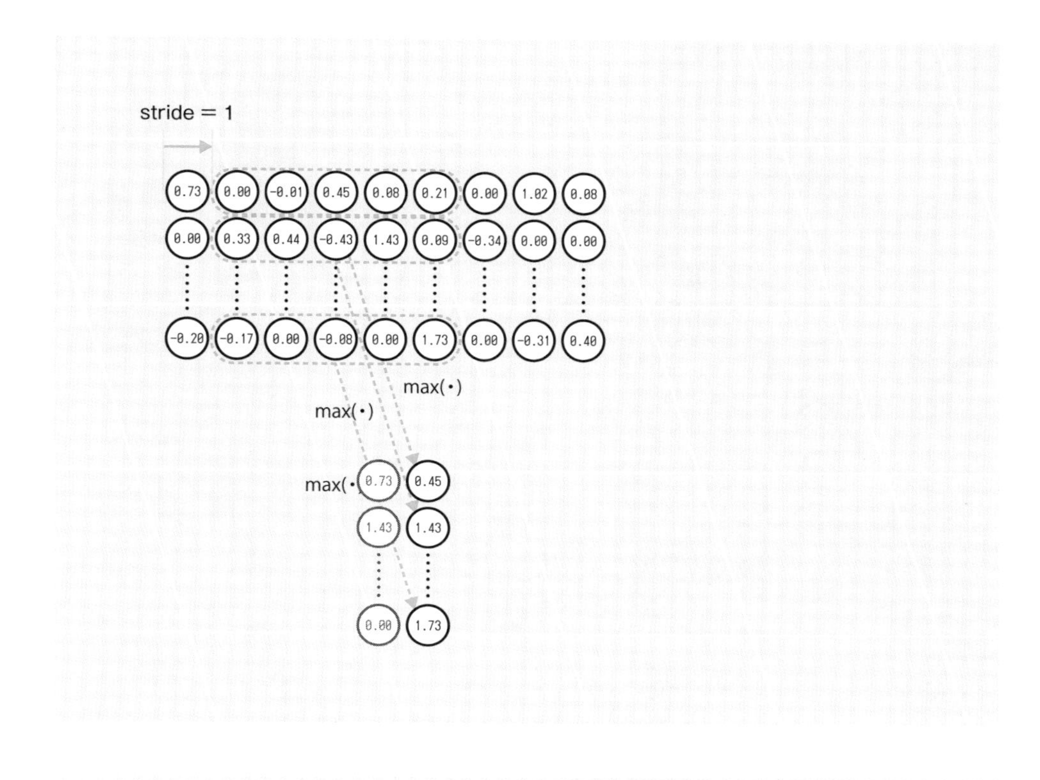
stride = 1
0.73 0.00 -0.01 0.45 0.08 0.21 0.00 1.02 0.08
0.00 0.33 0.44 -0.43 1.43 0.09 -0.34 0.00 0.00
-0.20 -0.17 0.00 -0.08 0.00 1.73 0.00 -0.31 0.40
max(・)
max(・)
max(・
0.73 0.45
1.43 1.43
0.00 1.73

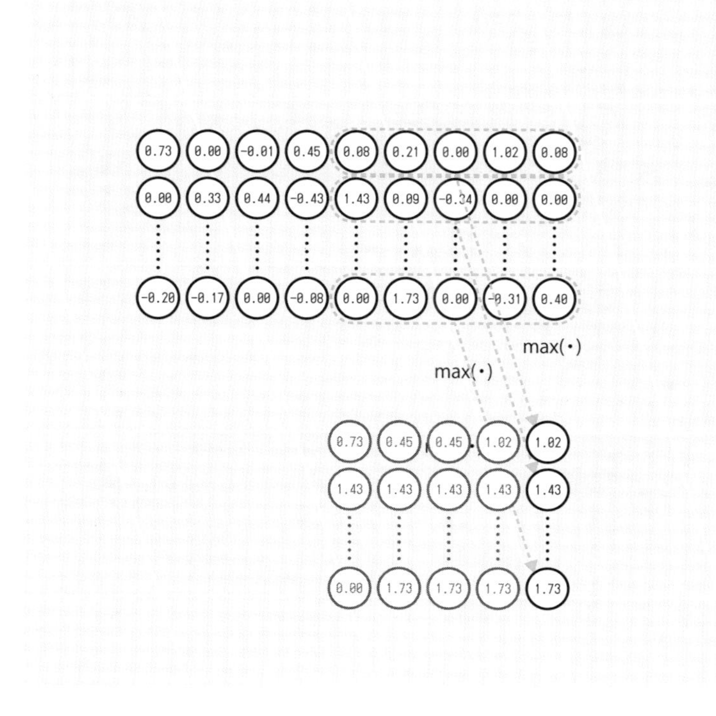
0.73 0.00 -0.01 0.45 0.08 0.21 0.00 1.02 0.08
0.00 0.33 0.44 -0.43 1.43 0.09 -0.34 0.00 0.00
-0.20 -0.17 0.00 -0.08 0.00 1.73 0.00 -0.31 0.40
max(・)
max(・)
0.73 0.45 0.45 1.02 1.02
1.43 1.43 1.43 1.43 1.43
0.00 1.73 1.73 1.73 1.73

一番右までスライドしたら終わりです。

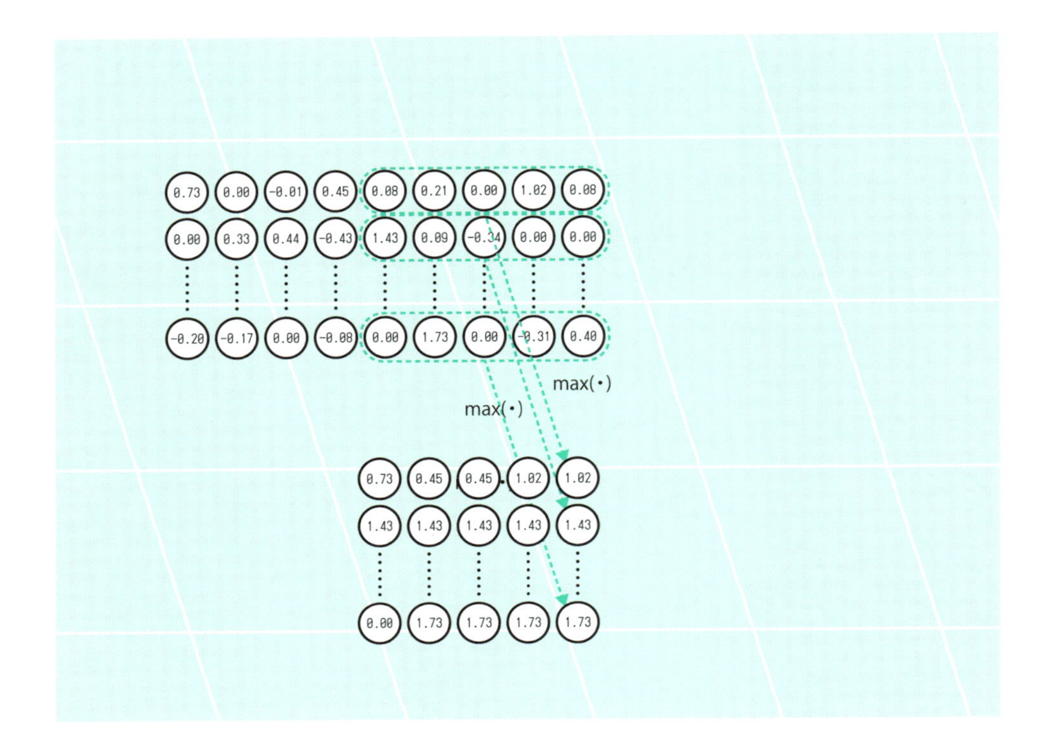

スライドさせるという点はconvolutionと似ていますね。

一方で、ある一定範囲に対してmax()関数をかけて次の層の値とするというところが、max poolingの特徴的な点です。また、convolutionと異なり、入力と出力の次元数（上の図における縦の長さ）は変化しません（Convolutionでは、出力の次元数はニューラルネットワークの設計者が決定した`filters`となります）。

このmax poolingを、ニューラルネットワークの中の1つの層と捉えることもでき、そうした文脈では「max pooling layer」と呼びます。

Global max pooling

`pool_size`を前の層の幅と同じにしたmax poolingを、**global max pooling**と呼びます。

Global max poolingではスライドの必要がないので、`stride`を設定する必要はなくなります。

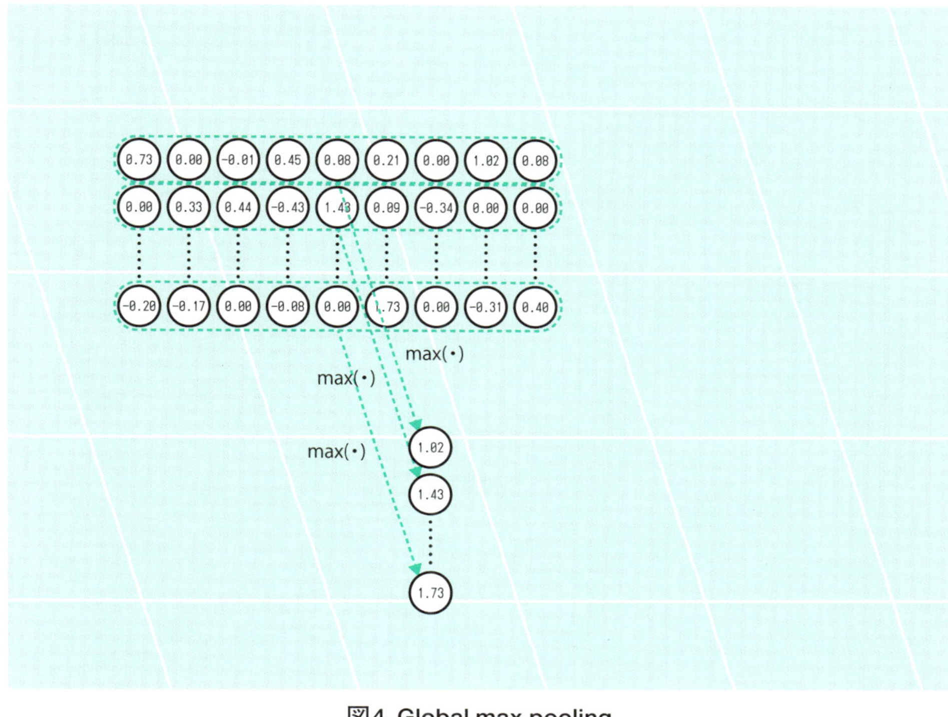

図4 Global max pooling

Average pooling

Max poolingでmax()(最大値をとる)を使っていたところをaverage()(平均をとる)に変えると、**average pooling**になります。なお、average poolingにおいても、pool_sizeを前の層の幅と同じにした**global average pooling**を考えることができます。

12.3 全結合層(fully-connected layer)

Convolutional layer、pooling layerの出力を、多層パーセプトロンに入力して最終出力を得る、ということはよく行われます。Convolutionとpoolingを使いつつ、最終的な識別には多層パーセプトロンを使うわけです。

このとき、pooling layerの出力は2次元配列です。多層パーセプトロンの入力は1次元配列なので、2次元配列を1次元に並べ直して入力することになります。この並べ直しをここでは**flattening**と表現します〈4〉。

〈4〉 "flattening"という単語は学術的に定着した単語というより、この操作を表現するときに利用される一般的な英単語という程度の位置づけです。

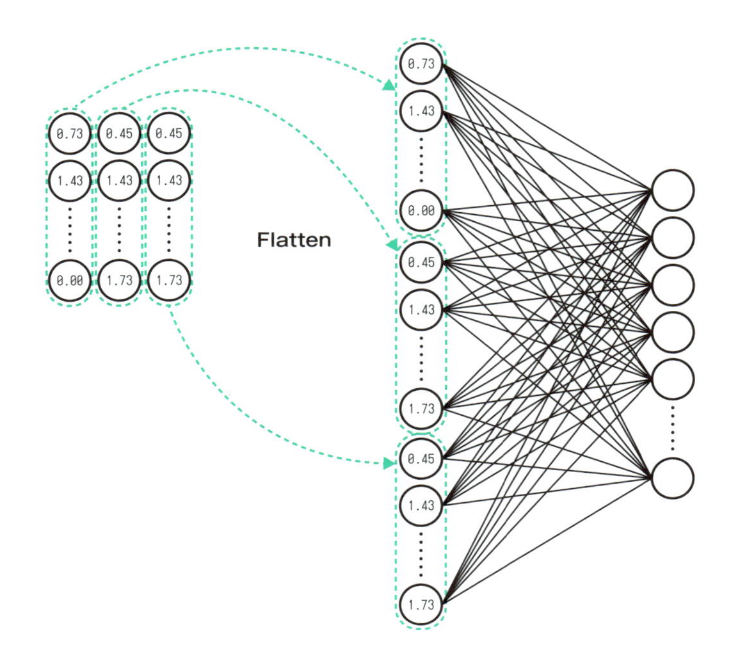

また、convolutional layerなどと同時に使われる場合、それとの対比で、多層パーセプトロンの部分は**全結合層**(**fully-connected layer、densely-connected layer**)と呼ばれます(多層パーセプトロンを作るときに使ったKerasのクラスがkeras.layers.Denseという名前だった理由がわかりましたね)。

12.4 Convolutional layer、pooling layerの意味

なぜconvolution、poolingをするのか?

Convolutionの出力に対してpoolingを行うことには、どういった意味があるのでしょうか。

Convolutionの出力の1列分は、入力の幅kernel_size分の領域に重みを掛け、活性化関数を適用した結果です。これはつまり、convolutionの出力の1列分は、入力の幅kernel_size分の領域からのみ、影響を受けているということです(この、出力の1列分に影響を与える入力の領域を、receptive fieldと呼びます)。

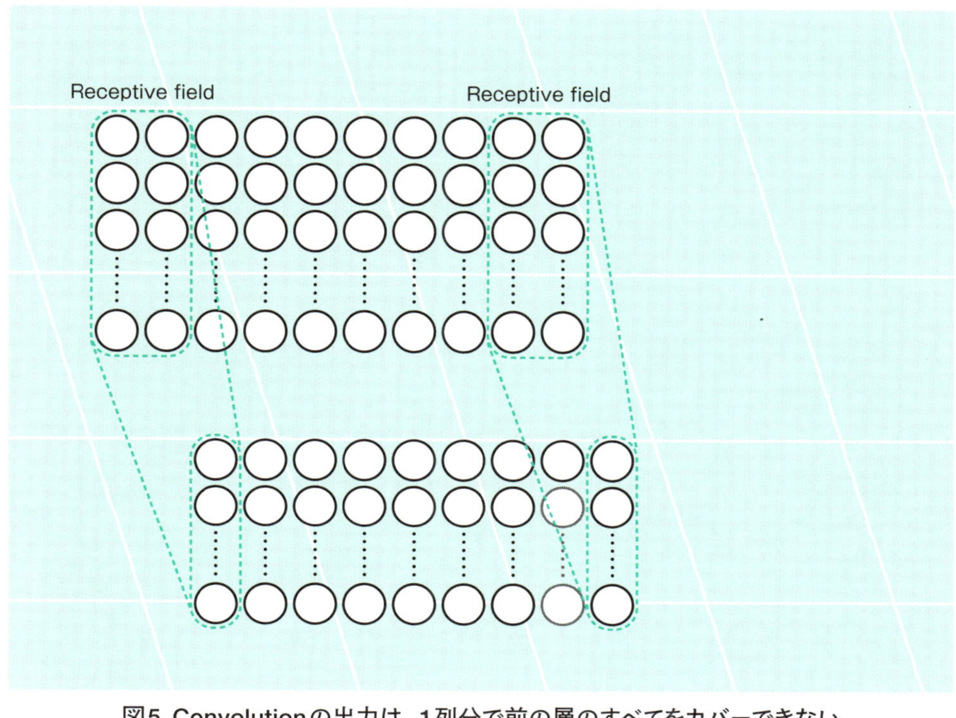

図5 Convolutionの出力は、1列分で前の層のすべてをカバーできない

したがって、入力が持つ情報をすべて利用するために、convolutionした結果を何らかの方法で横方向にまとめ上げ、入力すべてから影響を受けた1個のベクトルを作る必要があるのです。

ところで、「入力すべてから影響を受けた1個のベクトルを作る」だけなら、12.3の「全結合層」のように、2次元的に並んだニューロンをすべて使って並べ直すだけでもよいはずです。それをせずにpoolingを採用するのには、いくつか理由があります。

まず、convolutionの出力を単純にflattenするだけだと、得られるベクトルの次元が巨大なものになり、計算が現実的な時間で終わらなかったり、学習がうまく進まなかったりといった弊害が出てきます。

また、poolingには対象領域内での順序を無視する効果があります（ある列とその隣の列が入れ替わっても、最大値や平均値をとってしまえば結果は同じです）。これによって、若干の語順のズレに対し頑健なベクトルが得られます。

次に、非線形性の導入です。ニューラルネットワークが高性能な識別器として動作する理由の1つは、活性化関数という「非線形な」関数が内部に含まれていることです（「非線形」関数とは、Step 08の08.3の「活性化関数（activation function）」で紹介したような、「まっすぐでない」関数のことです）。そして、max ()関数はニューラルネットワークが持つ非線形性を増加させます。Max poolingのほうがaverage poolingよりも高い性能を出すことが一般に知られています。

なぜ全結合にしないのか？

別の疑問として、「入力すべてから影響を受けた1個のベクトルを作る」必要があるなら、convolutionするときに、はじめから、入力の左から右まですべてをカバーするような結合をしておけばよいのではないか、と考えられます。つまりは、`kernel_size`を前の層の幅と同じ値に設定するということです（これはスライド操作がないので、もはやconvolutional layerではなく全結合層です）。

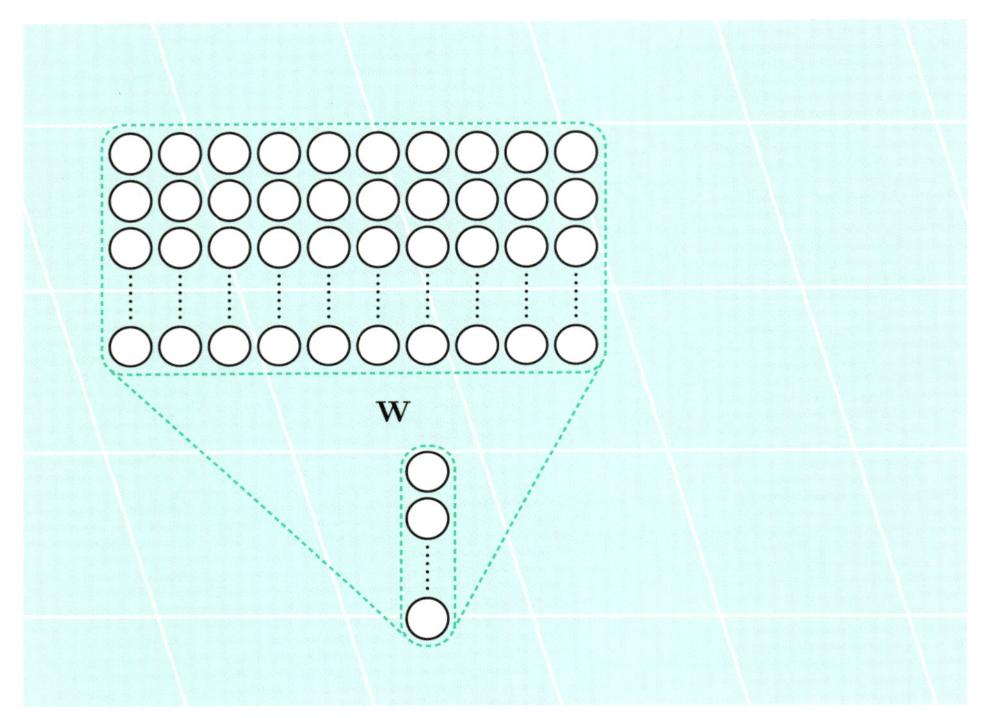

図6 前の層のすべてをまとめて出力層につなぐ？

しかしこれをすると、この層の学習すべき重みの数（=接続の数）が膨大になり、同様にうまくいきません。Convolutionは、同じ重みを使い回しながら、スライドによって前の層のすべてをカバーすることで、学習すべき重みの数を適正な量に抑えることができるのです（この「重みの使い回し」を**weight sharing**といいます）。

12.5 KerasによるCNNの実装

ここまで説明したconvolutional layer、pooling layerを使い、単語の分散表現を特徴量として識別を行うニューラルネットワークをKerasで実装してみましょう。

ざっくりと以下の流れになります。

1. **入力文をわかち書きする**
2. **わかち書きで得られた各単語を分散表現に変換する**
3. **分散表現を入力するニューラルネットワーク（CNN）を構築する**

Kerasでは1D convolutional layer、1D max pooling layerを表現するクラスとして、`keras.layers.Conv1D`、`keras.layers.MaxPooling1D`を提供しています。

また、単語のIDを入力すると分散表現を出力する「embedding layer」も、Kerasは提供しています。`keras.layers.embeddings.Embedding`クラスです。適切に利用できれば、分散表現を利用するニューラルネットワークを構築するときに便利です。

この`keras.layers.embeddings.Embedding`を利用するので、Kerasを使った実装においては、上述の流れは正確には以下のようになります。

1. **入力文をわかち書きする**
2. **わかち書きで得られた各単語を単語IDに変換する**
3. **単語IDを入力するニューラルネットワーク（CNN）を構築する**
   - ニューラルネットワークの最初のレイヤーは、単語IDを分散表現に変換するembedding layerとする
   - Embedding layerの後にconvolutional layerなどを連ねていく

keras.layers.embeddings.Embeddingの入力は「単語」ではなく「単語のID」なので、わかち書きの結果である「単語のlist」をいったん「単語IDのlist」に変換します。そして「単語IDのlistから分散表現への変換」は、Kerasで定義するニューラルネットワークのモデルの中に含めてしまいます。以降、この「単語IDのlist」を「sequence」と称します。

それでは、順にコードを書いていきましょう。ソースコード全体は本項の最後に載せてあります。まず、Gensimのword embeddingsモデルをロードしておきます。

```
we_model = Word2Vec.load(
    './latest-ja-word2vec-gensim-model/word2vec.gensim.model')
```

1.のわかち書きには、Step 01のリスト7と同様のわかち書き関数tokenizeを使えばOKです。
2.のために、以下のような関数tokens_to_sequence()を書きます。

```
def tokens_to_sequence(we_model, tokens):
    sequence = []
    for token in tokens:
        try:
            sequence.append(we_model.wv.vocab[token].index + 1)
        except KeyError:
            pass
    return sequence
```

we_model.wv.vocab[word].indexで、word embeddingsモデルwe_modelにおける、単語wordの単語ID(インデックス)が得られるので、これを使います。この値は0始まりですが、1始まりに変換するために+ 1としています。12.1で、「分散表現を並べて、MAX_SEQUENCE_LENGTHに足りない分はゼロベクトルで埋める」と書きましたが、このゼロベクトルで埋められる部分を表現するために0を使うので、単語IDは1から始めるようにするためです。

この関数を実行した結果は、例えば以下のようになります。わかち書きによって得られた単語のlist tokensに対応する、単語IDのlistが返ってきます。Word embeddingsモデルに存在しない単語は無視されるため、len(tokens) != tokens_to_sequence(we_model, tokens)となり得ます。

```
>>> tokens_to_sequence(we_model, ['あなた', 'の', '名前', 'を', '教えて', 'よ'])
[4638, 1, 375, 6, 1104]
```

このsequenceは、元となった文ごとに長さが異なります(わかち書きで得られる単語の数が違うためです)。これをkeras.preprocessing.sequence.pad_sequencesに渡すと、0で埋めたり切り捨てたりして、固定長のsequenceにして返してくれます(デフォルトではsequenceの<u>前側</u>がゼロ埋めされたり切り捨てられたりします。このあたりの動作についてはAPIリファレンスを参照してください)。ここで「長さの足りない部分を埋めるための数字」として0を使うために、tokens_to_sequence()で単語ID=0を空けておいたわけです。

```
sequences = [  # 長さの異なるsequenceのlist
    [1, 2, 3],
    [1, 2, 3, 4, 5, 6, 7, 8, 9, 10]
]
```

```
>>> pad_sequences(sequences, maxlen=5)
array([[ 0,  0,  1,  2,  3],
       [ 6,  7,  8,  9, 10]], dtype=int32)
```

次に、3.です。まず、embedding layerを生成する関数get_keras_embeddingを以下のように定義します。

リスト1 get_keras_embedding()

```
from keras.layers import Embedding

def get_keras_embedding(keyed_vectors, *args, **kwargs):
    weights = keyed_vectors.vectors
    word_num = weights.shape[0]
    embedding_dim = weights.shape[1]
    zero_word_vector = np.zeros((1, weights.shape[1]))
    weights_with_zero = np.vstack((zero_word_vector, weights))
    return Embedding(input_dim=word_num + 1,
                     output_dim=embedding_dim,
                     weights=[weights_with_zero],
                     *args, **kwargs)
```

第1引数keyed_vectorsにはwe_model.wv(gensim.models.keyedvectors.KeyedVectorsのインスタンス)が渡される想定です。keyed_vectors.vectorsが、そのword embeddingsモデルの分散表現ベクトルをまとめて保持している巨大な配列(np.ndarray)です。この配列には、単語IDをインデックスとして、その単語に対応する分散表現が格納されています。

```
keyed_vectors.vectors[0]  # 単語ID=0の単語に対応する分散表現
keyed_vectors.vectors[1]  # 単語ID=1の単語に対応する分散表現
...
```

get_keras_embeddingの目的はembedding layer(keras.layers.Embeddingのインスタンス)を生成して返すことですが、その際にこの配列をweights引数として渡すことで、この分散表現をそのまま反映したembedding layerを生成することができます。

ただし、ここで1点注意があります。tokens_to_sequence()ですべての単語IDに+ 1し、ID=0を穴埋め用のIDとして空けておいたことを思い出してください。この操作を反映させるために、keyed_vectors.vectorsの[0]にゼロベクトルを挿入し、それ以降のインデックスを1つずつずらすようにしています。これによってpad_sequences()でゼロ埋めされた部分は、embedding layerを通すとゼロベクトルに変換されることになります。

Gensimのword embeddingsモデルはgensim.models.keyedvectors.KeyedVectors.get_keras_embeddingによってKerasのembedding layer(keras.layers.embeddings.Embeddingのインスタンス)への変換に対応しています。しかし、執筆時点では、「すべての単語IDに+ 1して、ID=0を穴埋め用に空ける」という処理に対応していません。そのため、今回は独自にget_keras_embedding関数を作りました。

この問題はhttps://github.com/RaRe-Technologies/gensim/issues/1900で議論されており、本書出版時もしくは出版後のどこかのタイミングで、gensim.models.keyedvectors.KeyedVectors.get_keras_embeddingが問題なく利用できるようになるかもしれません。

次に、get_keras_embeddingやKerasの用意している各種レイヤーを使って、ニューラルネットワークを定義します。ここでは以下のようなコードを書きました。

```
from keras.models import Sequential
from keras.layers import Conv1D, MaxPooling1D, Flatten, Dense

n_classes = ...

MAX_SEQUENCE_LENGTH = 20

model = Sequential()
model.add(get_keras_embedding(we_model.wv,
                              input_shape=(MAX_SEQUENCE_LENGTH, ),
                              trainable=False))
# 1D Convolution
model.add(Conv1D(filters=256, kernel_size=2, strides=1, activation='relu'))
# Global max pooling
model.add(MaxPooling1D(pool_size=int(model.output.shape[1])))
model.add(Flatten())
model.add(Dense(units=128, activation='relu'))
model.add(Dense(units=n_classes, activation='softmax'))
model.compile(loss='categorical_crossentropy',
              optimizer='rmsprop',
              metrics=['accuracy'])
```

まず、上で定義したget_keras_embedding()でembedding layerを得て、最初のレイヤーとします。このレイヤーはsequenceを入力として受け取ります。Sequenceの長さをinput_shapeで指定しておきます。また、このレイヤーの出力が、分散表現を並べたもの(図1)となります。

次の2つのmodel.addが、1D convolutional layerと1D max pooling layerです。前節までで解説した、今回のニューラルネットワーク(convolutional neural network)の核心になる部分です。ここで指定した各パラメータは一例であり、ニューラルネットワーク設計者が適宜設定します。

1D max pooling layerはglobal max poolingになるよう、pool_sizeを前の層の出力の幅と同じにしてあります(model.outputをこのように使うことができます)。

1D max poolingの出力は全結合層に接続します。12.3で解説したとおり、2次元の配列を1次元に並べ直す必要があり、そのためのレイヤーとしてkeras.layers.Flattenを挟んでいます。
最後に、コード全体を掲載します。

リスト2 Kerasによる、embedding layerを持ったCNNの実装例

```
import numpy as np
import pandas as pd
from gensim.models import Word2Vec
from keras.layers import Conv1D, Dense, Embedding, Flatten, MaxPooling1D
from keras.models import Sequential
from keras.preprocessing.sequence import pad_sequences
from keras.utils.np_utils import to_categorical
from sklearn.metrics import accuracy_score

from tokenizer import tokenize


def tokens_to_sequence(we_model, tokens):  # (3)
    sequence = []
    for token in tokens:
        try:
            sequence.append(we_model.wv.vocab[token].index + 1)
        except KeyError:
            pass
    return sequence


def get_keras_embedding(keyed_vectors, *args, **kwargs):  # (6)
    weights = keyed_vectors.vectors
    word_num = weights.shape[0]
    embedding_dim = weights.shape[1]
    zero_word_vector = np.zeros((1, weights.shape[1]))
    weights_with_zero = np.vstack((zero_word_vector, weights))
    return Embedding(input_dim=word_num + 1,
                     output_dim=embedding_dim,
                     weights=[weights_with_zero],
                     *args, **kwargs)


if __name__ == '__main__':
    we_model = Word2Vec.load(
        './latest-ja-word2vec-gensim-model/word2vec.gensim.model')  # (1)

    # 学習データ読み込み
    training_data = pd.read_csv('training_data.csv')
```

```
# 学習データのテキストをわかち書きし、トークン化→インデックス化
training_texts = training_data['text']
tokenized_training_texts = [tokenize(text)
                            for text in training_texts]  # (2)
training_sequences = [tokens_to_sequence(we_model, tokens)  # (3)
                      for tokens in tokenized_training_texts]

# training_sequencesの全要素の長さをMAX_SEQUENCE_LENGTHに揃える
MAX_SEQUENCE_LENGTH = 20
# end::max_sequence_length[]
x_train = pad_sequences(training_sequences,
                        maxlen=MAX_SEQUENCE_LENGTH)  # (4)

# 学習データとしてクラスIDのリストを準備
y_train = np.asarray(training_data['label'])
n_classes = max(y_train) + 1

# モデル構築 (5)
model = Sequential()
model.add(get_keras_embedding(we_model.wv,
                              input_shape=(MAX_SEQUENCE_LENGTH, ),
                              trainable=False))  # <6>
# 1D Convolution
model.add(Conv1D(filters=256, kernel_size=2, strides=1, activation='relu'))
# Global max pooling
model.add(MaxPooling1D(pool_size=int(model.output.shape[1])))
model.add(Flatten())
model.add(Dense(units=128, activation='relu'))
model.add(Dense(units=n_classes, activation='softmax'))
model.compile(loss='categorical_crossentropy',
              optimizer='rmsprop',
              metrics=['accuracy'])

# 学習
model.fit(x_train, to_categorical(y_train), epochs=50)  # (7)

# ===== 評価 ===== (8)

# 学習データと同様にテストデータを準備
test_data = pd.read_csv('test_data.csv')

test_texts = test_data['text']
tokenized_test_texts = [tokenize(text) for text in test_texts]
test_sequences = [tokens_to_sequence(we_model, tokens)
```

```
                        for tokens in tokenized_test_texts]
    x_test = pad_sequences(test_sequences, maxlen=MAX_SEQUENCE_LENGTH)

    y_test = np.asarray(test_data['label'])

    # 予測
    y_pred = np.argmax(model.predict(x_test), axis=1)

    # 評価
    print(accuracy_score(y_test, y_pred))
```

1. **Word embeddingsのモデルを読み込む。Step 11のリスト4と同様のモデルを利用する。**
2. **Step 01のリスト7と同様のわかち書き関数`tokenize`によって、学習データの文をわかち書きする。単語のlistを得る**（`tokenized_training_texts`は単語のlistのlist）。
3. **単語のlistをsequenceに変換する。**
4. **ニューラルネットワーク**（この後で構築）**に入力するために、長さが不揃いのsequenceを、一律`MAX_SEQUENCE_LENGTH`の長さに揃える。**
5. **Kerasでニューラルネットワークのモデルを構築する。**
6. **Embedding layerを得る。**
7. **構築したニューラルネットワークのモデルを学習する。クラスIDの配列は`keras.utils.np_utils.to_categorical`でone-hot表現に変換している**（参考：Step 09の09.1の「クラスIDのリストを教師データとして使う」）。
8. **テストデータを、学習データと同様の方法でsequence化し、評価に用いている。**

このスクリプトの実行結果は以下のとおりで、正解率は約68%でした〈5〉。

実行結果

```
0.6808510638297872
```

〈5〉 上記のコードを読者が実行したとき、全く同じ結果が再現するとは限りません。ニューラルネットワークの重みの初期化におけるランダム性や、その他様々な要因によります。

Column

課題

このコードにはいろいろといじれる部分があります。ぜひ試してみましょう。

- tokenizeの実装を改善してみる
- MAX_SEQUENCE_LENGTHの値を変えてみる
- tokens_to_sequence()で、モデルに存在しない単語の扱いを変えてみる
  - 0を当てはめ、ゼロベクトルで埋めるようにする
  - ランダムなベクトルを当てはめるようにする（Embedding layerの改造も必要）
- Embedding layerのtrainable=FalseをTrueに変えてみる
- ニューラルネットワークの各レイヤー（Conv1D、MaxPooling1D、Dense）のパラメータを調整してみる
- ニューラルネットワークのレイヤーを増やしてみる
- 学習時のepochsの値を変えてみる
- 利用するword embeddingsのモデルを変えてみる

Column

課題

Word embeddingsとCNNを使って、対話エージェントを実装してみましょう。

12.6 まとめ

本Stepでは、CNN（convolutional neural networks）というタイプのニューラルネットワークについて解説しました。

CNNはベクトルの「列」が入力となります〈6〉。CNNのメインパートであるconvolutional layerは、1列に並んだベクトルをある幅で「畳み込んで」次の層の値を計算します。Convolutional layerの後ろにはpooling layerがあり、ある範囲の最大値や平均値をとるpoolingという操作によって、ある程度の順序のゆれを無視したり、非線形性を導入したりするなどの効果をもたらしています。

本Stepの最後では、このCNNを使って、単語の分散表現を特徴量として利用する識別器を構築しました。この例では、pooling layerの出力は通常の多層パーセプトロン（全結合層）に接続し、最終的に多クラス分類器として機能しました。

〈6〉 12.1で書いたとおり、ここでは特に「1D」のconvolutionについて述べています。

Step 13 Recurrent Neural Networks

単語の分散表現列を入力とした再帰型ニューラルネットワーク（RNN）を構築する

13.1 Recurrent layer

1つ前の出力を次の出力に接続

CNNに続き、本Stepでは**recurrent neural network**（**RNN、再帰型ニューラルネットワーク**）というタイプのニューラルネットワークを紹介します。ここでも、単語の分散表現の列を入力とした識別器を作ることをゴールにして、解説を進めていきます。

Step 12の12.1のときと同様、縦向きの特徴ベクトルを横に並べたものが入力されるとします。

まず、多層パーセプトロンの1層分（全結合層）に、一番左の特徴ベクトルを入力します。以下に図として表現しました。

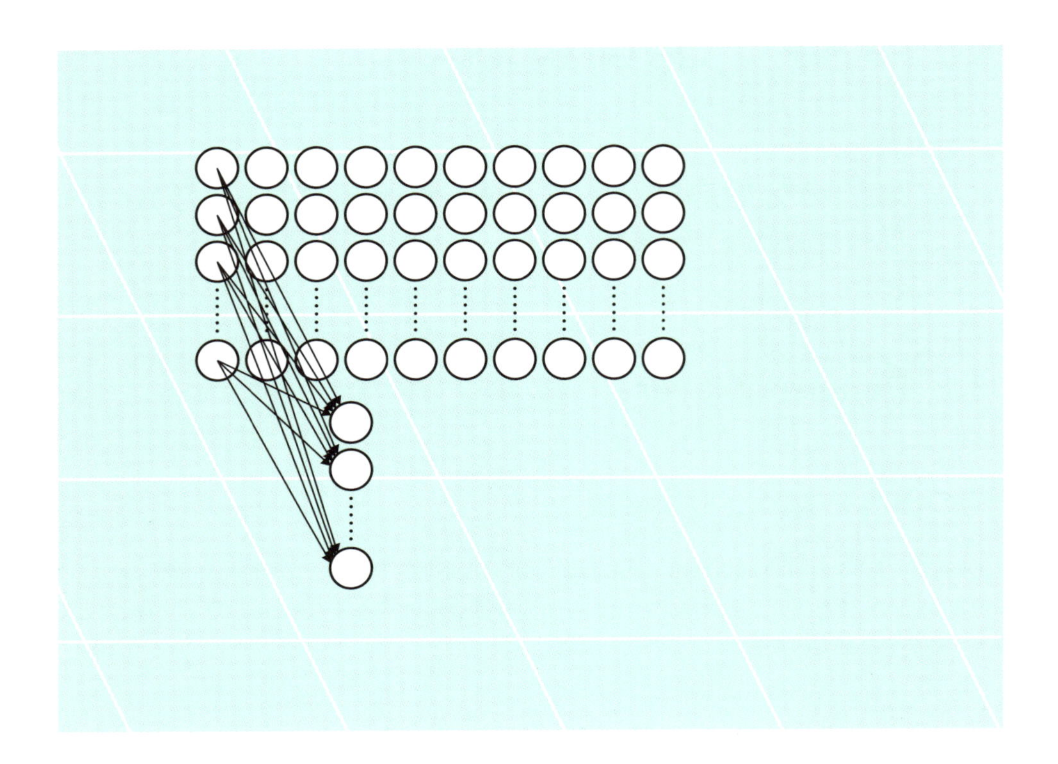

次に、入力するニューロンを右に1列ずらして、同様に全結合層に入力します。ここで使う全結合層の重みは、1つ前で使ったものと同じです(convolutional layerのときと同様ですね)。

と同時に、この全結合層の出力ニューロンに、1つ前(一番左)の出力ニューロンを、別の全結合層を介して接続します。この「1つ前の出力が、次の出力に接続される」という構造が重要な点です。

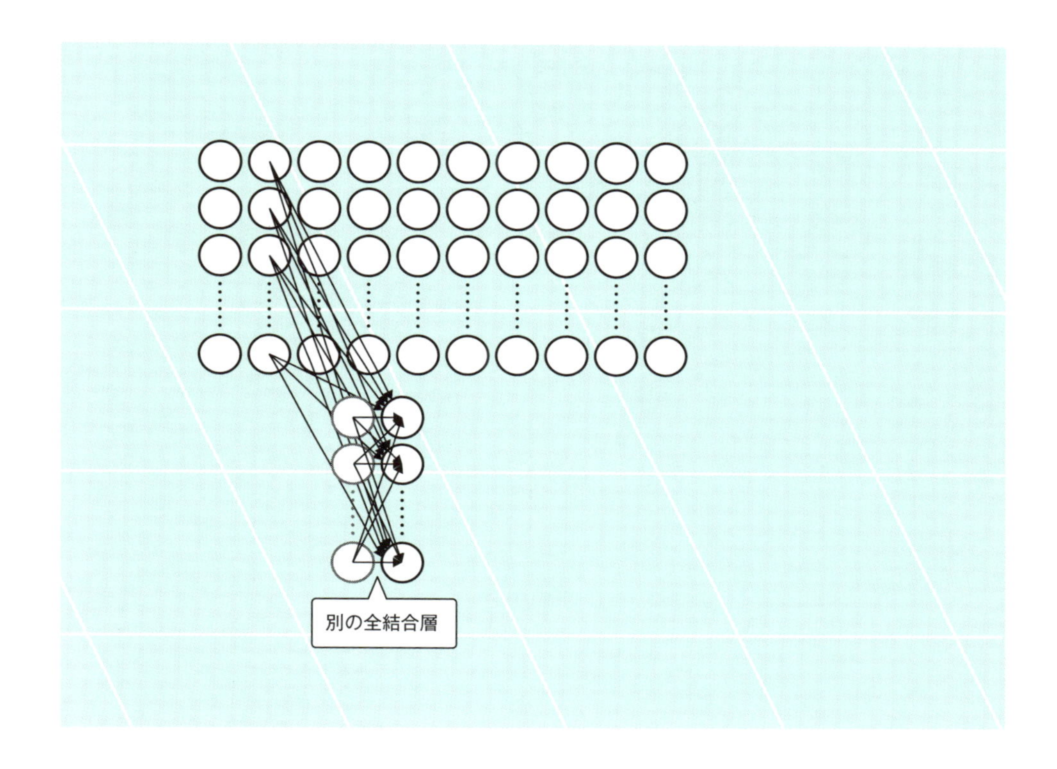

後は同様に繰り返していきます。

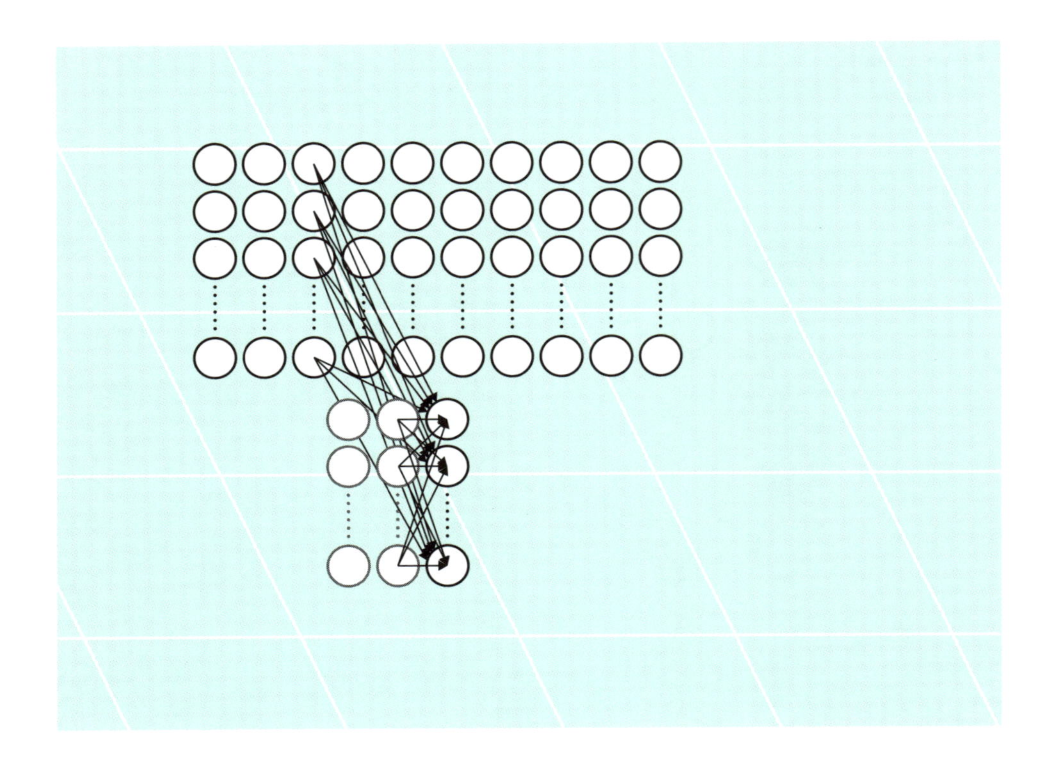

最後まで行ったら終わりです。

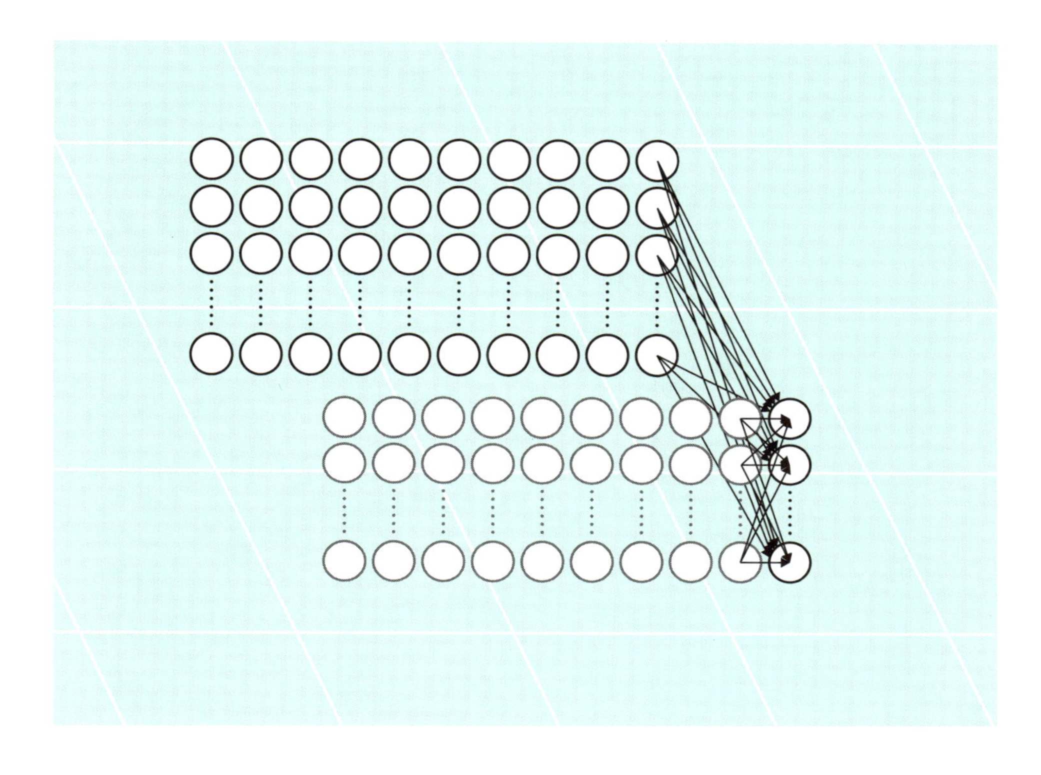

このような、1つ前の出力が次の出力に接続される構造を持ったニューラルネットワークが、「recurrent neural networks (RNN)」です。

CNNでは、同様の繰り返しで得られた一連の出力を、次のmax pooling layerに入力したりしていました。一方でRNNでは、繰り返しの最後で得られた1つのベクトルのみを、次のステップで使うことが多いです。

CNNの場合と異なり（Step 12の12.4の「なぜconvolution、poolingをするのか?」を参照）、RNNにおいて最後に得られるベクトルは、入力の左から右まですべての影響を受けています。したがって、繰り返しの途中の出力は必要なく、最後の出力だけを利用すれば、入力の情報すべてを利用できるのです（むしろ途中の出力は、そこまでの入力からしか影響を受けることができない中途半端な出力といえます）。

この「過去（左）の入力の情報を、現在（右）の出力に活かせる」というRNNの性質を指して、RNNは「状態（記憶）を保持できるニューラルネットワークである」といわれます。

RNNの別の表現

前項で解説したRNNは、全結合層に、「その出力を自分に戻す接続」を加えたものを用意し、それに順々にベクトルを入力していく、という表現で説明することもできます。

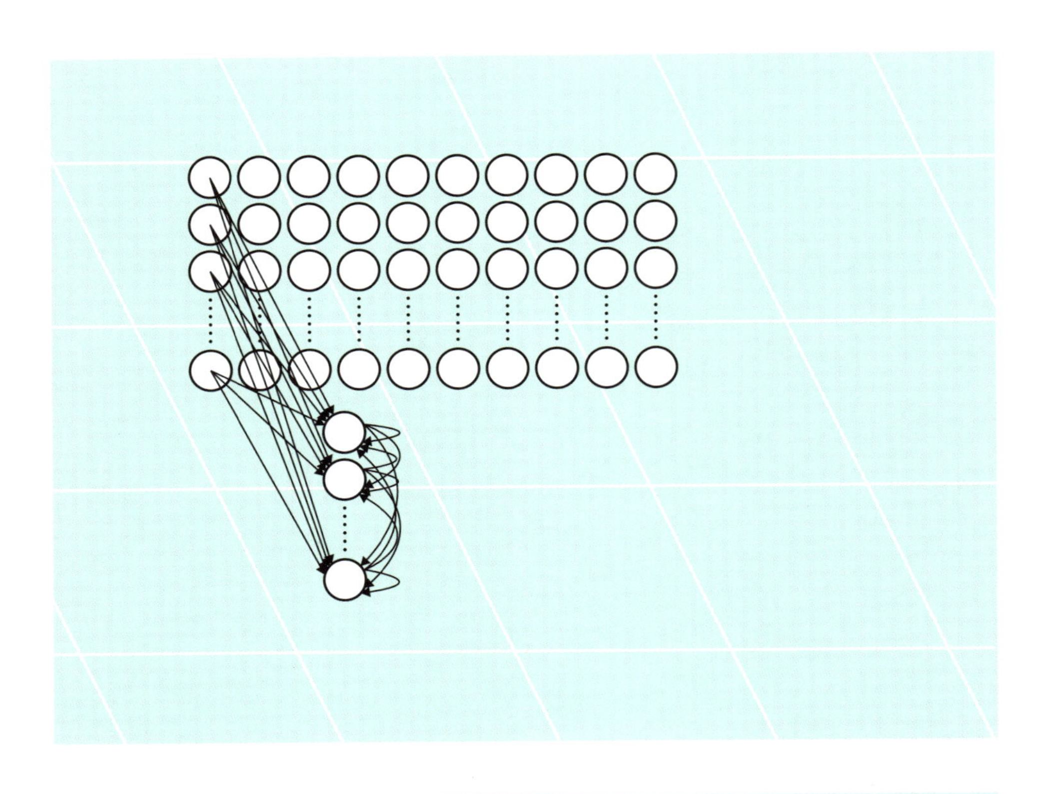

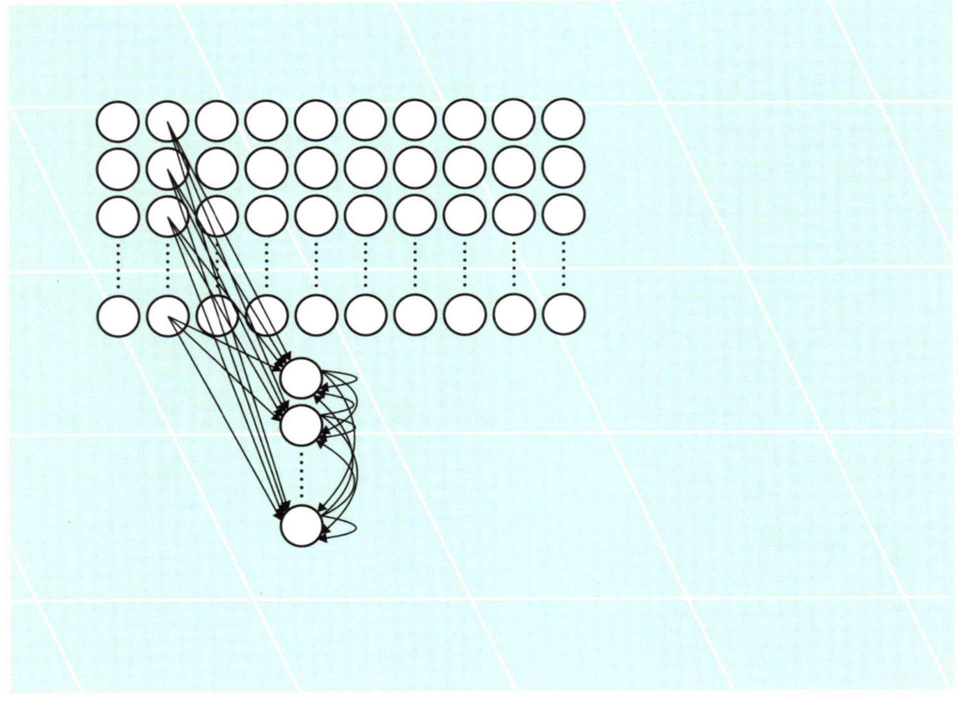

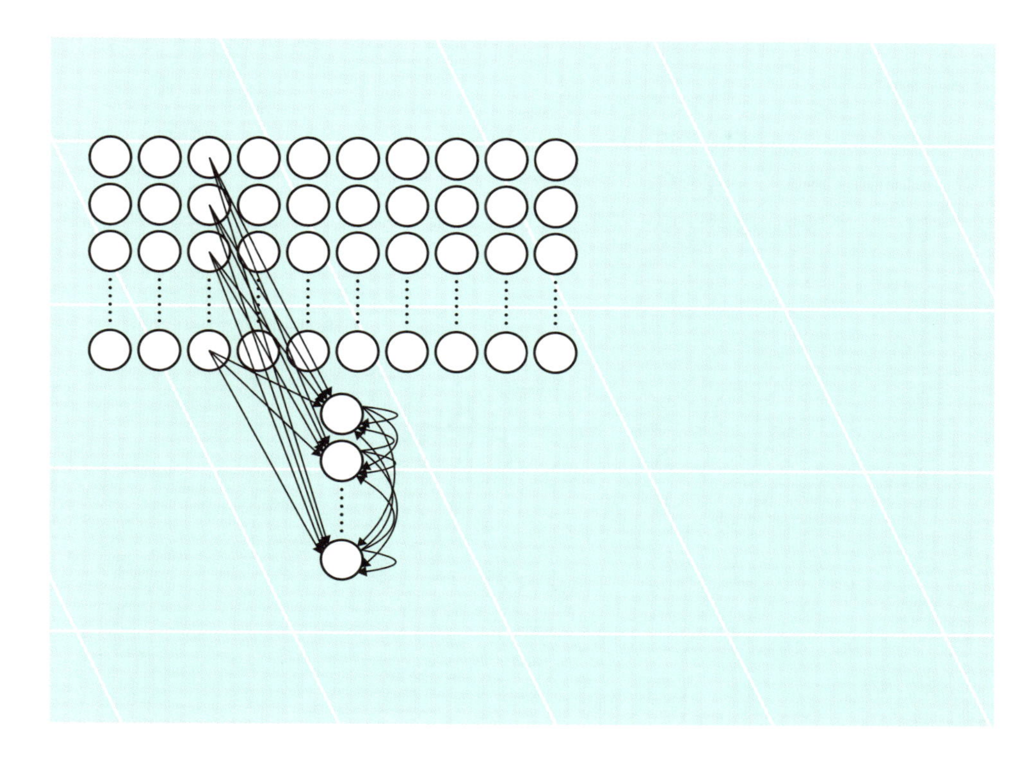

これが「recurrent」の名前の由来です。Recurrent neural networksは「再帰型ニューラルネットワーク」と訳されます。

> どちらの表現もRNNの解説としては正しく、説明の仕方の違いです。文献や論文によっては、どちらか一方の表現のみで描かれていることもあるので、それらを読み解く際には意識してみてください。
> RNNの「recurrent」な性質を素直に表現しているのは2つ目に解説した「RNNの別の表現」のほうだといえます。一方、1つ目の解説の一連の図の表現のほうは、RNNを「展開」した表現、といわれます。

13.2 LSTM

前項で、RNNにおいて「最後に得られるベクトルは、入力の左から右まですべての影響を受けている」と書きました。構造上は確かにそうなのですが、実際にやってみると、昔(左)の入力から受ける影響は非常に小さくなってしまうことがわかりました(「長期記憶ができない」と言ったりします)。

この問題を解消するために考案されたのが**LSTM**(**long short-term memory**)です。なお、本書ではLSTMについて詳細な解説はしません。前項で使った全結合層を置き換えるブロックであると理解しておいてください。

LSTMについてのわかりやすい解説資料は、Webや書籍を探せば大量に見つかります。興味のある方は調べてみてください。

ブロック内部やブロック間の接続で複雑な結合や処理があったりしますが、LSTMブロックの詳細を抽象化して書けば、前項のRNNと同様の構造だとわかります。

前項のRNN同様の繰り返し処理の後、最終的にLSTMブロックから、ある長さのベクトルが得られます。

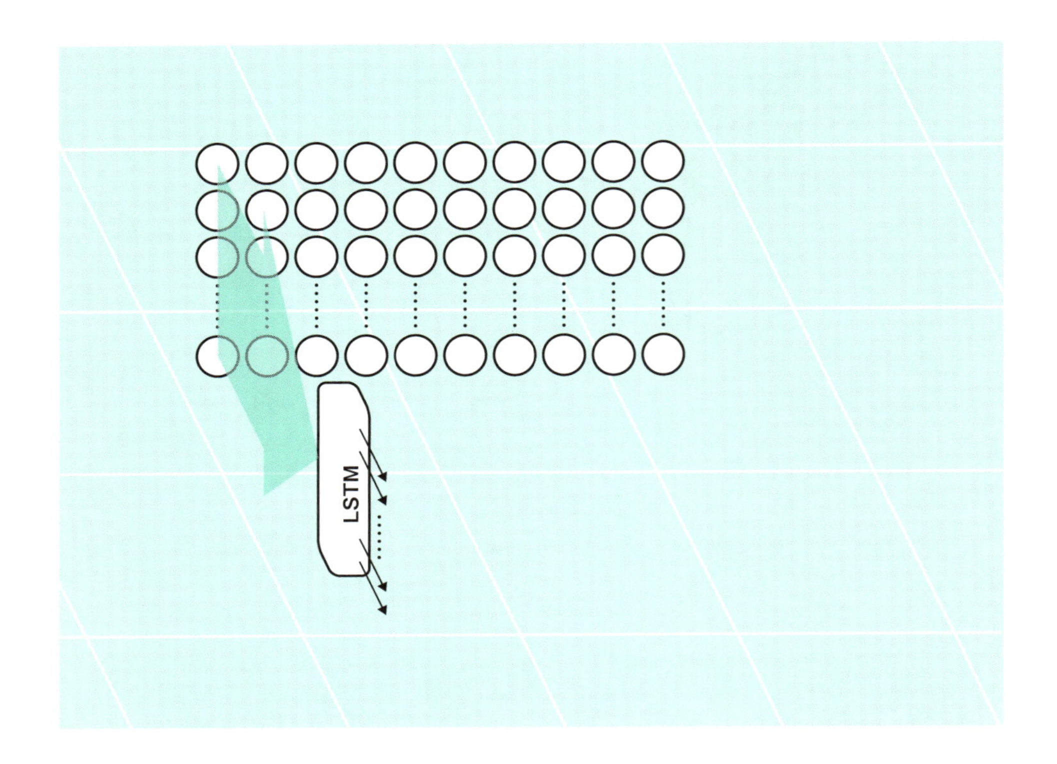

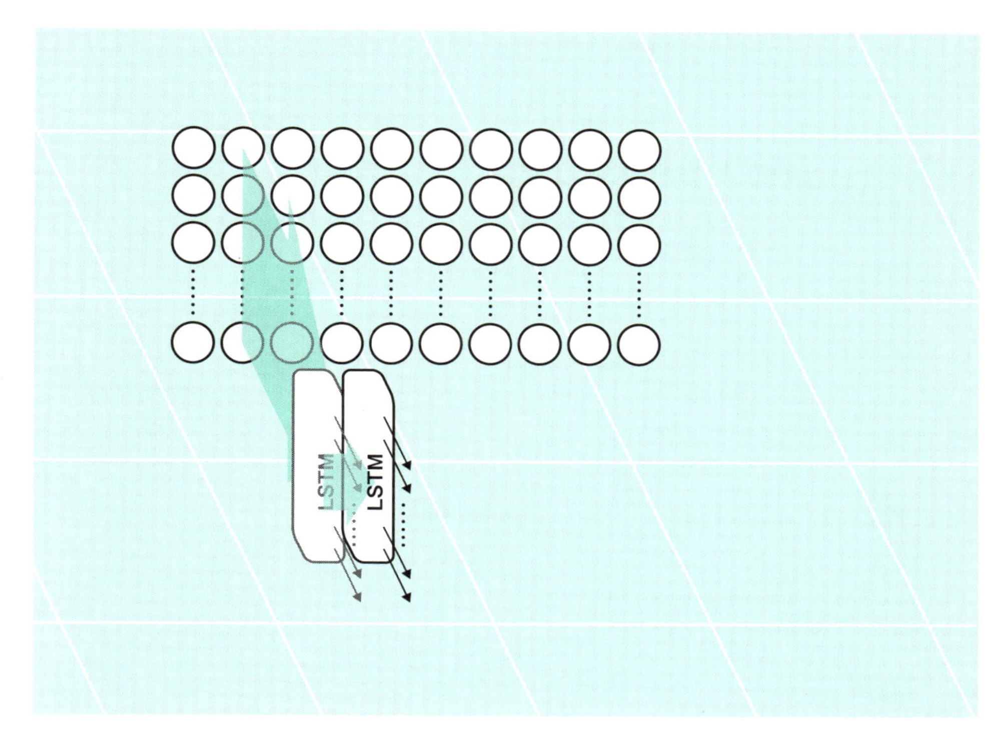
LSTM
LSTM

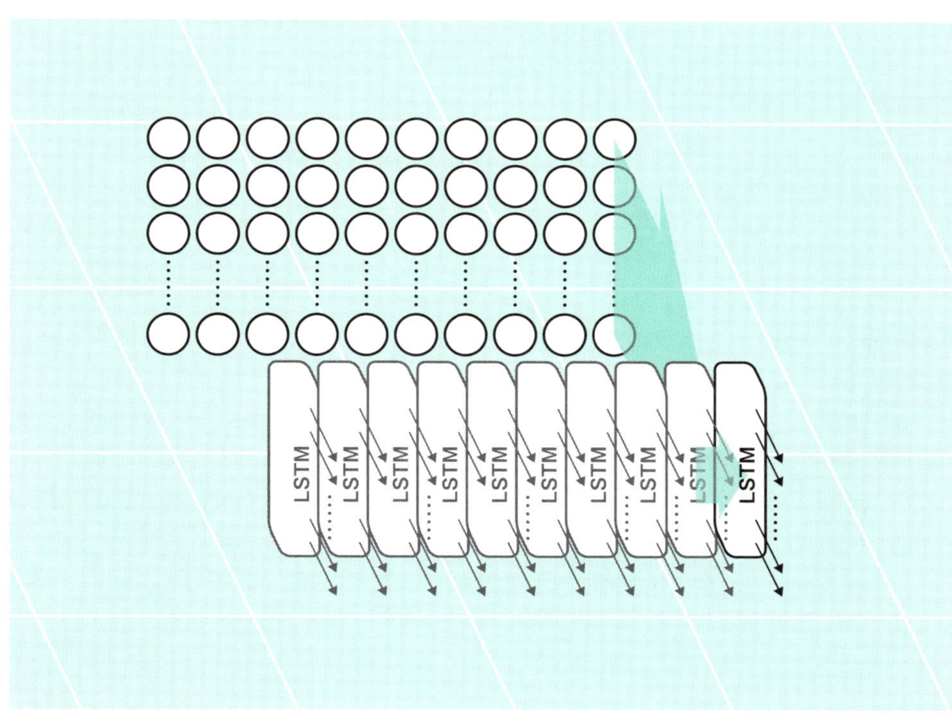
LSTM
LSTM
LSTM
LSTM
LSTM
LSTM
LSTM
LSTM
LSTM
LSTM

RNNを採用する場合、実用上、LSTM(もしくはその応用、発展形)を利用することがほとんどでしょう。

13.3 KerasによるRNNの実装

シンプルな例

LSTMを使ったRNNによる識別器を、Kerasで実装してみます。

入力は単語の分散表現、出力はクラスIDというのは変わらないので、コードの全体はStep 12の12.5とほぼ同じになります。Step 12のリスト2を流用し、ニューラルネットワークの構造を定義する部分だけ書き換える形にします。

Conv1D、MaxPooling1D、Flattenではなく、LSTMを利用します。

```
from keras.models import Sequential
from keras.layers import LSTM, Dense

model = Sequential()
model.add(get_keras_embedding(we_model.wv,
                              input_shape=(MAX_SEQUENCE_LENGTH, ),
                              mask_zero=True,
                              trainable=False))
model.add(LSTM(units=256))
model.add(Dense(units=128, activation='relu'))
model.add(Dense(units=n_classes, activation='softmax'))
model.compile(loss='categorical_crossentropy',
              optimizer='rmsprop',
              metrics=['accuracy'])
```

分散表現列をLSTMに入力し、その出力を多層パーセプトロン(全結合層)に入力して識別器として最終出力を得る構成のニューラルネットワークです。

また、embedding layerを得るget_keras_embedding()には、引数mask_zero=Trueを足しました。この引数は最終的にkeras.layers.Embeddingに渡されます(Step 12のリスト1の実装を参照)。

keras.preprocessing.sequence.pad_sequencesで長さが足りないsequenceを0で埋めましたが、mask_zero=Trueとすると、sequence中の0をゼロ埋めのための数字として特別扱いするようになります。このオプションを使うためには、embedding layerに続くレイヤーも対応している必要がありますが、LSTMは対応しています(Conv1Dは対応していないため、Step 12の12.5ではこのオプションは使いませんでした)。

このスクリプトの実行結果は以下のとおりで、正解率は約62%でした〈1〉。

実行結果

```
0.6170212765957447
```

改善例

● Bi-directional RNN

通常のRNNは入力を一方向にスライドさせていきますが、それに加えて逆方向(13.1や13.2の図でいえば、右から左)にスライドさせた計算も行い、それぞれの出力を何らかの方法でマージしたものを最終出力とします。

マージの方法は、2つのベクトルを並べて1つにする操作(concat)や、和(sum)や積(mul)をとるなどいくつかバリエーションが考えられます。KerasではLSTMレイヤーをkeras.layers.wrappers.Bidirectionalでラップするだけでbi-directional化することができます。

```
from keras.layers.wrappers import Bidirectional

...略...

model.add(Bidirectional(LSTM(units=128), 'concat'))
```

● GRU

オリジナルのLSTMにある改良を加えた発展版です。Kerasではkeras.layers.GRUクラスで提供されています。

```
from keras.layers import GRU

...略...

model.add(GRU(units=128))
```

もちろん、GRUも上述のkeras.layers.wrappers.Bidirectionalでラップすることでbi-directional化できます。

〈1〉 上記のコードを読者が実行したとき、全く同じ結果が再現するとは限りません。ニューラルネットワークの重みの初期化におけるランダム性や、その他様々な要因によります。

13.4 まとめ

本Stepでは、RNN(recurrent neural networks)というタイプのニューラルネットワークについて解説しました。

CNN同様、RNNはベクトルの「列」を入力として受け取ります。そして、ベクトル列のある位置のデータを入力して得られた中間層の出力が、次の位置のデータを入力するときの中間層にも接続される、という構造を持ったニューラルネットワークでした。この、中間層から同じ中間層へループする、すなわち再帰的な(recurrent)接続がRNNの特徴です。

また、多層パーセプトロンと同様の全結合層を転用しただけの単純なRNNはうまく動作しないため、LSTM(long short-term memory)を導入しました。

Step 12ではCNNを、本StepではRNNを紹介しましたが、ニューラルネットワークでベクトルの列(系列データ)を扱う際には、これらのニューラルネットワークがよく利用されます。

13.5 より発展的な学習のために

3章では、基礎的な多層パーセプトロンからスタートし、CNNやRNNという若干凝った構造のニューラルネットワークまで説明してきました。これらは今後、ニューラルネットワークベースのより発展的な手法を理解する際に基礎となる重要な知識です。本書で基本的な知識と実装方法を押さえた後は、適宜、他の書籍や資料で学習を進めていってください。

例えば、本書のようにDeep LearningライブラリとしてKerasを利用していく場合、Kerasの`examples`ディレクトリ〈2〉内の各種サンプルコードなどはよいお手本となるでしょう。様々な種類の手法を知ることができるのに加え、Kerasを使ったそれらの具体的な実装例まで見ることができます。

自然言語処理への応用を含め、Deep Learningは近年目覚ましい進歩を遂げており、日々新しい知見が生まれています。その蓄積から見ると、3章の内容は初歩の初歩です。本編ではニューラルネットワークに関する基礎的な内容を概観し、実際の開発に利用できることを目標として、理論的に深い理解はあえてスキップして実応用のための利用方法にフォーカスしてきました。一方で、ニューラルネットワークベースの様々な新手法が近年定期的に巷を騒がせていますが、それらを正しく理解するためには、しばしば、本書の範囲だけではなく、ニューラルネットワークの理論をしっかり固めてから取り掛かる必要があるでしょう。

そのような次のステップに進むためには、例えば、以下のようなルートがあり得るでしょう。

〈2〉 https://github.com/keras-team/keras/tree/master/examples

- ニューラルネットワークの仕組みについて(より理論的な側面にフォーカスして)学ぶ
- ニューラルネットワークによる自然言語処理について(より理論的な側面にフォーカスして)学ぶ
- 本書で紹介した文識別タスク以外の問題設定について調べてみる、論文を読む(例えば、文章生成について調べ、RNN + LSTMによる生成手法について勉強する)。

また、理論的なキャッチアップに限らず、実際に手を動かすことも理解を深める助けになります。

- Kaggleのコンペに挑戦する
- より大きく、一般的なデータセットの利用に挑戦する(ただし、本書で例として使ってきたものと異なり、英語がメインになります)。

4章

2ステップの実践知識

第4章では、第2章と第3章で扱いきれなかったものの、機械学習や自然言語処理を実アプリケーションとして実装する際に求められる2つの知識を獲得します。

Step 14 ハイパーパラメータ探索

機械学習システムに外部から与えるべき、適切なパラメータの値を見つける

14.1 ハイパーパラメータ

機械学習を利用したシステムには、設計者やプログラマが設定しなければならないパラメータが数多くあります。これらを**ハイパーパラメータ**（**hyperparameter**）といいます。学習によって調整、獲得されるパラメータ（例：ニューラルネットワークの重み）ではなく、学習の前に設計者やプログラマが設定する一段階メタなパラメータ、という意味で「ハイパー（hyper）」がついています。

2章の範囲では、例えば特徴抽出器（CountVectorizerやTfidfVectorizerなど）や識別器（SVCやRandomForestClassifierなど）の種類やそれらのパラメータがハイパーパラメータです。3章で扱ったニューラルネットワークではハイパーパラメータの数はさらに多くなり、層の数や種類や層ごとのユニット数、dropoutの有無と係数、optimizerの種類と各種引数、学習率……と、挙げればきりがありません。

これらハイパーパラメータの値は、システムの最終的な性能に影響を及ぼします。適切な値を設定することで、高性能の学習済みモデルを得ることができます。高性能なモデルを得るための戦いは、学習の前、モデルの設計段階から始まっているのです。

しかし、値の組み合わせが大量にある中で、適切な値を手作業で探すのは現実的ではありません。本Stepでは、システムの性能を向上させるために、ハイパーパラメータの値を自動的に探索する手法を紹介します。このような値の探索を総合して**ハイパーパラメータ探索**（**hyperparameter search**）と呼びます。

14.2 グリッドサーチ

探索対象のパラメータと、それぞれの値の候補を列挙し、そのすべての組み合わせを試してベストのものを見つける手法を、**グリッドサーチ**（**grid search**）といいます。

Scikit-learnでは、グリッドサーチのためにsklearn.model_selection.GridSearchCVが提供されています。Scikit-learnのAPIを持った識別器クラスのインスタンスに対して、グリッドサーチを実行できます。

Step 06の06.5ではRandom Forestを識別器とした対話エージェントを作成しましたが、これを題材にしてグリッドサーチによるパラメータ探索を実装してみます。Step 06の06.5ではsklearn.ensemble.RandomForestClassifierをデフォルトパラメータのまま利用していました。ここでは指定可能なパラメータのうち、n_estimatorsとmax_featuresを変化させ、ベストな値を探してみます。まず、RandomForestClassifierに対してグリッドサーチを行うサンプルを以下に示します。

リスト1 grid_search.py

```
from os.path import dirname, join, normpath

import pandas as pd
from sklearn.ensemble import RandomForestClassifier
from sklearn.feature_extraction.text import TfidfVectorizer
from sklearn.model_selection import GridSearchCV

from tokenizer import tokenize

# Load training data
BASE_DIR = normpath(dirname(__file__))

training_data = pd.read_csv(join(BASE_DIR, './training_data.csv'))
train_texts = training_data['text']
train_labels = training_data['label']

# Feature extraction
vectorizer = TfidfVectorizer(tokenizer=tokenize, ngram_range=(1, 2))
train_vectors = vectorizer.fit_transform(train_texts)

# Grid search
parameters = {  # (1)
    'n_estimators': [10, 20, 30, 40, 50, 100, 200, 300, 400, 500],
    'max_features': ('sqrt', 'log2', None),
}
classifier = RandomForestClassifier()
gridsearch = GridSearchCV(classifier, parameters)  # (2)

gridsearch.fit(train_vectors, train_labels)  # (3)

print('Best params are: {}'.format(gridsearch.best_params_))  # (4)

# Load test data
test_data = pd.read_csv(join(BASE_DIR, './test_data.csv'))
```

```
test_texts = test_data['text']
test_labels = test_data['label']

# Clasification with the best parameters
test_vectors = vectorizer.transform(test_texts)
predictions = gridsearch.predict(test_vectors)  # (5)
```

1. グリッドサーチの探索対象とするsklearn.ensemble.RandomForestClassifierのパラメータ名をキーとし、候補の値を列挙する。指定可能なパラメータはリファレンスを参照〈1〉。
2. sklearn.model_selection.GridSearchCVのコンストラクタに、識別器インスタンス(今回はsklearn.ensemble.RandomForestClassifier)と、1.で定義した探索対象パラメータを列挙したdict parametersを指定する。
3. sklearn.model_selection.GridSearchCV自体、他の識別器クラス同様に.fitと.predictを持つ。.fitでグリッドサーチを実行し、最適パラメータを保持する。
4. グリッドサーチの結果得られたベストパラメータは.best_params_プロパティに格納されている。
5. 他の識別器クラスと同様に.predictを使える。この例では、最適パラメータで学習したsklearn.ensemble.RandomForestClassifierの.predictを実行することになる。

それでは、以上の内容を踏まえて、Step 06の06.5のリスト1を、グリッドサーチを使うよう改良してみましょう。sklearn.pipeline.Pipelineを使って識別器を組み込んでいる場合、Pipelineも識別器として機能するので、GridSearchCVに渡すことができます。

さらに、この例でのPipelineは識別器('classifier')だけでなく、特徴抽出器('vectorizer')も含んでおり、それぞれのパラメータにはclassifier__*、vectorizer__*でアクセスできるので、両方のパラメータをまとめて探索することができます。ここでは識別器のn_estimators、max_featuresに加え、特徴抽出器のngram_rangeも探索対象とします。

リスト2 dialogue_agent.py(Step 06のリスト1からの差分を抜粋)

```
...略...

from sklearn.ensemble import RandomForestClassifier
from sklearn.feature_extraction.text import TfidfVectorizer
from sklearn.model_selection import GridSearchCV
from sklearn.pipeline import Pipeline

...略...
```

〈1〉 http://scikit-learn.org/0.19/modules/generated/sklearn.ensemble.RandomForestClassifier.html

```
class DialogueAgent:

...略...

    def train(self, texts, labels):
        pipeline = Pipeline([
            ('vectorizer', TfidfVectorizer(tokenizer=tokenize)),
            ('classifier', RandomForestClassifier()),
        ])

        parameters = {
            'vectorizer__ngram_range':
                [(1, 1), (1, 2), (1, 3), (2, 2), (2, 3), (3, 3)],
            'classifier__n_estimators':
                [10, 20, 30, 40, 50, 100, 200, 300, 400, 500],
            'classifier__max_features':
                ('sqrt', 'log2', None),
        }
        clf = GridSearchCV(pipeline, parameters)

        clf.fit(texts, labels)

        self.clf = clf

    def predict(self, texts):
        return self.clf.predict(texts)

...略...
```

この対話エージェントをStep 01の01.5と同様のスクリプトで評価すると、正解率が約70%に上がっていることがわかります。大きく改善しました〈2〉。

実行結果

```
0.7021276595744681
```

また、このときのパラメータは以下のとおりです。デフォルトパラメータからは大きく違っています。

```
>>> dialogue_agent.clf.best_params_
{'classifier__max_features': 'log2', 'classifier__n_estimators': 300, 'vectorizer__ngram_range': (1, 1)}
```

〈2〉 上記のコードを読者が実行したとき、全く同じ結果が再現するとは限りません。ニューラルネットワークの重みの初期化におけるランダム性や、その他様々な要因によります。

デフォルトパラメータを使い続けるのではなく、ハイパーパラメータサーチによって適切なパラメータの値を見つけることの大切さがわかります。

ただし、探索対象のパラメータが増えてくると、グリッドサーチの探索にかかる時間は指数関数的に長くなっていきます。このようなケースに適したパラメータ探索法を次項で紹介します。

> 「システムの性能を向上させるハイパーパラメータの値を探索する」と述べましたが、そのためには、ハイパーパラメータの値に対する性能を計らねばなりません。`GridSearchCV#fit`の内部では、パラメータの組を1つ試すたびに性能評価が行われています。
>
> これは**クロスバリデーション**（**cross-validation、交差検証**）によって行われます（`GridSearchCV`の「CV」はcross-validationのことです）。
>
> クロスバリデーションは、学習データをK個（`GridSearchCV`のデフォルトではK=3〈3〉）に分割し、そのうち1個をバリデーションデータ、残りすべてを学習データとして学習→評価を行い、それをバリデーションデータを変えながらK回行う評価方法です（バリデーションデータについてはStep10の10.1の「Early stopping」を参照）。

14.3 Hyperoptの利用

パラメータ空間と目的関数

グリッドサーチよりも効率よくハイパーパラメータの探索を行うためのツールとして、Hyperopt〈4〉があります。

グリッドサーチが単純な総当たりなのに対し、Hyperoptは、「探索対象のパラメータとそれぞれの値の候補」と「パラメータ値の組を受け取って値を返す関数」を与えると、その関数の返り値を最小化するパラメータ値の組を、より効率的な手法で探索します。Hyperoptのパラメータ探索法についての詳細は公式ドキュメント〈5〉などを参照してください。

ここで、「探索対象のパラメータとそれぞれの値の候補」を探索対象の**パラメータ空間**（**parameter space**）といいます。パラメータ値の組をベクトルとみなすと、あるベクトル空間内の点と考えることができるので、そのベクトル空間を「パラメータ空間」と呼ぶ、という考え方です（参考：Step 04の04.8）。

また、「パラメータ値の組を受け取って値を返す関数」を**目的関数**（**objective function**）と呼びます。繰り返しになりますが、この目的関数の返り値を最小化することが目的となります。

以下がサンプルコードです。前項の`GridSearchCV`を使ったリスト1をもとにして、パラメータ探索の部分にHyperoptを使うように変更しました。

〈3〉 Scikit-learnのv0.22から、Kのデフォルト値が3から5に変わることが予告されています（https://scikit-learn.org/0.20/modules/generated/sklearn.model_selection.GridSearchCV.html）。

〈4〉 http://hyperopt.github.io/hyperopt/

〈5〉 https://github.com/hyperopt/hyperopt/wiki

リスト3 hyperopt_sample.py

```
from os.path import dirname, join, normpath

import pandas as pd
from hyperopt import fmin, hp, tpe
from sklearn.ensemble import RandomForestClassifier
from sklearn.feature_extraction.text import TfidfVectorizer
from sklearn.metrics import accuracy_score
from sklearn.model_selection import train_test_split

from tokenizer import tokenize

# Load training data
BASE_DIR = normpath(dirname(__file__))

training_data = pd.read_csv(join(BASE_DIR, './training_data.csv'))
train_texts = training_data['text']
train_labels = training_data['label']

# Feature extraction
vectorizer = TfidfVectorizer(tokenizer=tokenize, ngram_range=(1, 2))
train_vectors = vectorizer.fit_transform(train_texts)

tr_labels, val_labels, tr_vectors, val_vectors =\
    train_test_split(train_labels, train_vectors, random_state=42)


# Search
def objective(args):  # (1)
    classifier = RandomForestClassifier(n_estimators=int(args['n_estimators']),
                                        max_features=args['max_features'])
    classifier.fit(tr_vectors, tr_labels)
    val_predictions = classifier.predict(val_vectors)
    accuracy = accuracy_score(val_predictions, val_labels)
    return -accuracy


max_features_choices = ('sqrt', 'log2', None)
space = {  # (2)
    'n_estimators': hp.quniform('n_estimators', 10, 500, 10),
    'max_features': hp.choice('max_features', max_features_choices),
}

best = fmin(objective, space, algo=tpe.suggest, max_evals=30)  # (3)
```

```
# Create a classifier with the best params and train it
best_classifier = RandomForestClassifier(  # (4)
    n_estimators=int(best['n_estimators']),
    max_features=max_features_choices[best['max_features']])
best_classifier.fit(train_vectors, train_labels)
```

1. 目的関数を定義する。
2. 探索対象のパラメータ空間を定義する。
3. hyperopt.fminに目的関数と探索対象のパラメータ空間を渡す。探索の結果得られた最良のパラメータ値の組が返される。
4. 探索結果に基づき、改めて識別器を構成、学習する。

目的関数の定義

まず、目的関数を定義します。このサンプルコード中ではobjectiveという関数です。

目的関数には、探索対象のパラメータが辞書型（dict）として渡されるので、それに基づいて識別器を構成、学習し、精度を計算するようにしました。精度の計算のため、学習データを2つに分け、一方をバリデーションデータとして使います（参考：Step 10の10.1の「Early stopping」）。また、後述するようにn_estimatorsはfloatで与えられてしまうので、intにキャストしています。

ここでは精度（sklearn.metrics.accuracy_score）を最大化したいのですが、Hyperoptは目的関数の最小化にしか対応していないので、精度の値に-1を掛けたものを目的関数の返り値としています（-accuracyを最小化することと、accuracyを最大化することは等価です）。

パラメータ空間の定義

次に、探索対象のパラメータ空間を定義します。このサンプルコード中ではspaceという変数です。リスト1同様、n_estimators、max_featuresを対象としています。Hyperoptを使う際には、hyperopt.hpモジュールの各種関数を利用してパラメータ空間を定義します。

n_estimatorsは、前項では値の候補をリストで渡していましたが、ここではhyperopt.hp.quniform()を使い、「最小値10、最大値500の範囲で、10刻みの値をランダムに得る」という指定をしました。hyperopt.hp.quniform()は整数値に限らず使えるので、返り値はfloatになります。

max_featuresは前項同様、('sqrt', 'log2', None)からの選択になります。このケースはhyperopt.hp.choice()で定義します。

hyperopt.hpモジュールには他にも様々な関数が用意されており、柔軟なパラメータ空間定義が可能です。詳しくはリファレンスを参照してください〈6〉。

〈6〉 https://github.com/hyperopt/hyperopt/wiki/FMin#21-parameter-expressions

探索実行

定義した目的関数objectiveとパラメータ空間spaceをhyperopt.fminに渡すことで、パラメータの探索が実行されます。

キーワード引数algoは探索のためのアルゴリズムを指定します。ここではオーソドックスなhyperopt.tpeを指定しておきます。

キーワード引数max_evalsで試行回数の上限を指定します。

hyperopt.fminによる探索が終了すると、最良のパラメータ群がdictにまとめられ、返されます。

探索結果のパラメータによる識別器の構築と学習

探索結果として得られたパラメータ群で、改めて識別器を構築します。

ここで、hyperopt.fminの返り値を見てみましょう。探索結果が格納されたdictです。

hyperopt.fminの返り値bestの例

```
>>> best
{'max_features': 1, 'n_estimators': 360.0}
```

hyperopt.hp.quniform()で定義したn_estimatorsは前述のとおりfloatですが、そのまま使える値が入っています。一方hyperopt.hp.choice()で定義したmax_featuresでは、選択肢のインデックスが返されることに注意してください。

評価

以上の結果得られた識別器を評価してみましょう。正解率が約72%となり、ハイパーパラメータ探索により、大きな改善を達成できました。

なお、ここまでの結果にはランダム性があるので、以下の結果をそのまま再現できるとは限らないことに注意してください。

リスト4 hyperopt_sample.py（つづき）

```
# Load test data
test_data = pd.read_csv(join(BASE_DIR, './test_data.csv'))
test_texts = test_data['text']
test_labels = test_data['label']

# Classification with the best parameters
test_vectors = vectorizer.transform(test_texts)
```

```
predictions = best_classifier.predict(test_vectors)

print(accuracy_score(test_labels, predictions))
```

実行結果

```
0.723404255319149
```

14.4 確率分布

Hyperoptで探索パラメータ空間を定義するとき、例えば前項ではhyperopt.hp.quniform()を使い、これを「最小値10、最大値500の範囲で、10刻みの値をランダムに得る」ことだと説明しました。

これはより正確に言うと、「最小値10、最大値500、10刻みの離散一様分布に従う乱数を得る」という言い方になります。乱数を生成する場合、その背後にある**確率分布**(probability distribution)に気を配る必要があります。

一様分布

乱数を生成したとき、どの値も出現する確率がすべて等しい場合、その乱数は「一様分布に従う」といいます。確率統計に馴染みのない方が「乱数」と聞いてぱっとイメージしやすいのが、この一様分布に従う乱数かもしれません。

Hyperoptでは、hyperopt.hp.uniform(label, low, high)を使うと、そのパラメータは、low以上high未満の一様分布に従う乱数となります。例えばhyperopt.hp.uniform(label, 0, 10)とした場合、生成した乱数の値rが0 <= r < 1である確率も、1 <= r < 2である確率も、……、9 <= r < 10である確率も、一様に10%です。

また、hyperopt.hp.quniform(label, low, high, q)を使うと、low以上high未満の、一様分布に従う、q刻みの乱数となります。例えばhyperopt.hp.quniform(label, 0, 10, 1)とした場合、生成される乱数は1刻みの値となり、[0, 1, 2, 3, 4, 5, 6, 7, 8, 9]のいずれかです。そして、生成した乱数の値が0である確率も、1である確率も、……、9である確率も、10%です。

以上の二者を区別して、前者を**連続一様分布**(continuous uniform distribution)、後者を**離散一様分布**(discrete uniform distribution)と呼びます。連続一様分布は、出現する乱数の「刻み幅」がなく〈7〉、low以上high未満のあらゆる値があり得ますが〈8〉、離散一様分布では「刻み幅」が指定され、特定の値の中から選ばれることになります。

〈7〉 本書では「連続」を数学的に厳密に扱うことはしません。

〈8〉 コンピュータの世界では浮動小数点数で表現できる数の小ささの限界があるので、本当の意味での連続分布は実現できませんが、ここでは擬似的に連続分布とみなしてよいでしょう。

対数一様分布

乱数を生成したとき、値の対数が一様分布に従う場合、その乱数を「**対数一様分布**（**log-uniform distribution**）に従う」ということにします〈9〉。「値の対数が一様分布に従う」というのが少々わかりづらい表現ですが、「どの値の対数も同確率で出現する」、もしくは視点を逆にして、「一様分布に従う乱数を指数関数に入れた出力」と言い換えてもよいです。

対数一様分布に従う乱数は、大きい値はまばらに、小さい値は密に得ることができます。例えば、1～10000の範囲で、一様分布と対数一様分布それぞれに従う乱数の生成結果を比べてみましょう。

1～10000の範囲で一様分布から生成した乱数は、大きな値が大半を占めます。例えば1～10の値が出る確率は0.1%ですが、1001～10000の値が出る確率は90%です。すべての値が等確率で出るため、当然の結果ではあります。

一方、1～10000の範囲で対数一様分布から生成した乱数は、値の大きさという点で見ると万遍なくカバーする結果となります。例えば、1～10の値が出る確率と、1001～10000の値が出る確率は、ともに25%です。

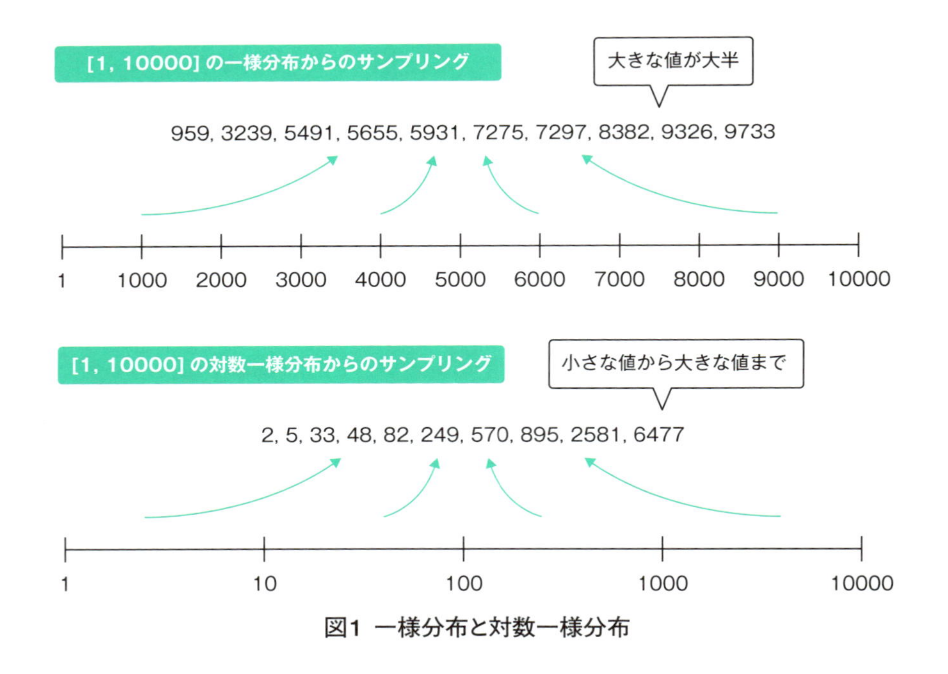

図1 一様分布と対数一様分布

このような性質を持つ対数一様分布は、ハイパーパラメータサーチの際に、学習率などを設定するための

〈9〉 「対数一様分布」という語は一般的ではないようですが、Hyperoptではこの分布を表現する関数名として`loguniform`が採用されているので、本書ではこれを日本語に訳し「対数一様分布」と呼ぶことにします。

乱数としてよく利用されます。例えば学習率を0.1から0.0001の範囲で探索するとき、0.1、0.01、0.001、0.0001は等確率で選ばれてほしいからです。このケースで一様分布を選択してしまうと、大きめの値(0.1、0.09、0.08、……、0.01)は頻繁に探索されるのに、小さめの値(0.0009、0.0008、……、0.0001)は稀にしか探索されない、ということになります。

対数一様分布にも連続と離散があり、Hyperoptではそれぞれ以下の関数で指定できます。

- `hp.loguniform(label, low, high)`
- `hp.qloguniform(label, low, high, q)`

これらの下限はe^{low}(つまり`math.exp(low)`)、上限はe^{high}(つまり`math.exp(high)`)になることに要注意です。

対数一様分布に従う乱数の生成

上記の内容を理解するためのPythonコードを書いてみます(本項の内容の本筋からは外れるので、読み飛ばしても構いません)。

Pythonでは標準ライブラリとして、乱数を扱う`random`モジュールが提供されています。例えば`random.uniform`を使うと、連続一様分布から乱数を得ることができます。

リスト5 0以上10未満の連続一様分布から乱数を得る

```
import random

r = random.uniform(0, 10)
```

これを使うと、「a以上b未満の連続対数一様分布に従う乱数」は、以下のコードで生成できます〈10〉。上記の「一様分布に従う乱数を指数関数に入れた出力」をそのまま表現したコードになっています。

リスト6 a以上b未満の連続対数一様分布から乱数を得る関数loguniformの例

```
import math
import random


def loguniform(a, b):
    return math.exp(random.uniform(math.log(a), math.log(b)))
```

〈10〉このコードはあくまでサンプルです。境界値のチェックなどを省略してあります。

このloguniform()関数の戻り値は指数関数math.expの出力ですが、これの下限と上限をa、bにするために、random.uniform()の下限と上限としてそれぞれの対数math.log(a)、math.log(b)が指定されている点に注意してください。$e^{\log a} = a$なので、random.uniform()の下限をmath.log(a)にすると、math.exp(random.uniform())の下限がaになるのです。

実はHyperoptで対数一様分布を定義する関数hp.loguniform(label, low, high)、hp.qloguniform(label, low, high, q)も、このサンプルコードに類する処理をしていますが、math.log()が抜けています。これにより、上限と下限がmath.exp(low)とmath.exp(high)になっています。

> $e^{\log a} = a$の求め方は以下のとおりです。
> 1. $x = e^{\log a}$という方程式を立てる。
> 2. 両辺logをとって、$\log x = \log e^{\log a}$。
> 3. 右辺のlogの中の累乗を外に出して、$\log x = \log a \cdot \log e$。
> 4. $\log e = 1$なので、$\log x = \log a$。
> 5. したがって、$x = a$。
> 6. これを元の式に代入して、$e^{\log a} = a$。

ここまで、連続と離散それぞれの一様分布と対数一様分布を紹介しましたが、このような乱数の値の出現の仕方を定めるものを確率分布といいます〈11〉。

14.5 Kerasへの応用

前項までで紹介したハイパーパラメータサーチのテクニックを、Kerasで構築したニューラルネットワークのモデルにも応用してみましょう。

グリッドサーチ

14.1同様、sklearn.model_selection.GridSearchCVでグリッドサーチを行います。Kerasにはちょうどscikit-learn APIラッパーがあり（参考：Step 09の09.2の「Kerasのscikit-learn API」）、Kerasで構築したモデルにscikit-learnの識別器インスタンスと同様の振る舞いをさせることができるので、これを利用します。

リスト7 grid_search.py

```
from os.path import dirname, join, normpath

import pandas as pd
from keras import backend as K
from keras.layers import Dense, Dropout
```

〈11〉より正確に書くと、確率分布とは「確率変数（ここでは乱数のこと）がある値となる確率を示す関数」です。

```
from keras.models import Sequential
from keras.optimizers import SGD, Adadelta, Adagrad, Adam
from keras.wrappers.scikit_learn import KerasClassifier
from sklearn.feature_extraction.text import TfidfVectorizer
from sklearn.model_selection import GridSearchCV

from tokenizer import tokenize

# Load training data
BASE_DIR = normpath(dirname(__file__))

training_data = pd.read_csv(join(BASE_DIR, './training_data.csv'))
train_texts = training_data['text']
train_labels = training_data['label']

# Feature extraction
vectorizer = TfidfVectorizer(tokenizer=tokenize, ngram_range=(1, 2))
train_vectors = vectorizer.fit_transform(train_texts)


# Grid search
def build_model(input_dim, output_dim,  # (1)
                optimizer_class,
                learning_rate,
                dropout=0):
    if K.backend() == 'tensorflow':  # (2)
        K.clear_session()

    mlp = Sequential()
    mlp.add(Dense(units=32, input_dim=input_dim, activation='relu'))
    if dropout:
        mlp.add(Dropout(dropout))
    mlp.add(Dense(units=output_dim, activation='softmax'))

    optimizer = optimizer_class(lr=learning_rate)

    mlp.compile(loss='sparse_categorical_crossentropy',
                metrics=['accuracy'],
                optimizer=optimizer)

    return mlp


parameters = {'optimizer_class': [SGD, Adagrad, Adadelta, Adam],  # (3)
              'learning_rate': [0.1, 0.01, 0.001, 0.0001, 0.00001],
              'dropout': [0, 0.1, 0.2, 0.3, 0.4, 0.5],
```

```
                'epochs': [10, 50, 100, 200],
                'batch_size': [16, 32, 64]}

feature_dim = train_vectors.shape[1]
n_labels = max(train_labels) + 1

model = KerasClassifier(build_fn=build_model,  # (4)
                        input_dim=feature_dim,
                        output_dim=n_labels,
                        verbose=0)
gridsearch = GridSearchCV(estimator=model, param_grid=parameters)  # (5)
gridsearch.fit(train_vectors, train_labels)

print('Best params are: {}'.format(gridsearch.best_params_))

# Load test data
test_data = pd.read_csv(join(BASE_DIR, './test_data.csv'))
test_texts = test_data['text']
test_labels = test_data['label']

# Classification with the best parameters
test_vectors = vectorizer.transform(test_texts)
predictions = gridsearch.predict(test_vectors)
```

1. **Scikit-learn APIラッパー**keras.wrappers.scikit_learn.KerasClassifier**に渡すための、Kerasモデルを構築する関数を定義する。この例ではハイパーパラメータとして**optimizer_class、learning_rate、dropout**を受け取るようにした。**
2. **グリッドサーチ中、**build_model**は複数回呼ばれるが、そのたびにモデルがメモリ上に構築されるため、都度開放する。これをしないと特にGPU利用時はGPUメモリを食いつぶしてエラーを発生させてしまう。**
3. **探索するパラメータを列挙する。モデル構築時のパラメータ**（optimizer_class、learning_rate、dropout）**だけでなく、学習時のパラメータ**（batch_size、epochs）**もここで指定できる。**
4. **Scikit-learn APIラッパー**keras.wrappers.scikit_learn.KerasClassifier**で識別器インスタンスを作る。**
5. **14.1同様、グリッドサーチを行う。**

Hyperopt

次に、Hyperoptでハイパーパラメータサーチを行うサンプルです。グリッドサーチに比べ、探索するパラメータの種類数の増加に対する所要時間の増加が緩やかなので、リスト7よりも探索対象を増やしてみました。

リスト8 keras-hyperopt_sample.py

```
import math
from os.path import dirname, join, normpath

import numpy as np
import pandas as pd
from hyperopt import fmin, hp, tpe
from keras import backend as K
from keras.callbacks import EarlyStopping
from keras.layers import Dense, Dropout
from keras.models import Sequential
from keras.optimizers import SGD, Adadelta, Adagrad, Adam
from sklearn.feature_extraction.text import TfidfVectorizer
from sklearn.metrics import accuracy_score
from sklearn.model_selection import train_test_split

from tokenizer import tokenize

# Load training data
BASE_DIR = normpath(dirname(__file__))

training_data = pd.read_csv(join(BASE_DIR, './training_data.csv'))
train_texts = training_data['text']
train_labels = training_data['label']

# Feature extraction
vectorizer = TfidfVectorizer(tokenizer=tokenize, ngram_range=(1, 2))
train_vectors = vectorizer.fit_transform(train_texts)

feature_dim = train_vectors.shape[1]
n_labels = max(train_labels) + 1

tr_labels, val_labels, tr_vectors, val_vectors =\
    train_test_split(train_labels, train_vectors, random_state=42)

input_dim = feature_dim
output_dim = n_labels

# Hyperparameter search

train_epochs = 200


def build_mlp_model(hidden_units, dropout, optimizer):  # (1)
    mlp = Sequential()
```

```
    mlp.add(Dense(units=hidden_units, input_dim=input_dim, activation='relu'))
    if dropout:
        mlp.add(Dropout(dropout))
    mlp.add(Dense(units=output_dim, activation='softmax'))

    mlp.compile(loss='sparse_categorical_crossentropy',
                metrics=['accuracy'],
                optimizer=optimizer)

    return mlp


def objective(args):  # (2)
    if K.backend() == 'tensorflow':  # (3)
        K.clear_session()

    hidden_units = int(args['hidden_units'])  # (4)
    dropout = args['dropout']

    optimizer_class, optimizer_args = args['optimizer']
    optimizer = optimizer_class(**optimizer_args)

    mlp = build_mlp_model(hidden_units, dropout, optimizer)

    batch_size = max(int(args['batch_size']), 1)  # (5)
    history = mlp.fit(tr_vectors,
                      tr_labels,
                      epochs=train_epochs,
                      batch_size=batch_size,
                      callbacks=[
                          EarlyStopping(min_delta=0.0, patience=3)],  # (6)
                      validation_data=(val_vectors, val_labels))
    if len(history.history['val_loss']) == train_epochs:
        print('[WARNING] Early stopping did not work')

    val_pred = np.argmax(mlp.predict(val_vectors), axis=1)

    accuracy = accuracy_score(val_pred, val_labels)
    return -accuracy


# (7)
space = {'optimizer': hp.choice('optimizer', [
            (SGD, {'lr': hp.loguniform('lr_sgd',
                                       math.log(1e-6),
```

```
                                           math.log(1)),
                         'momentum': hp.uniform('momentum',
                                              0,
                                              1)}),
            (Adagrad, {'lr': hp.loguniform('lr_adagrad',
                                           math.log(1e-6),
                                           math.log(1))}),
            (Adadelta, {'lr': hp.loguniform('lr_adadelta',
                                            math.log(1e-6),
                                            math.log(1))}),
            (Adam, {'lr': hp.loguniform('lr_adam',
                                        math.log(1e-6),
                                        math.log(1))})]),
        'hidden_units': hp.qloguniform('hidden_units',
                                       math.log(32),
                                       math.log(256),
                                       1),
        'batch_size': hp.qloguniform('batch_size',
                                     math.log(1),
                                     math.log(256),
                                     1),
        'dropout': hp.uniform('dropout', 0, 0.5)}

best = fmin(objective, space, algo=tpe.suggest, max_evals=100)  # (8)

print('Best params are: {}'.format(best))  # (9)

# Create a model with the best params and train it
# (10)
optimizer_choices = [node.pos_args[0].obj
                     for node in space['optimizer'].pos_args[1:]]
BestOptimizer = optimizer_choices[best['optimizer']]
optimizer_args = {}
if BestOptimizer == SGD:
    optimizer_args['lr'] = best['lr_sgd']
    optimizer_args['momentum'] = best['momentum']
elif BestOptimizer == Adagrad:
    optimizer_args['lr'] = best['lr_adagrad']
elif BestOptimizer == Adadelta:
    optimizer_args['lr'] = best['lr_adadelta']
elif BestOptimizer == Adam:
    optimizer_args['lr'] = best['lr_adam']

optimizer = BestOptimizer(**optimizer_args)
```

```
hidden_units = int(best['hidden_units'])
dropout = best['dropout']

mlp = build_mlp_model(hidden_units, dropout, optimizer)

batch_size = max(int(best['batch_size']), 1)
mlp.fit(train_vectors,
        train_labels,
        epochs=train_epochs,
        batch_size=batch_size,
        callbacks=[EarlyStopping(min_delta=0.0, patience=1)])

# Load test data
test_data = pd.read_csv(join(BASE_DIR, './test_data.csv'))
test_texts = test_data['text']
test_labels = test_data['label']

# Classification with the best parameters
test_vectors = vectorizer.transform(test_texts)
test_preds = np.argmax(mlp.predict(test_vectors), axis=1)

print(accuracy_score(test_preds, test_data['label']))
```

1. Kerasモデルを構築する関数を定義する。リスト7のようにscikit-learn APIラッパーを使うわけではないが、ハイパーパラメータサーチの結果を利用して改めてモデルを構築する必要がある（9.）ので、関数化した。
2. 目的関数を定義する。
3. リスト7と同様。
4. argsから必要なパラメータを抜き出す。argsの構造は6.で定義するspaceに準拠している。
5. args['batch_size']は最小値が1となるよう設定している（6.）が、計算誤差により1未満になることがあるため、max(, 1)をつけている。
6. epochsは探索対象とするより、長めに設定してearly stoppingを使うほうが効率がよいので、そのようにしている。
7. パラメータ空間を定義する（複雑なので、詳細は後述）。
8. パラメータ探索を実行する。
9. 得られた最良パラメータを確認する。
10. 得られた最良パラメータを使い、Kerasモデルを再度構築、学習する。bestの構造はobjectiveの引数argsとは異なるので、4.とは違ったコードになっている。

少し長いですが、基本的には今まで紹介したコードの組み合わせです。
探索対象のパラメータ空間（space変数）の定義が少々複雑なので、順を追って解説します。

```
space = {'optimizer': hp.choice('optimizer', [
            (SGD, {'lr': hp.loguniform('lr_sgd',
                                       math.log(1e-6),
                                       math.log(1)),
                   'momentum': hp.uniform('momentum',
                                          0,
                                          1)}),
            (Adagrad, {'lr': hp.loguniform('lr_adagrad',
                                           math.log(1e-6),
                                           math.log(1))}),
            (Adadelta, {'lr': hp.loguniform('lr_adadelta',
                                            math.log(1e-6),
                                            math.log(1))}),
            (Adam, {'lr': hp.loguniform('lr_adam',
                                        math.log(1e-6),
                                        math.log(1))})]),
         'hidden_units': hp.qloguniform('hidden_units',
                                        math.log(32),
                                        math.log(256),
                                        1),
         'batch_size': hp.qloguniform('batch_size',
                                      math.log(1),
                                      math.log(256),
                                      1),
         'dropout': hp.uniform('dropout', 0, 0.5)}
```

まず、space['optimizer']ですが、optimizerの種類とそれぞれに対する引数をパラメータ空間として指定しています。選ばれたoptimizerによって、指定できる引数が違うため、ネストした構造になっており、「例えばSGDが選ばれたらlrとmomentumを探索するが、Adamが選ばれたらlrだけ探索する」ということを実現しています。

学習率lrは、optimizerごとに定義しますが、どれも1e-6（0.000001）以上1未満の連続対数一様分布からサンプリングすることにします。14.3の「対数一様分布に従う乱数の生成」で説明したとおり、hp.loguniform(label, low, high)の上限・下限は、対応する引数に指数関数をかけたものになるので、例えば生成される乱数の下限を1e-6にしたい場合、引数lowにはmath.log(1e-6)を指定します。上限も同様です。

hidden_unitsは32以上256未満の離散対数一様分布、batch_sizeは1以上256未満の離散対数一様分布からサンプリングします。low、highの指定については、学習率と同様、math.logを使っている点に注意してください。どちらも整数を与える必要があるので、離散対数一様分布（hp.qloguniform）を使い、1刻みの数値を生成するよう指定しています(Hyperoptから与えられるのはfloatなので、結局objective()内で利用するときにintにキャストする必要がありますが……)。

さらに、探索実行後、探索の結果得られた最良パラメータを確認(8.)し、指定したパラメータ空間の上限・下限ギリギリの値が得られていたりしたら、その上限・下限を広げて再探索することを検討します。より大きな、あるいはより小さな値が最良パラメータとして得られるかもしれないからです。例えば、上記のspaceの定義のもとで、best['hidden_units']として256が得られたりしたら、space['hidden_units']の上限を512などに拡張して、再度探索を行います。

また、9.の部分が少々トリッキーです(リスト9に抜粋)。Hyperoptの実装に強く依存したコードであり、本質からは外れますが、今回のサンプルコード中では特に難解な部分でもあるので、解説を付すことにします。

リスト9 hyperopt_sample.py(抜粋)

```
optimizer_choices = [node.pos_args[0].obj
                     for node in space['optimizer'].pos_args[1:]]
BestOptimizer = optimizer_choices[best['optimizer']]
```

前述したとおり、hyperopt.hp.choice()で定義したパラメータについては、選択肢のインデックスが返されます。インデックスから選択肢の実体にアクセスするためのコードがこれです。

space['optimizer']をprint()で出力してみると、以下のようになります。これを見ると、Hyperoptによるパラメータ空間の定義は、ツリー構造になっていることが読み取れます。

space['optimizer']はswitchというノードで、その子供の0番目がhyperopt_param、1番目以降がpos_argsです。1番目以降のpos_argsが、例えばLiteral{<class 'keras.optimizers.SGD'>}のようにhp.choice()の選択肢を含んでいることがわかります。

上記のコードはspace['optimizer'].pos_args[1:]が1番目以降の子供へのアクセスを表し、それぞれの子ノードnodeから、node.pos_args[0].objで選択肢として与えたOptimizerクラスオブジェクトへアクセスしています。

print(space['optimizer'])の結果

```
>>> print(space['optimizer'])
0 switch
1   hyperopt_param
2     Literal{optimizer}
3     randint
4       Literal{4}
5   pos_args
6     Literal{<class 'keras.optimizers.SGD'>}
7     dict
8      lr =
9       float
```

```
10          hyperopt_param
11            Literal{lr_sgd}
12            loguniform
13              Literal{-13.815510557964274}
14              Literal{0.0}
15     momentum =
16      float
17        hyperopt_param
18          Literal{momentum}
19          uniform
20            Literal{0}
21            Literal{1}
22  pos_args
23    Literal{<class 'keras.optimizers.Adagrad'>}
24    dict
25     lr =
26      float
27        hyperopt_param
28          Literal{lr_adagrad}
29          loguniform
30            Literal{-13.815510557964274}
31            Literal{0.0}
32  pos_args
33    Literal{<class 'keras.optimizers.Adadelta'>}
34    dict
35     lr =
36      float
37        hyperopt_param
38          Literal{lr_adadelta}
39          loguniform
40            Literal{-13.815510557964274}
41            Literal{0.0}
42  pos_args
43    Literal{<class 'keras.optimizers.Adam'>}
44    dict
45     lr =
46      float
47        hyperopt_param
48          Literal{lr_adam}
49          loguniform
50            Literal{-13.815510557964274}
51            Literal{0.0}
```

評価

以上の結果得られた識別器を評価してみましょう。正解率が約74%となり、ニューラルネットワークにおいても、ハイパーパラメータ探索によって大きな改善を達成できました。

ここまでの結果にはランダム性があるので、以下の結果をそのまま再現できるとは限らないことに注意してください。

```
# Load test data
test_data = pd.read_csv(join(BASE_DIR, './test_data.csv'))
test_texts = test_data['text']
test_labels = test_data['label']

# Classification with the best parameters
test_vectors = vectorizer.transform(test_texts)
test_preds = np.argmax(mlp.predict(test_vectors), axis=1)

print(accuracy_score(test_preds, test_data['label']))
```

実行結果

```
0.7446808510638298
```

応用演習

1. 活性化関数もハイパーパラメータとして探索してみましょう。
2. TfidfVectorizerのパラメータもまとめて探索してみましょう。
3. ここでは多層パーセプトロンの層数は2で固定し、ユニット数のみをハイパーパラメータとして探索しました。これに加え、層の数もハイパーパラメータとして探索してみましょう（すべての層のユニット数は同じとは限りません）。
4. CNNやRNNについてもハイパーパラメータ探索を行ってみましょう。

Step 15 データ収集

各々の目的に合致したデータセットを、公開データから探したり、自前で構築したりするときのヒント集

15.1 独自のデータセットを構築する

機械学習のモデルは学習させて初めて価値が生まれます。未学習のモデルは、乱数で初期化されランダムな値を出力するだけの抜け殻です。知恵を絞って機械学習のアルゴリズムを実装しモデルを設計したら、次は実行して意味のある出力を得たりその精度を確かめたりするわけですが、それには学習と評価のためのデータ一式=データセットが必要です。

Step 01では、対話エージェントの作成を例に挙げてテキスト分類を紹介し、そのためのデータセットとして`training_data.csv`と`test_data.csv`を用意しました〈1〉。この2つのcsvファイルは、対話エージェントというアプリケーションを実現するための、雑談の例で構成されたテキスト分類用データセットでした。また、その後のStepでも、各種アルゴリズムの適用例において、同じデータを使って解説してきました。

しかし、読者の皆さんがそれぞれ何らかの目的のために機械学習のモデルを実際に構築し、応用しようとしても、それらの目的のために広くこのデータセットを使い回すことはできないでしょう。皆さんが作りたいものが対話エージェントとは限りませんし、対話エージェントを作りたいとしても応答の内容まで同じものを流用して満足することはないでしょう。それぞれの目的に見合った、十分な量のデータセットが必要です。

本Stepでは、皆さんがそれぞれの目的に適ったデータセットを取得、収集、または構築するためのヒントを、少ないながらまとめています。各種アルゴリズムの実装や精度向上を試す、練習するといった目的なら、ほとんどの場合、すでに公開されている無償・有償のデータセットで事足りるでしょう。一方で、新しい問題設定にチャレンジしたい、オリジナルのアプリケーションを構築したいといった目的では、独自のデータセットを新しく構築する必要があるかもしれません。

〈1〉 対話エージェントの実装には`replies.csv`も使いましたが、これは識別器の出力したクラスIDを応答文にマッピングするだけのデータなので、ここでは機械学習の文脈での「データセット」からは除外して考えました。

Column

データセットの必要量を減らす工夫

機械学習において精度を高めるためには、データセットのサイズは大きいほうがよいです。学習データの量が多いほど過学習しづらく、性能の良い識別器が得られます（計算量が増えるのでバランスをとる必要はもちろんありますが）。

一方で、大量のデータを集めるのはそれ自体が大変なタスクなので、ある性能を達成するために必要なデータの量を少なく抑える研究も進んでいます。本書では詳しく触れませんが、「few/low-shot learning」「one-shot learning」「zero-shot learning」、また「transfer learning（転移学習）」「meta learning（メタ学習）」といったキーワードで調べてみてください。

15.2 データセットの収集

公開データセットの利用

様々な機関によって、様々なデータセットが公開されています。その中で、本書で扱ったテキスト分類に利用できそうなものを一部紹介します。もちろん、扱い方次第でテキスト分類以外の問題設定にも利用可能です。

- Wikipedia（参考文献[21]）
  言わずとしれたWeb百科事典です。Wikipediaからは公式に全データのダンプファイルが公開されています（クローリングによるデータの取得は禁止されています）。ダンプデータはXML形式です。教師あり学習に利用する場合、記事名やカテゴリなどのメタデータが得られるので、教師ラベルを付与する際に様々な軸を考えることができます。詳細は「Wikipedia:データベースダウンロード（参考文献[21]）」を参照してください。URLを入力するのは大変なので、「Wikipedia ダウンロード」で検索するとよいでしょう。
  - 日本語版Wikipediaのダンプファイル：https://dumps.wikimedia.org/jawiki/
  - 全データ：https://dumps.wikimedia.org/
- 青空文庫（参考文献[22]）
  著作権の失効した文芸作品のテキストファイルを無料でダウンロードできます。教師あり学習に利用する場合、ダウンロードページから作家名、作品名、図書分類などのメタデータが得られるので、教師ラベルを付与する際に様々な軸を考えることができます。

- livedoorニュースコーパス（参考文献[23]）
  ロンウイット社が作成、公開しているデータセットです。ライブドアニュースの記事の一部がクリエイティブ・コモンズ・ライセンス（表示-改変禁止）で提供されているので、それを収集し整理してあります〈2〉。9分類（Sports Watch、ITライフハックなど）のニュース記事が含まれています。

上記以外にも世の中には大量の公開データセットが存在します。目的も様々で、形態素解析器（参考：Step 03）の学習用、文章から感情を推定する（「sentiment analysis」）ためのものなど、多岐にわたります（研究目的で作られたものが多いので、日常的な用途では利用に悩むものもあります）。全部は紹介できませんが、各々の利用目的に合致したリソースを探してみてください。

また、学習データとは別の利用方法が考えられるデータもあります。例えば以下のようなものです。

- 日本語 WordNet（参考文献[24]）
  単語の意味の階層構造を表現したデータベースです。例えば、「犬」の下位語〈3〉は「猟犬」「コーギー」「パグ」などである、といった関係性がデータ化されています。
  元々、英単語の意味の階層構造データベースPrinceton WordNetがあり、それをベースに日本語の単語を付与したのが日本語 WordNetです。
  前処理（Step 02）や形態素解析（Step 03）の際に、同義語を同一視したり上位語に変換したりする処理を加えるために利用することが考えられます。

また、有料のリソースや、利用申し込みが必要なもの、利用用途に制限のあるものもありますが、利用目的に適しているなら検討してみましょう。

- 国立情報学研究所（NII）情報報学研究データリポジトリ（参考文献[25]）
  多種多様なデータセットが公開されています。Yahoo知恵袋、楽天、クックパッドなどの有名な大規模サービスが提供するデータも含まれている点が非常に魅力的です。ただし、研究目的での利用に制限され、また一部のデータセットは大学や公的機関の研究者にしか提供されない点に注意が必要です。営利目的などでの利用はできません。
- 特定非営利活動法人 言語資源協会（GSK）（参考文献[26]）
  様々なデータセットが公開されています。利用目的の制限、有償か無償か、有償の場合の価格など、データセットごとに利用条件が異なります。
- 高度言語情報融合フォーラム（ALAGIN）言語資源・音声資源サイト（参考文献[27]）
  有料で入会する必要があります。会員になると各種データセットや言語資源をダウンロードすることができます。

〈2〉 クリエイティブ・コモンズ・ライセンスについてはhttps://creativecommons.jp/licenses/などを参照してください。

〈3〉 英語で「hyponym」。意味的な階層構造において、ある語の下位概念を表現する語。

ここで紹介したものに限らず、何らかのデータセットを使用する際には、利用規約の確認を忘れないでください。研究目的に限って利用が認められていたり、もう少し制限が緩いとしても商用利用は禁止されていたりするので、自身の利用目的が許可されているかしっかり確認しましょう。

Column

データセットの整形

公開されているデータセットは、はじめから所望の形式で提供されていたり、きれいに整形されているとは限りません。例えばWikipediaのダンプデータはXML形式での提供なので、利用方法によってはタグやリンク文字列を除去する必要があるでしょう。また、livedoorニュースコーパスのデータには記事のURLやタイムスタンプ、関連記事の見出しなどが含まれているため、これらを削除する必要があるかもしれません。

データセットを入手したら、まず内容を眺めて、自分の利用目的に適したフォーマットになっているか、何らかの前処理を行う必要はないか検討しましょう。

クローリング

目的にかなった既存の公開データセットがない場合、Webサイトをクローリングしてデータを収集することが考えられます。

ただし、多くのWebサービスではクローリング目的の大量アクセスを規約で禁止していたり、そのようなアクセスを遮断する措置をとっていたりします。大規模なクローリングはおすすめできません。また、アクセス制限以外にも、データ収集先のWebサイトの利用規約で、コンテンツの利用目的に制限が課されていないかなどをチェックするようにしましょう。

Column

クローリングによって機械学習のデータセットを作成する場合の権利問題

Webをクローリングして収集したデータには、他人の著作物が含まれるケースも多いでしょう（どのようなものが「著作物」にあたるかは、著作権法の本を読んでください）。

例えば自分のサービスを作る際に、Webから他人の著作物を含むデータを収集してデータセットを作成し、それで学習させたモデルを利用することは許されるのでしょうか。

著者は法律の専門家ではないので、断定できませんが、機械学習のために他人の著作物を複製してデータセットを作ること、そのデータセットでモデルを学習すること、そのモデルを利用することは、商用・非商用問わず、日本国内では認められるという考え方が支配的なようです。特に著作物を複製してデータセットを作ることに関しては、著作権法第四七条の七が根拠となります（ただし、データの提供元が別途利用規約を定めている場合を除きます）。ただし、上記はあくまで一例ですし、個別のケースで実際にどんな法解釈がなされるかは、本書では言及できません（例えばサーバーが国外にあったら？ 収集は自分で行わず、他人が収集したデータで学習を行う場合は？ など）。

以上のようなケースに限らず、大量のデータを投入して学習、つまり統計的処理を行う機械学習は、その性質から著作権や各種知的財産権に関する議論を巻き起こしています。近年はこのあたりの問題について解説した資料も増えてきているので、いざ機械学習を実サービスに利用しようとする際には、ぜひ調べるようにしてください。権利や法律についてクリアにしてからデータを収集し利用できると、より安心ですね。

著作権法第四七条の七

（情報解析のための複製等）第四七条の七　著作物は、電子計算機による情報解析（多数の著作物その他の大量の情報から、当該情報を構成する言語、音、影像その他の要素に係る情報を抽出し、比較、分類その他の統計的な解析を行うことをいう。以下この条において同じ。）を行うことを目的とする場合には、必要と認められる限度において、記録媒体への記録又は翻案（これにより創作した二次的著作物の記録を含む。）を行うことができる。ただし、情報解析を行う者の用に供するために作成されたデータベースの著作物については、この限りでない。

15.3 クラウドソーシング

Webからのクローリングは基本的に無料であり、大量のデータを収集できますが、やりたいことに適合したデータセットを構築できない場合も多々あります。特に教師あり学習のデータセット構築においては、望むような教師データを付与できない（そのための情報がWebに存在しない）ことが多いのです。

教師なし学習の設定で解ける問題を考えると、必要なデータをクローリングで集めやすくなります。また、教師あり学習でも、クローリングで集めたデータから教師データを簡単に生成できるタイプのタスクは、クローリングと相性が良いです。

機械学習、特に深層学習でアプリケーションを作る場合には、大量のデータを用意しなければなりません。その点、Webからのクローリングはスケールさせやすいので、機械学習を利用してアプリケーションを作る際には、「クローリングで集めやすいデータで解ける問題を考える」のも戦略の1つです。

そのようなときは、**クラウドソーシング**（crowdsourcing）を利用するのが1つの手です。何らかのタスクを設定してクラウドソーシングサービスで公開すると、サービスに登録している作業者（クラウドワーカー）によってタスクが遂行され、成果物を受け取ることができます。タスクにはあらかじめ報酬を設定しておき、成果物の対価として作業者に料金を支払います。従来のような特定の相手との労働契約と異なり、不特定多数の人間の労働力を抽象化して利用できる仕組みです。多数の作業者が並行して、多数のタスクを安価にこなしてくれるので、機械学習のデータセット構築に向いています。

● 国内のクラウドソーシングサービス

日本語のデータセット構築では日本語話者の作業が必要となるため、必然的に国内のサービスを利用することになります。クラウドワークス〈4〉やランサーズ〈5〉などが有名です。

● Amazon Mechanical Turkや他の海外サービス

Amazon Mechanical Turkは、Amazonが運営するクラウドソーシングサービスです。（自然言語処理に限らず）機械学習用データセットの構築も利用目的として想定されており、そのためのタスク設計などがサポートされています。ただし、登録しているクラウドワーカーのほとんどは外国語話者なので、日本語の自然言語処理のためのデータセット構築には向かないでしょう。他の海外のクラウドソーシングサービスにも同様のことがいえます。本書の対象外ですが、英語の自然言語処理用データセットや、画像などの非言語データセットの構築には力を発揮するでしょう。

本Stepでは、データセットの入手、作成方法について、いくつかの例を紹介しました。

機械学習の理論や実装方法を学び、いざ何らかのプロダクトを作ろうとしたときに必要になるのがデータセットです。目的によって、既存のデータセットを流用すれば事足りるケースもあれば、それに多少手を加える必要のあるケース、はたまた一から自分で独自のデータセットを作らなければならないケースまであるでしょう。各自の目的に合わせて、適切な方法を選択してください。

〈4〉 https://crowdworks.jp/

〈5〉 https://www.lancers.jp/

謝辞

本書の執筆ストーリーは、リックテレコムの蒲生氏が私の同僚である堅山耀太郎氏に書籍執筆の話を持ちかけ、それを堅山氏が私に打診したところから始まります。私に執筆のチャンスを下さったことについて、まず両氏に感謝いたします。

執筆を開始してからは、リックテレコムの松本氏、トップスタジオの武藤氏に大変お世話になりました。松本氏にはひどい遅筆で多分にご迷惑をおかけしましたが、最後まで助けていただき、さすが言葉のプロと思わせられる校正・フィードバックを数多くいただきました。松本氏の目を通すことによって、文章としての完成度が一段も二段も上がりました。また、武藤氏には技術的な面でも執筆のサポートをいただき、手前勝手に構築した執筆環境にも柔軟に対応していただけました。頂いた数々の提案のおかげで内容の質も上がりました。

妻の橘ゆりあにはレビュアーとして協力してもらいました。本書のターゲットであるソフトウェアエンジニアとしての目線から、読んでいてわかりづらい点や浮かんだ疑問を大量にフィードバックしてくれ、さらにはそれらに対する改善案まで考えてくれたおかげで、よりわかりやすい文章、充実した解説を加筆できました。

会社の同僚にも助けられました。特にIPA未踏の頃からの仲である内藤剛生氏は、文章の校正から内容に関するハイレベルなフィードバックまで、大小様々な助言を数多くくれました。彼のレビューのおかげで、わかりづらかったり論理構成がおかしかったりした箇所はかなり潰せたと思います。角野為耶氏、稲村和樹氏は自然言語処理・機械学習エンジニアとして、専門知識を伴った様々な助言をくれました。また、こちらも未踏の同期で、執筆当時は自分が所属した事業部の責任者だった安野貴博氏にも、レビューいただきました。

本書のレビューを快く引き受けてくださり、様々なフィードバックをくれた彼女、彼らに深く感謝の意を表します。彼女、彼らの力によって、私一人では書きえない文章を形にすることができました。

最後に改めて、本書に関わった全ての皆様に、深く感謝申し上げます。ありがとうございました。

2019年 秋 土屋祐一郎

参考文献

[1] 矢野啓介，プログラマのための文字コード技術入門．技術評論社，2010.

[2] “MeCab: Yet Another Part-of-Speech and Morphological Analyzer.” http://taku910.github.io/mecab/.

[3] “「UniDic」国語研短単位自動解析用辞書 | UniDicとは.” https://unidic.ninjal.ac.jp/about_unidic.

[4] “JUMAN - KUROHASHI-KAWAHARA LAB.” http://nlp.ist.i.kyoto-u.ac.jp/index.php?JUMAN.

[5] “neologd (NEologd).” https://github.com/neologd.

[6] D.K. Hajime Morita and S. Kurohashi, “Morphological Analysis for Unsegmented Languages using Recurrent Neural Network Language Model,” in Proceedings of the 2015 Conference on Empirical Methods in Natural Language Processing, 2015, pp.2292-2297.

[7] “KyTea（京都テキスト解析ツールキット）.” http://www.phontron.com/kytea/index-ja.html.

[8] “Welcome to janome's documentation! (Japanese) — Janome v0.3 documentation (ja).” https://mocobeta.github.io/janome/.

[9] S. W. K. S. Jones and S. E. Robertson, “A probabilistic model of information retrieval: development and comparative experiments,” Information processing & management, vol. 36, no. 6, pp.779-808, 809-840, 2000.

[10] P.R. Christopher D. Manning and H. Schütze, “Introduction to Information Retrieval,” Cambridge University Press, 2008, pp.232-234.

[11] D. H.Wolpert and W. G. Macready, “No Free Lunch Theorems for Optimization,” IEEE Transactions on Evolutionary Computation, vol. 1, pp. 67-82, 1997.

[12] G. C. T. Mikolov K. Chen and J. Dean, “Efficient estimation of word representations in vector space,” in Proceedings of the International Conference on Learning Representations 2013, 2013.

[13] C. D. M. Jeffrey Pennington Richard Socher, “GloVe: Global Vectors for Word Representation,” in Proceedings of the 2014 Conference on Empirical Methods in Natural Language Processing (EMNLP), 2014, pp. 1532-1543.

[14] A. J. Piotr Bojanowski Edouard Grave and T. Mikolov, “Enriching Word Vectors with Subword Information,” Transactions of the Association for Computational Linguistics, vol. 5, pp. 135-146, 2017.

[15] P. B. Armand Joulin Edouard Grave and T. Mikolov, “Bag of Tricks for Efficient Text Classification,” in Proceedings of the 15th Conference of the European Chapter of the Association for Computational Linguistics, 2017, vol. 2, pp. 427-431.

[16] “Wikipedia:データベースダウンロード - Wikipedia.” https://ja.wikipedia.org/wiki/Wikipedia:%E3%83%87%E3%83%BC%E3%82%BF%E3%83%99%E3%83%BC%E3%82%B9%E3%83%80%E3%82%A6%E3%83%B3%E3%83%AD%E3%83%BC%E3%83%89.

[17] “青空文庫 Aozora Bunko.” https://www.aozora.gr.jp/.
[18] “ダウンロード - 株式会社ロンウイット.” https://www.rondhuit.com/download.html#ldcc.
[19] “日本語 Wordnet.” http://compling.hss.ntu.edu.sg/wnja/.
[20] “情報学研究データリポジトリ.” https://www.nii.ac.jp/dsc/idr/.
[21] “GSK | 特定非営利活動法人 言語資源協会.” https://www.gsk.or.jp/.
[22] “ALAGIN 言語資源・音声資源サイト - 資源.” https://alaginrc.nict.go.jp/resources.html.

Index 索引

土屋 祐一郎（つちや ゆういちろう）

本名、橘 祐一郎。東京大学工学部卒、同大大学院情報理工学系研究科中退。2015年度IPA未踏スーパークリエータ。現在は株式会社PKSHA Technology所属。大学とIPA未踏では主に画像ドメインで機械学習を扱い、現職では自然言語や画像を扱う事業部にてソフトウェアエンジニアとして勤務。その他、Deep Learning講座「NICO2AI」の講師などの活動も行う。

15Stepで踏破 自然言語処理アプリケーション開発入門

2019年9月30日　第1版第1刷発行

著　　者　土屋 祐一郎

発 行 人　新関卓哉
企　　画　蒲生達佳
編　　集　松本昭彦
発 行 所　株式会社リックテレコム
〒113-0034 東京都文京区湯島3-7-7
振替　00160-0-133646
電話　03(3834)8380(営業)
03(3834)8427(編集)
URL　http://www.ric.co.jp/

装　　丁　長久雅行
編集協力・組版　株式会社トップスタジオ
印刷・製本　シナノ印刷株式会社

● 訂正等

本書の記載内容には万全を期しておりますが、万一誤りや情報内容の変更が生じた場合には、当社ホームページの正誤表サイトに掲載しますので、下記よりご確認下さい。

*正誤表サイトURL

http://www.ric.co.jp/book/seigo_list.html

● 本書に関するご質問

本書の内容等についてのお尋ねは、下記の「読者お問い合わせサイト」にて受け付けております。
また、回答に万全を期すため、電話によるご質問にはお答えできませんのでご了承下さい。

*読者お問い合わせサイトURL

http://www.ric.co.jp/book-q

● その他のお問い合わせは、弊社サイト「BOOKS」のトップページ http://www.ric.co.jp/book/index.html 内の左側にある「問い合わせ先」リンク、またはFAX：03-3834-8043にて承ります。

● 乱丁・落丁本はお取り替え致します。

ISBN978-4-86594-132-6　　Printed in Japan